I0031318

ÉTUDES DE LA NATURE.

ÉDITION EN CINQ VOLUMES.

TOME V.

ÉTUDES DE LA NATURE.

NOUVELLE ÉDITION,
revue et corrigée,

PAR JACQUES-BERNARDIN-HENRI DE SAINT-PIERRE.

AVEC DIX PLANCHES EN TAILLE-DOUCE.

...... Miseris succurrere disco. *Æn. lib.* I.

TOME V.

DE L'IMPRIMERIE DE CRAPELET.

A PARIS,

Chez DETERVILLE, Libraire, rue du Battoir, n° 16, quartier Saint-André-des-Arcs.

AN XII — 1804.

[illegible]

[illegible]

[illegible]

[illegible]

[illegible]

[illegible]

[illegible]

PARIS,

[illegible]

[illegible]

VŒUX
D'UN SOLITAIRE.

PRÉAMBULE.

DANS mes Études de la Nature, imprimées pour la première fois en décembre 1784, j'ai formé la plupart des vœux que je publie aujourd'hui, en septembre 1789. J'y serai tombé sans doute dans quelques redites : mais les objets de ces vœux, qui, depuis la convocation des Etats-généraux, intéressent toute la nation, sont si importans, qu'on ne sauroit trop les répéter, et si étendus, qu'on peut toujours y ajouter quelque chose de nouveau.

Je sais que les membres illustres de notre Assemblée nationale s'en occupent avec le plus grand succès. Je n'ai pas leurs talens, mais, comme eux, j'aime ma Patrie. Malgré mon insuffisance, si ma santé l'eût permis, j'aurois ambitionné la gloire de défendre avec eux la liberté publique : mais j'ai un sentiment si exquis et si malheureux de la mienne, qu'il m'est impossible de rester dans une assemblée, si les portes en sont fermées, et si les avenues n'en sont pas si libres que j'en puisse sortir au moment où je le desire. Ce desir d'user de ma liberté ne manque jamais de me prendre au moment où je crois l'avoir perdue, et il devient si vif, qu'il me cause un mal physique et moral auquel je ne peux résister. Il s'étend plus loin que l'enceinte d'un appartement. Pendant les émeutes de Paris

(qui commencèrent après le départ de M. Necker, le 13 juillet, au même jour que l'année passée le royaume fut désolé par la grêle), lorsqu'on brûloit les bâtimens des barrières autour de la ville, qu'au-dedans l'air retentissoit du bruit alarmant des toc-sins que sonnoient jour et nuit tous les clochers à la fois, et des clameurs du peuple qui crioit que les housards entroient dans les faubourgs pour y mettre tout à feu et à sang, Dieu en qui j'avois mis ma confiance, me fit la grace d'être tranquille. Je me résignai à tout événement, quoique seul dans une maison isolée et dans une rue solitaire, à l'extrémité d'un faubourg. Mais quand le lendemain, après la prise de la bastille, l'éloignement des troupes étrangères dont le voisinage avoit causé tant d'alarmes, et l'établissement des patrouilles bourgeoises, j'appris qu'on avoit fermé les portes de Paris, et qu'on n'en laissoit sortir personne, il me prit alors la plus grande envie d'en sortir moi-même. Pendant que tous ses habitans se félicitoient d'avoir recouvré leur liberté, je comptois avoir perdu la mienne : je me tenois pour prisonnier dans les murs de cette vaste capitale; je m'y sentois à l'étroit. Je ne rendis le calme à mon imagination, que lorsque j'eus trouvé, en me promenant sur le boulevard de l'hôpital, une porte grillée, dont la serrure et les barreaux avoit été rompus, et qui n'étoit pas encore gardée : alors je m'en fus dans la campagne, où je fis une centaine de pas, pour m'assurer que je n'avois pas perdu mes droits naturels, et qu'il m'étoit permis d'aller par toute la terre. Après cet essai de ma liberté, je me sentis tout-à-fait tranquille, et je m'en revins dans mon quartier tumultueux, sans me soucier depuis d'en ressortir.

Lorsque quelques jours après, des têtes coupées à la Grève sans formalité de justice, et des listes affichées qui en proscrivoient beaucoup d'autres, firent craindre à tout le monde que des méchans ne se servissent de la vengeance du peuple pour satisfaire leurs haines particulières, et que Paris, livré à l'anarchie, ne devînt un théâtre de carnage et d'horreur, quelques amis m'offrirent des campagnes paisibles et agréables, tant au-dedans qu'au-dehors du royaume, où je pourrois goûter le repos si nécessaire à mes Études; je les ai remerciés. J'ai préféré de rester dans ce grand vaisseau de la capitale, battu de tous côtés de la tempête, quoique je sois inutile à sa manœuvre, mais dans l'espérance de contribuer à sa tranquillité. J'ai donc tâché de calmer des esprits exaltés, ou de ranimer ceux qui étoient abattus, quand j'en ai trouvé l'occasion; de contribuer de ma personne ou de ma bourse aux gardes si nécessaires à la police; d'assister, de temps à autre, à quelque comité de mon district, un des plus petits et des plus sages de Paris, pour y dire mon mot, quand je le peux; et sur-tout de mettre en ordre ces vœux pour la félicité publique, dont je m'occupe depuis six mois. J'ai abandonné, pour cet unique objet, des travaux (1) plus faciles, plus agréables, et plus utiles à ma fortune ; je n'ai eu en vue que celle de l'Etat.

Dans une entreprise si supérieure à mes forces, j'ai marché souvent sur les pas de l'Assemblée nationale, et quelquefois je m'en suis écarté : mais si j'avois toujours eu ses idées, il seroit fort inutile que je publiasse les miennes. Elle se dirige vers le bien public, par de grandes routes, en corps d'armée, dont les colonnes s'entre-aident, et quelquefois malheureusement se choquent ; et moi, loin de la foule, sans secours, mais sans obstacles, par des sentiers qui m'ont mené vers le même but. Elle moissonne, et moi je glane. Je rapporte donc à la masse commune quelques épis cueillis sur ses pas, et même au-delà, dans l'espérance qu'elle daignera les recueillir dans ses gerbes.

Cependant j'ai à me justifier de m'être écarté quelquefois de sa marche, et même de ses expressions. Par exemple, l'Assemblée n'admet que deux pouvoirs primitifs dans la monarchie, le pouvoir législatif et le pouvoir exécutif. Elle attribue le premier

---

(1) Telle est, entre autres, l'édition *in*-8°. de toutes mes œuvres, que j'avois annoncé que je commencerois au mois de juin de cette année.

à la nation, et le second au roi. Mais je conçois dans la monarchie, ainsi que dans toute puissance, un troisième pouvoir nécessaire au maintien de son harmonie, que j'appelle modérateur. J'ai d'abord été obligé d'employer l'expression de modérateur, que je ne pouvois suppléer par celle de modératif, qui n'est pas encore d'usage; et celle-ci m'a forcé d'user des anciennes dénominations de pouvoir législateur et exécuteur, qui ont d'ailleurs le même sens que celles de pouvoir législatif et exécutif, afin d'établir une consonnance entre mes expressions comme entre mes idées.

Quant au pouvoir modérateur, que j'admets comme essentiel à la monarchie, ce n'est que par lui que je conçois que le roi a la sanction des loix; car le pouvoir exécuteur ne me semble comporter que le *veto*, qui excite dans ce moment de si grandes réclamations.

Le *veto* est si bien une suite du pouvoir exécuteur, qu'il appartient même à un simple général d'armée, astreint à exécuter des ordres inhumains, ou à un tribunal chargé de promulguer des édits injustes. Turenne avoit le droit de refuser à Louis XIV d'incendier le Palatinat; et tout magistrat, sous Charles IX, de publier l'édit du massacre de la Saint-Barthélemi, comme tout Français, de l'exécuter. Tout homme a le droit de se refuser à l'exécution d'une loi politique contraire à la loi naturelle. Or, le roi, chargé du pouvoir exécuteur des loix qu'il n'a pas faites, a le droit d'employer, comme ses sujets, le *veto* dans le cas où quelques-unes de ces loix lui paroîtroient contraires au bien public, qui est la loi naturelle d'un Etat.

« C'est l'Assemblée nationale, me dira-t-on, qui » a décidé ce qui convenoit au bonheur de la na- » tion, elle seule connoît ce qui lui convient ». Mais une assemblée ne peut-elle pas se tromper ? Des peuples entiers se trompent. Voyez l'histoire de la nation ; voyez celle du monde.

Cependant, je l'avoue, le *veto* royal a quelque chose de bien dur ; et quoiqu'en Angleterre le roi, pour l'adoucir, dise : « J'aviserai », ce mot signifie au fond, « Je ne le veux pas ». Sans doute il est alarmant pour une nation de penser qu'une loi utile à ses intérêts, reçue, après bien des débats, à la pluralité des voix, dans une assemblée de ses députés, déjà bien difficiles à rassembler, se trouvera tout à coup comme non avenue par le *veto* du roi, sollicité par le parti de l'opposition, qui se réservera cette dernière ressource. Ainsi les intérêts d'un peuple entier seront sacrifiés aux intérêts de quelques corps, et souvent de quelques courtisans qui ont plus d'accès que lui auprès du prince ; et tous ses efforts, pendant des siècles, seront arrêtés dans un instant par la simple force d'inertie du trône. Je ne suis point surpris que la seule crainte du *veto* royal ait excité au Palais-royal un *veto* plébéien, au moins aussi à craindre.

C'est précisément pour empêcher le *veto* du pouvoir exécuteur dans le prince, que je lui attribue la sanction du pouvoir modérateur. Ces deux effets diffèrent autant que leurs causes, dont j'ai montré, dans cet ouvrage, et la différence et la nécessité. Le *veto* est une puissance négative qui appartient à l'esclave qui a une conscience, comme au despote qui n'en a point : mais la sanction est une puissance approbative qui ne convient qu'au monarque. Un général a son *veto*, parce qu'il ne sanctionne pas les ordres qu'il reçoit : un roi, comme chef de l'État, a une sanction, parce qu'il ne peut opposer de *veto* aux loix dont il est censé avoir reconnu l'utilité et la nécessité. Si le roi refuse de sanctionner une loi nouvelle, c'est parce qu'il la croit nuisible à l'État; alors il en fera connoître les inconvéniens ; on l'amendera et on la modifiera. La sanction est une discussion paisible d'un père de famille avec ses enfans.

« Mais, me répondra-t-on, si le roi refuse sa » sanction, ou l'Assemblée ses amendemens, la loi » se trouvera annullée : refuser d'approuver une » loi, c'est refuser de l'exécuter ; ainsi la sanction » a les mêmes inconvéniens que le *veto* ». A cela je réponds que la loi ne sera point annullée comme elle le seroit par le *veto*, mais elle restera sans être sanctionnée.

« Voilà donc de nouveaux débats entre le peuple » et son prince fortifié du parti de l'opposition ». J'en conviens, mais toutes les choses de ce monde se débattent les unes contre les autres, les élémens contre les élémens, les opinions contre les opinions. C'est de leur lutte que naît l'harmonie. Toutes les vertus se balancent entre deux contraires. Tenons donc un juste milieu, puisqu'il s'agit d'être justes. Prenons garde, en fuyant le despotisme, de nous jeter dans l'anarchie. Si le char est versé d'un côté, ne le renversons pas de l'autre ; rétablissons-le sur son essieu monarchique et ses roues plébéiennes, afin de lui rendre l'équilibre et le mouvement. Ne croyons pas que la sanction royale elle-même puisse laisser, comme un *veto*, des questions législatives sans solution. Il est impossible que tôt ou tard le roi ne se rende aux raisons de l'Assemblée, ou l'Assemblée aux raisons du roi, puisque l'un et l'autre n'ont d'autre but que l'intérêt public. Ce qui éternise les procès parmi les hommes, ce sont leurs intérêts particuliers. Ils sont bientôt d'accord sur leurs intérêts communs. Or, l'intérêt public étant commun aux députés de la nation et à son monarque, la discussion que peut entraîner la sanction royale ne peut tourner qu'au profit de la législation.

Mais dans cette balance d'opinions sur le même intérêt, voyez que de probabilités se rencontrent en faveur des arrêtés de l'Assemblée. Est-il probable d'abord que quelques aristocrates, après être convenus de soumettre les intérêts à la majorité des voix de l'Assemblée nationale, qui leur a pareillement soumis les siens, iront s'intriguer auprès du roi pour arrêter l'effet des délibérations nationales, parce qu'elles leur sont défavorables ? Est-il probable que le roi, pour les intérêts de ces aristocrates infidèles à leurs vœux, refusera de sanctionner des loix utiles à la nation, réclamées par la majorité de ses députés, et par un peuple entier capable, pour les maintenir, de se livrer à une insurrection générale ? D'ailleurs, le roi étant obligé de consentir les loix avant que l'Assemblée consente les impositions, s'il refusoit la sanction des loix arrêtées par la majorité de l'Assemblée, n'est-il pas plus que probable que cette majorité lui refusera, à son tour, la sanction des impositions ? Je considère avec peine, en légiste, ainsi que l'Assemblée elle-même, les effets de la sanction royale, comme ceux d'un procès entre le monarque et la nation : l'événement peut en être douteux ; mais il ne le sera pas, que le peuple, en la conservant à son prince, aura été juste et loyal envers lui. Le peuple s'est bien confié de la discussion de ses loix à des puissances aristocrates, ennemies jusqu'à présent de ses intérêts : pourquoi ne se fieroit-il pas de leur sanction à une puissance amie, maintenant que ces loix lui sont favorables ? Il ne faut pas que le peuple se méfie de son roi.

Leurs intérêts sont toujours les mêmes. Enfin l'Assemblée ayant proclamé Louis XVI le restaurateur de la liberté française, pourroit-elle lui refuser la sanction des loix qui assurent cette même liberté ?

La sanction royale est nécessaire à toutes les puissances de l'État. 1°. Elle est de droit, par rapport au roi comme homme. Si le roi ne pouvoit sanctionner les loix, il auroit moins de prérogatives que le moindre de ses sujets ; car chacun d'eux a le droit, non-seulement de voter pour les loix par ses députés, mais, s'il les trouve défavorables, il peut les récuser entièrement, en abandonnant son pays sans le consentement de personne ; ce que ne peut faire le roi sans le consentement de la nation, parce que son absence peut entraîner la ruine de l'État. 2°. La sanction est de justice, par rapport au roi comme monarque. Le roi étant chargé de faire exécuter les loix, il est censé, ainsi que je l'ai dit, reconnoître, en les sanctionnant, leur utilité et leur nécessité. 3°. La sanction royale est nécessaire à la tranquillité de la monarchie. Plusieurs aristocrates, chargés des vœux de leurs corps, et membres de l'Assemblée nationale, ayant déclaré, dès son ouverture, qu'ils ne reconnoissoient d'autre autorité que celle du roi, et étant forcés maintenant, par la majorité des voix de leur assemblée et le vœu de la nation, de sacrifier leurs priviléges, pourroient dire que la loi qui les y oblige n'est pas monarchique si elle n'étoit pas sanctionnée du monarque, et, sous ce prétexte, refuser de la reconnoître, ce qui pourroit susciter des troubles à l'avenir. 4°. La sanction royale est nécessaire à la permanence des loix, et au respect qui leur est dû, sur-tout de la part du peuple. Ceci mérite la plus grande considération. Quoique rien ne soit plus respectable aux yeux même d'un monarque, que les décrets d'une nation assemblée par ses députés, cependant le peuple n'y voit guère que des hommes semblables à lui dans ses représentans, et que des ennemis dans ceux des ordres supérieurs. D'ailleurs, à cause de leur périodicité, il cessera bientôt d'y voir ses législateurs. Un fleuve qui renouvelle ses eaux est toujours le même fleuve, parce que la forme de ses rivages ne change pas ; mais une assemblée qui renouvelle ses membres, n'est plus la même assemblée, parce que la plupart des hommes diffèrent d'opinions, et bientôt de projets. Le peuple n'arrête son attention et ses respects que sur des projets immuables, ou qu'il croit tels, et qui lui en imposent par leur grandeur ou leur éloignement. *Major è longinquo reverentia :* « Le » respect augmente avec la distance ». Il est donc nécessaire de fixer les regards du peuple vers le trône, dont il approche peu, comme vers un centre permanent et digne de tous ses hommages. Les nations républicaines ont donné à leurs loix le nom d'un seul législateur ; telles furent celles de Zaleucus chez les Locriens, de Lycurgue à Sparte, de Solon à Athènes; et les nations monarchiques, le nom du monarque qui avoit promulgué les leurs, et par conséquent sanctionnées; telles furent celles de Cyrus en Perse, de Zoroastre, roi des Bactriens, en Asie; de Moïse, chef des Hébreux; de Numa et ensuite de Justinien à Rome; de Charlemagne dans l'empire d'occident; de Saint Louis en France; de Pierre le Grand en Russie; de Frédéric II en Prusse; telles sont les loix d'Angleterre, promulguées d'abord en 1040, sous le nom de Loix d'Édouard, et rétablies ensuite en 1215 par la nation, sous le nom de Grande Charte. Les anciens ont si bien senti la nécessité d'une sanction auguste, pour rendre les loix vénérables aux peuples, qu'ils ont souvent supposé qu'elles avoient été sanctionnées par la divinité même. Ainsi celles de Numa le furent par la nymphe Égérie; celles de Zaleucus, par Minerve; celles de Mahomet, par Dieu même, avec la médiation des anges. Mais ces législateurs, en voulant se procurer de grands avantages, tombèrent dans de grands inconvéniens; car toute tromperie porte avec elle sa punition. Lorsque ces loix ne convenoient plus aux besoins des citoyens, ou qu'il falloit les appliquer à d'autres contrées, on ne pouvoit les changer, parce que la divinité, qui les avoit sanctionnées, étoit invariable. Ainsi les Turcs se sont abstenus de faire la conquête de plusieurs pays, parce qu'il n'y avoit pas d'eaux courantes pour leurs ablutions légales. C'étoit encore pis, lorsque les peuples, en s'éclairant, venoient à connoître que la divinité ne s'étoit point mêlée de leur législation; alors ils passoient du mépris du législateur qui les avoit trompés, au mépris de la loi. C'est ce qui est arrivé à plusieurs états et religions, dont la ruine n'a pas eu d'autre fondement. Il n'en est pas de même des loix sanctionnées par un monarque, qui les varie de concert avec son peuple, suivant ses besoins, et les leur rend permanentes par la seule démonstration de leur utilité. Mais comme aucune loi politique n'est bonne si elle ne pose sur les loix de la nature, et que rien n'est permanent sans le secours de son Auteur, il est nécessaire que le roi sanctionne le code de nos loix par une invocation religieuse, qui le consacre à jamais aux sentimens du cœur, comme aux lumières de la raison. Le mot de sanction même semble venir de *sanctus*, saint. Ce préambule, digne du style d'Orphée ou de celui de Platon, doit précéder, comme un péristyle antique, le temple auguste de nos loix, élevé pour le bonheur des hommes, et dédié à l'Eternel par le monarque qui doit en être le pontife.

Voilà ce que ma conscience m'oblige de dire sur les intérêts du roi, que je regarde comme inséparables de ceux du peuple. Quant au peuple, c'est vers lui que j'ai dirigé tous mes vœux, parce que je le considère comme la partie principale de l'État. Peut-être l'affection que je lui porte sous ce point de vue, m'aura fait illusion à moi-même : peut-être me reprochera-t-on d'avoir trop compté sur sa modération ou sa constance. On m'objectera sans doute que ses représentans, dont j'ai desiré qu'on augmentât le nombre dans l'Assemblée nationale, ne sont déjà que trop puissans, puisqu'ils ont opéré dans l'État une si puissante et si grande révolution. J'ai parlé de cette révolution qui venoit d'arriver, comme d'une suite nécessaire de l'insuffisance de ses représentans ; et je suis persuadé que s'ils eussent balancé, par leur nombre, la pondération de ceux des deux autres ordres, l'insurrection du peuple n'eût point eu lieu. C'est son désespoir qui l'a produite. D'ailleurs c'est une question de savoir qui, de l'armée qui est venue environner la capitale, ou du peuple qui y étoit renfermé, a rompu le premier l'équilibre des pouvoirs entre les députés des trois ordres. Ce seroit encore une autre question à décider, si le clergé et la noblesse ne se seroient pas plus écartés de la modération que le peuple, si, comme lui, ils avoient eu la toute-puissance. La guerre de la Ligue et celle de la Fronde, qui n'avoient pour but que des intérêts de corps ou de princes, ont versé sans comparaison plus de sang, et d'une manière plus illégale, que l'insurrection du peuple, qui a pour objet l'intérêt public. Il ne faut pas mettre sur son compte les émeutes occasionnées par la cherté du blé, ainsi que les brigandages exercés dans plusieurs provinces. La plupart de ces troubles ont été excités par ses ennemis, qui cherchent à le diviser afin de l'armer contre lui-même. Ce qu'il y a de certain, c'est que par-tout il s'oppose de toutes ses forces à ces désordres.

Maintenant que le peuple français a recouvré sa liberté par son courage, il doit s'en montrer digne par sa sagesse. Il doit rejeter avec horreur ces proscriptions illégales qui le feroient tomber lui-même dans les crimes de lése-nation qu'il veut punir : il doit être en garde contre le zèle qui l'anime, et invoquer pour son propre intérêt, la prudence des loix, car il ne faut qu'une calomnie jetée par ses ennemis dans son sein exalté de l'amour du bien public, pour lui faire abattre de ses propres mains la tête du meilleur citoyen.

O peuple de Paris, qui servez d'exemple aux peuple des provinces; peuple ingénieux, facile, bon, généreux, qui attirez dans votre sein les hommes de toutes les nations par l'urbanité de vos mœurs, songez que c'est à cette urbanité que vous avez dû en tout temps votre liberté morale, préférée même par des républicains à leur liberté civile. Vous venez de briser les liens du despotisme ; ne vous en donnez point de plus insupportables par ceux de l'anarchie. Ceux-là ne tirent que d'un côté, ceux-ci de tous les côtés à la fois. C'est votre ensemble qui a fait votre force, à laquelle rien n'a pu résister. Mais ce n'est point à la force que Dieu a donné un empire durable, c'est à l'harmonie. C'est par leur harmonie que les petites choses se rassemblent et deviennent grandes ; et c'est souvent à cause de leurs forces que les grandes se séparent, se heurtent, se brisent et deviennent petites. D'où viennent tant de prétentions d'individus, de corps, de districts, de motions et d'émotions ? Voulez-vous faire soixante cités dans une seule cité ? et à votre exemple, les provinces feront-elles soixante républiques dans le royaume ? Qu'en deviendroit alors la capitale ? Commune de Paris, en multipliant vos loix, vous multiplierez vos liens ; en vous divisant, vous vous affoiblirez ; en courant chacune à part à la liberté, vous pouvez tomber tour-à-tour dans l'esclavage, ou, ce qui est encore pis, dans la tyrannie ! Qu'avez-vous à craindre aujourd'hui pour vous, sinon vous-mêmes ? Vos ennemis principaux sont dispersés ; votre grand ministre des finances a été rendu à vos vœux, et avec lui travaillent dans le plus parfait concert les autres ministres du roi, remplis du même zèle pour votre bonheur ; les deux premiers ordres de l'état vous ont fait des sacrifices qui ont été au-delà de vos desirs ; les troupes royales vous ont prêté serment de fidélité, et vous avez des troupes nationales entièrement à vos ordres; votre roi mérite toute votre confiance, non-seulement pour avoir ordonné ou préparé ces dispositions, mais pour s'être abandonné sans réserve à la vôtre, en venant, sans garde et sans défense, au milieu de votre capitale pleine de troubles, vous redemander votre amour, comme un père qui ne vous avoit jamais ôté le sien, et qui, en vous voyant armés de toute sortes d'armes, pouvoit douter s'il retrouveroit en vous ses enfans. Pour l'amour de l'harmonie, sans laquelle il n'y a point de salut pour les peuples, reposez-vous de vos intérêts sur la vigilance de vos districts, composés de vos comités; que vos districts, de leur côté, s'en rapportent, sur l'ensemble de leurs opérations, à la sagesse de votre assemblée municipale, formée de vos députés, dont la prévoyance, le zèle et le courage, si bien dirigés par les deux chefs vertueux que vous avez vous-même choisis, vous ont préservée du brigandage, et de la famine dont vous étiez menacée. Que votre assemblée municipale se confie à son tour aux lumières et à la justice de l'Assemblée nationale, que vous avez conjointement, avec les communes du royaume, chargée de vos doléances et revêtue du pouvoir législateur. C'est sur-tout sur cette Assemblée auguste que vous devez établir votre securité, parce qu'elle s'occupe du bonheur de tout le royaume, en liant à vos intérêts ceux des corps, des provinces et des nations, par une constitution sanctionnée du roi, chef auguste et nécessaire de la monarchie, dont votre capitale est le centre. Enfin vous devez mettre toute votre confiance dans la providence de l'Auteur de la nature, qui prépare souvent, par des infortunes, la félicité des grandes nations, comme la fécondité de l'automne par la rigueur des hivers; et qui, en vous donnant, après l'année la plus calamiteuse, la moisson la plus abondante qu'on ait vue de mémoire d'homme, verse déjà ses bénédictions sur une constitution qui sera fondée sur ses loix. Heureux si du sein de ma solitude, et des orages qui l'ont troublée, je fournis à ce vaisseau chargé de nos destins, et déjà mis sur le chantier, pour voguer sur la mer des siècles, je ne dis pas une voile ou un mât, mais seulement la plus simple manœuvre.

ÉTUDES DE LA NATURE.

VŒUX D'UN SOLITAIRE.

Le premier de mai de cette année 1789, je descendis au lever du soleil, dans mon jardin, pour voir l'état où il se trouvoit, après ce terrible hiver où le thermomètre a baissé, le 31 décembre, de 19 degrés au-dessous de la glace. Chemin faisant, je pensois à la grêle désastreuse du 13 juillet, qui avoit traversé tout le royaume, mais qui, par la grace de Dieu, avoit passé sur le faubourg où je demeure, sans y faire de mal. Je me disois : « Pour cette fois, » rien ne sera échappé dans mon petit jardin, à un » hiver de Pétersbourg ».

En y entrant, je ne vis plus ni choux, ni artichauts, ni jasmins blancs, ni narcisses; presque tous mes œillets et mes hyacinthes avoient péri; mes figuiers étoient morts, ainsi que mes lauriers-thyms qui avoient coutume de fleurir au mois de janvier. Pour mes jeunes lierres, ils avoient pour la plupart, leurs branches sèches, et leur feuillage couleur de rouille.

Cependant le reste de mes plantes se portoit bien, quoique leur végétation fût retardée de plus de trois semaines. Mes bordures de fraisiers, de violettes, de thyms et de primevères, étoient toutes diaprées de verd, de blanc, de bleu et de cramoisi, et mes haies de chèvrefeuille, de framboisiers, de groseilliers, de rosiers et de lilas, étoient toutes verdoyantes de feuilles et de boutons de fleurs. Pour mes allées de vignes, de pommiers, de poiriers, de pêchers, de pruniers, de cerisiers et d'abricotiers, elles étoient toutes fleuries. A la vérité les vignes ne commençoient qu'à entr'ouvrir leurs bourgeons; mais les abricotiers avoient déjà des fruits noués.

A cette vue, je me dis: « A quelque chose malheur est bon. Les calamités d'un pays peuvent servir aux prospérités d'un autre. Si toutes les plantes du midi de l'Europe ne peuvent supporter les hivers de la France, il est évident que plusieurs arbres à fruits de la France peuvent résister aux hivers du Nord. On peut cultiver dans les jardins de Pétersbourg, des cerises, des pêches précoces, des prunes de reine-claude, des abricots, des abricots-pêches, et de tous les fruits qui peuvent mûrir dans le cours d'un été; car l'été y est encore plus chaud qu'à Paris ». Cette réflexion me fit d'autant plus de plaisir, que je n'avois vu en 1765 à Pétersbourg, d'autres arbres que des pins, des sorbiers, des érables et des bouleaux.

Quoique je n'aie sur le globe d'autre propriété foncière qu'une petite maison et son petit jardin d'un demi-quart d'arpent, que j'habite dans le faubourg Saint-Marceau, j'aime à m'y occuper des intérêts du genre humain, car il s'est occupé des miens dans tous les temps et dans tous les lieux. Il est certain que mes cerisiers viennent originairement du royaume de Pont, d'où Lucullus les apporta à Rome après avoir défait Mithridate. Je ne doute pas que mes abricotiers, dont le fruit s'appelle en latin *malum armeniacum*, ne descendent, de greffes en greffes, d'un arbre de leur espèce, apporté d'Arménie par les Romains. Suivant le témoignage de Pline, mes vignes tirent leur origine de l'Archipel, mes poiriers du mont Ida, et mes pêchers de la Perse, après que ces contrées eurent été subjuguées par les Romains, qui avoient coutume d'amener dans leur pays, non-seulement les rois, mais les arbres de leurs ennemis en triomphe. Quant aux choses qui sont à mon usage habituel, je dois certainement mon tabac, mon sucre et mon café, aux pauvres nègres d'Afrique, qui les cultivent en Amérique sous les fouets des Européens. Mes manchettes de mousseline viennent des bords du Gange, si souvent désolés par nos guerres. Pour mes livres, ma plus douce jouissance, j'en ai obligation à des hommes de tous les pays, et sans doute aussi à leurs infortunes. Je dois donc m'intéresser à tous les hommes, puisqu'ils travaillent pour moi par toute la terre, et que j'ai lieu d'espérer que ceux qui m'y ont devancé, ayant principalement contribué à mon bonheur par leurs maux, je peux aussi concourir par les miens à celui de ceux qui doivent m'y survivre.

Il n'est pas douteux que je ne doive les premiers témoignages de ma reconnoissance aux hommes auxquels je suis redevable des premiers besoins de la vie, tels qu'à ceux qui me préparent mon pain et mon vin, qui filent mon linge et mes habits, qui défendent mes possessions, &c.... c'est-à-dire aux hommes de ma nation.

En pensant donc aux révolutions de la nature qui avoient désolé la France l'année dernière, je songeai à celles de l'état qui les avoient accompagnées, comme si tous les malheurs s'entresuivoient. Je me rappelai l'édit imprudent qui avoit permis l'exportation des grains, lorsque nous n'en avions pas notre provision assurée; cette banqueroute publique qui avoit plané sur nos fortunes, dans le même temps que ce nuage affreux de grêle traversoit nos campagnes; l'épuisement total de nos finances, qui avoit fait périr plusieurs branches de notre commerce, comme ce terrible hiver plusieurs de nos arbres fruitiers ; enfin ce nombre infini de pauvres ouvriers, que le concours de tant de fléaux auroit fait mourir de misère, de froid et de faim, sans le secours de leurs compatriotes.

Je pensai alors au ministre des finances, dont le retour a rétabli le crédit public, et a été pour nous comme celui de l'étoile du matin, après une nuit orageuse ; aux Etats-généraux, qui alloient, avec le printemps, faire renaître de plus beaux jours ; et je me dis : Les royaumes ont leurs saisons comme les campagnes ; ils ont leur hiver et leur été, leurs grêles et leurs rosées : l'hiver de la France est passé, son printemps va revenir. Alors, plein d'espérance, je m'assis au bout de mon jardin, sur un petit banc de gazon et de trêfle, à l'ombre d'un pommier en fleurs, vis-à-vis une ruche dont les abeilles voltigeoient en bourdonnant de tous côtés.

A la vue de ces abeilles si actives, dont la ruche n'avoit eu d'autre abri pendant l'hiver que le creux d'un rocher, je me rappelai qu'elles n'avoient point essaimé au mois de juin, et qu'il en étoit arrivé de même à la plupart de celles du royaume, comme si elles avoient prévu qu'elles auroient besoin d'être rassemblées en grand nombre, pour se tenir chaudement pendant la rigueur d'un hiver extraordinaire. D'un autre côté, comme je n'ai enlevé aux miennes aucune portion de leur miel, et que jamais elles n'en exportent, elles ont passé dans l'abondance des vivres une saison où quantité de mes compatriotes en ont manqué. En voyant que l'instinct de ces petits animaux avoit surpassé l'intelligence humaine, je me dis : « O heureuses les sociétés des » hommes, si elles avoient autant de sagesse que » celles des abeilles » ! et je me mis à faire des vœux pour ma Patrie.

Je me représentai les vingt-quatre millions d'hommes qui composent, dit-on, le peuple français, non comme de sages abeilles qui naissent avec tout leur instinct, mais comme un seul homme qui vit depuis plus de trois mille ans, et qui, comme un homme, n'acquiert son expérience qu'en passant par un long cercle de maux, d'erreurs et d'infirmités.

D'abord enfant du temps des Gaulois, il a été, pendant plusieurs siècles, au maillot, entouré par les druides des bandes de la superstition ; puis adolescent sous les Romains, qui le conquirent et le policèrent, il s'instruisit, sous le joug grave de ses maîtres, des arts, des sciences, de la langue et des loix qui le régissent encore aujourd'hui : ensuite, devenu un jeune homme sous les Francs indisciplinés qui se confondirent avec lui, il s'est livré, pendant leur anarchie, à toute la fougue de la jeunesse, et a passé un grand nombre d'années dans les fureurs des guerres civiles. Enfin, depuis Charlemagne, éclairé de quelques lumières par le retour des lettres qui commencèrent à se naturaliser sous

François I, comme un jeune homme qui se forme pour le commerce du monde, il a cherché les plaisirs de l'amour et de la gloire. Son goût de galanterie et d'héroïsme s'est épuré sous Henri IV, et s'est perfectionné sous Louis XIV. A cette dernière époque, l'amour des conquêtes utiles a paru l'occuper principalement; il est devenu ambitieux comme un homme dont la jeunesse se passe, et qui cherche à s'établir d'une manière solide. Mais bientôt convaincu par son expérience, qu'on ne peut trouver son bonheur dans le malheur d'autrui, il a commencé à s'occuper de ses véritables intérêts, de son agriculture, de ses manufactures, de son commerce, de ses grands chemins, de ses établissemens aux colonies, &c... Il a cherché alors à se délivrer des préjugés de son enfance, des fausses vues de son adolescence, des vanités de sa jeunesse, et il est entré ainsi dans l'âge mûr. Sa raison a fait d'années en années de nouveaux progrès. Il sent aujourd'hui, sous Louis XVI, que la gloire de ses rois ne consiste que dans son bonheur. De son côté, il s'occupe plus du soin de rendre sa vie tranquille que brillante, et commode que fastueuse.

On peut suivre dans tous les siècles les périodes de son caractère, par celles de son costume. Du temps des Gaulois, presque nu comme un enfant, et coiffé de sa simple chevelure, il ne portoit que des sayons. Il s'est vêtu, sous les Romains, de toges et de robes écourtées, comme un étudiant. Toujours armé sous les Francs, il s'est couvert de brassarts, de cuissarts, de cottes de mailles et de casques. Depuis François I jusqu'à Henri IV, et même jusqu'à Louis XIV, il s'est mis en pourpoint découpé, en fraises, en plumes, en trousses et en rubans, sans toutefois quitter son épée, comme un jeune homme qui fait l'amour. Sous Louis XIV, devenu plus grave, il a ajouté à sa parure d'amples canons et une énorme perruque. Aujourd'hui, comme un homme mûr qui cherche ses commodités, il préfère un chapeau sur sa tête à un chapeau sous le bras, une canne à une épée, et un manteau à une armure.

Pendant que le peuple français se disposoit par les mœurs et la philosophie à une vie plus heureuse et à un ensemble national, l'administration soumise à d'anciennes formes, suivoit toujours son ancien cours. A chaque révolution de l'esprit public, elle avoit adopté des loix nouvelles, sans abroger les anciennes; des besoins nouveaux, sans retrancher les superflus; et s'étoit plus occupée de la fortune des courtisans, que de celle des sujets. Ainsi, d'incohérences en incohérences, d'impôts en impôts, de dettes en dettes, elle s'est trouvée sans argent et sans crédit, avec un peuple sans moyens. Alors elle s'est vue dans la nécessité de convoquer les Etats-généraux, pour préserver d'une ruine universelle la nation dont le peuple est par-tout la base fondamentale.

Cependant ce peuple, devenu majeur par tant de siècles d'expérience et d'infortunes, traîne encore après lui les lisières de son enfance. Des corps se sont présentés, se disant chargés de sa tutèle, et ont prétendu le ramener aux anciennes formes de la monarchie, c'est-à-dire de le remettre, avec ses lumières, son étendue et sa puissance, dans le même berceau où il a eté si long-temps foible, trompé et misérable.

Mais quel corps de la monarchie pourroit être rappelé aujourd'hui à ses anciennes formes ? A commencer par celui qui en est le chef auguste, le roi pourroit-il être ramené aux temps où le peuple joint à l'armée l'élisoit au champ de Mars, en l'élevant sur un bouclier ? Et quand Louis XVI lui-même voudroit descendre du trône pour rétablir le peuple dans ses anciens droits, ne se jetteroit-il pas à ses pieds, pour le supplier de ne pas le livrer aux fureurs des guerres civiles qui ont ensanglanté les premiers temps de la monarchie, par l'élection de ses rois? Le clergé voudroit-il revenir aux anciens temps où il prêcha l'évangile dans les Gaules, comme les apôtres, pieds nus, vêtu d'une seule robe, et un bâton de voyageur à la main, devenu par la munificence de ce même peuple, une crosse pontificale ? Les nobles voudroient-ils voir renaître ces temps anciens où ils se mettoient au service des grands pour avoir de la protection et du pain, toujours prêts à verser leur sang pour des querelles qui leur étoient étrangères? Qu'ils jugent de l'état de leurs ancêtres sous le régime féodal, par celui des nobles Polonais de nos jours! Enfin le parlement lui-même voudroit-il revenir à ces temps qui ne sont pas bien anciens, où la plupart de ses membres n'étoient que les scribes et les gens d'affaires des grands, qui alors ne savoient pas même écrire, et s'en faisoient honneur?

L'homme foible cherche par-tout le repos. S'il manque de loix, il se repose de sa législation sur un législateur. S'il a besoin de lumières, il se repose de sa doctrine sur un docteur. Par-tout il établit des bases pour reposer sa foiblesse; mais par-tout la nature les renverse, et le force, à son exemple, de se lever et de combattre. Elle-même n'a composé ce globe et ses habitans, que de contraires qui luttent sans cesse. Notre sol est formé de terre et d'eau, notre température, de chaud et de froid; notre jour, de lumière et de ténèbres; l'existence des végétaux et des animaux, de leur jeunesse et de leur vieillesse, de leurs amours et de leurs guerres, de leur vie et de leur mort. L'équilibre des êtres n'est établi que sur leurs combats. Il n'y a de durable que leur écoulement, d'immuable que leur mobilité, de permanent que leur ensemble; et la nature, qui varie à chaque instant leurs formes, n'a de loix constantes que celles de leur bonheur.

Pour nous, déjà si éloignés des antiques loix de la nature, par les loix même de nos sociétés, où les anciens droits de l'homme sont méconnus, nos opinions, nos mœurs et nos usages varient d'année en année. Les siècles nous roulent et nous déforment sans cesse en nous poussant vers l'avenir. Rappeler aux anciennes formes de son origine un peuple éclairé, puissant, immense, c'est vouloir renfermer un chêne dans le gland d'où il est sorti.

Comment donc nos rois voudroient-ils rappeler le peuple français à ses anciennes formes, c'est-à-dire, à ses anciennes erreurs et à son ancienne ignorance ? N'est-ce pas à ce qu'il a produit dans les derniers siècles, c'est-à-dire, aux derniers fruits de son industrie, que nos rois, qui buvoient jadis dans des cornes d'élan, erroient çà et là dans les forêts des Gaules, parcourant de temps en temps leur capitale sans pavé, dans un chariot traîné par des bœufs, qu'ils doivent aujourd'hui les délices de leurs châteaux et la magnificence de leurs équipages? N'est-ce pas par les leçons tardives de son expérience, qu'ils ne craignent plus d'être détrônés par les maires de leurs palais, et qu'ils doivent, ainsi que leurs descendans, leur permanence sur le trône, suivant des lois inébranlables comme l'amour de ce peuple éclairé ? O Henri IV ! que seroient devenus vos droits attaqués par Rome, par l'Espagne et par des grands ambitieux de votre royaume, sans l'amour de votre peuple, qui, malgré les anciennes formes qu'on vous opposoit à vous-même, vous appeloit à le délivrer de ses tyrans ? Comment le clergé, ministre d'une religion amie du genre humain, voudroit-il soumettre aux anciennes formes du druidisme, le peuple français sous le règne de Louis XVI ? C'est ce même peuple qui se rangeant en foule autour des premiers missionnaires des Gaules, fit ployer ses chefs barbares sous le joug du christianisme. Ce fut le peuple qui, par le pouvoir tout-puissant de ses opinions, éleva l'abbaye à l'opposite du château, et le clocher à celui de la tour. Il opposa la crosse à la lance, la cloche à la trompe, et les légendes des saints aux archives des barons; monument contre monument, bronze contre bronze, tradition contre tradition. Comment les nobles de nos jours pourroient-ils regarder le peuple comme flétri de tout temps par la puissance féodale de leurs ancêtres, eux qui comptent dans leur propre sein si peu de familles qui remontent au-delà du quatorzième siècle ? Mais s'il étoit vrai que leurs ancêtres eussent réduit jadis le peuple en servitude, comment oseroient-ils aujourd'hui faire valoir leurs anciens privilèges auprès de ce même peuple, non pour l'avoir jadis défendu ou protégé comme doivent faire les nobles de toute nation, mais pour l'avoir conquis et opprimé ; non pour l'avoir servi, mais asservi ; non comme les descendans de ses patriciens, mais de ses tyrans ? Sont-ce là les titres qu'ont fait valoir auprès de lui les Bayard, les Duguesclin, les Crillon, les Montmorency, qui ont fait tant de prouesses pour obtenir de vivre dans sa mémoire jusqu'à nos jours ? Que dis-je ! nos nobles, si remplis aujourd'hui d'humanité et du véritable honneur, pourroient-ils, dans un siècle éclairé, mépriser cette foule d'hommes paisibles et bons qui s'occupent de leurs plaisirs après avoir pourvu à tous leurs besoins, et du sein desquels sortent ces braves grenadiers qui, après leur avoir frayé le chemin des honneurs aux dépens de leur sang, retournent à leur charrue servir dans l'obscurité cette même Patrie qui fait un partage si inégal de ses récompenses ? Comment enfin le parlement pourroit-il réduire aux anciennes formes de la servitude, un peuple qui lui a donné en quelque sorte la puissance tribunitive, et du sein duquel il est sorti lui-même ?

Après tout, est-il bien vrai que le peuple français ait toujours été sous la tutèle féodale de ses chefs ? Quelques écrivains ont avancé qu'il étoit serf dans son origine. Mais, soit qu'on rapporte cette origine au temps des Gaulois, des Romains ou des Francs, qui sont les trois grandes époques de son histoire, on verra qu'il a toujours été libre.

Les Gaulois, qui firent sous Brennus une invasion

en Italie, et brûlèrent la ville de Rome, ressembloient beaucoup aux Sauvages de l'Amérique, qui certainement ne font pas la guerre avec des esclaves. L'esclavage ne s'établit que chez les peuples riches et policés comme ceux de l'Asie, et il est le fruit de leur despotisme qui est toujours proportionné à leurs richesses. Les peuples pauvres et sauvages sont toujours libres, et, quand ils font des prisonniers de guerre, ils les incorporent avec eux, à moins qu'ils ne les vendent, ne les mangent ou ne les sacrifient à leurs dieux. L'opulence fait des mêmes citoyens des despotes et des esclaves; mais la pauvreté les rend tous égaux. Nous en voyons des exemples dans nos sociétés. Les domestiques d'un homme riche, et même ses amis, quand ils sont pauvres, se tiennent dans ses antichambres, et ne paroissent qu'avec respect en sa présence; mais les domestiques de nos paysans sont familiers avec leurs maîtres, se mettent à table avec eux, et obtiennent même leurs filles en mariage.

Lorsque les Gaulois commencèrent à se civiliser et à chercher la fortune, ils se louoient dans les armées romaines, comme des hommes libres. Je crois même que César remarque qu'il n'y avoit point d'armées où on ne trouvât des soldats gaulois. Nous voyons dans Hérodote et Xénophon, que les Grecs si amoureux de leur liberté, se mettoient aux gages même du roi de Perse, quoique ennemi naturel de leur Patrie. Nous trouvons des usages semblables chez les Suisses de nos jours. Ces coutumes sont communes à tous les peuples libres, et elles n'existent point chez les peuples régis par le despotisme, ni même par l'aristocratie. Vous ne verrez à la solde d'aucune puissance de l'Europe, des régimens formés de Russes, de Polonais ou de Vénitiens. A la vérité, la constitution politique des Gaules accordoit plusieurs prérogatives injustes aux chefs des Gaulois, et à leurs druides, ainsi que l'a remarqué César, et ce fut sans doute par ses défauts anti-populaires qu'elle fut aisément renversée par celle des Romains. Ce qu'il y a de certain, c'est que les Gaulois adoptèrent des Romains, leur religion, leurs loix, leurs coutumes, et jusqu'à leurs habillemens. Nous nous gouvernons en partie par le droit romain, et nos magistrats ainsi que les professeurs de nos universités, portent encore la toge romaine. Notre langue française est dérivée de la langue latine. Ces révolutions ne sont point des effets naturels de la conquête et du pouvoir des peuples conquérans, mais des preuves que les peuples conquis sont mécontens de leur ancienne constitution. Les Romains n'étoient jaloux que de la puissance; ils étoient indifférens sur tout le reste. Les Grecs conservèrent sous leur empire, leur langue, leur religion, leurs loix et leurs mœurs, dont nous voyons encore des traces, même sous l'empire des Turcs.

Enfin un peuple conquis reste tellement attaché à sa constitution, quand il la trouve bonne, qu'il y soumet quelquefois le peuple conquérant. C'est ce que nous pouvons voir par l'exemple des Tartares, qui ont toujours adopté les loix et les coutumes de la Chine, après s'en être rendus maîtres. D'un autre côté, ces révolutions morales ne se font point chez des peuples esclaves. Il est très-remarquable que les peuples occidentaux de l'Asie, n'ont rien adopté des Grecs ni des Romains qui les ont subjugués, pas même le langage. On ne parle ni latin ni grec en Asie. Un peuple esclave tient à sa constitution par l'esprit de servitude, comme un peuple libre par le sentiment de la liberté; mais celui-ci en change lorsqu'il en est mécontent.

Quoi qu'il en soit, les Romains donnèrent les droits de citoyens romains aux habitans de plusieurs villes, et même de quelques provinces des Gaules, ce qu'ils n'auroient pas fait si elles avoient été peuplées d'esclaves. Quantité de Romains s'établirent ensuite dans les Gaules. L'empereur Julien aimoit le séjour de Paris, « à cause, disoit-il, du caractère » grave de ses habitans, qui se rapprochoit du sien ». Le caractère parisien a bien changé depuis, quoique le climat de Paris soit resté le même. Mais ce n'est pas le climat qui fait le caractère d'un peuple, comme tant d'écrivains l'ont dit d'après Montesquieu; c'est la constitution politique. Les Gaulois simples et féroces sous les druides, furent sérieux sous les graves Romains toujours gouvernés par la loi, et gais sous les Francs, amis de l'indépendance, parce que, n'ayant jamais eu de bonne constitution, ils en changèrent à ces trois époques. Indépendamment de la gaîté des Gaulois, qui ne date que des Francs, et qui est une preuve morale de leur liberté, j'en trouve une autre qui n'est pas moins forte, en ce que les deux peuples n'ont plus porté que le même nom, ce qui n'arrive jamais lorsque le peuple conquérant ne se confond pas avec le peuple conquis : témoins de nos jours, les Turcs et les Grecs, les Mogols et les peuples de l'Indoustan, les Espagnols et les Indiens de l'Amérique et du Pérou, les Anglais et les Indiens orientaux, les habitans de nos Colonies et les Nègres. Au contraire les Tartares qui ont conquis la Chine se sont confondus avec les Chinois, et ne forment plus avec eux qu'une seule nation, ainsi que les peuples du nord et de l'orient, qui, tels que les Vandales, les Goths, les Normands, &c. s'amalgamèrent avec les peuples de l'Europe chez lesquels ils firent des invasions. D'ailleurs il est prouvé par l'histoire que le peuple gaulois étoit libre sous la première race des rois Francs, puisqu'il les élisoit avec l'armée.

Du temps de Charlemagne, il y avoit quantité d'hommes libres en France. Auroit-ce été avec des eslcaves condamnés nécessairement à l'ignorance dans un siècle de barbarie, que ce grand prince auroit formé ses écoles, ses académies et ses cours de justice, dont les membres d'un autre côté, ne pouvoient sortir de cette noblesse militaire qui alors n'estimoit que la gloire des armes? Une preuve évidente de l'existence de ces hommes libres, c'est que Charlemagne les convoque nommément à ses états-généraux avec les barons et les évêques. Il y a plus, c'est que dans l'Assemblée de 806, où il partagea, quelques années avant sa mort, ses Etats entre ses trois enfans, par un testament confirmé par les seigneurs français et le pape Léon, « il » laissa à ses peuples la liberté de se choisir un » maître après la mort des princes, pourvu qu'il fût » du sang royal »; liberté que le président Hénault juge digne d'être remarquée.

A la vérité, une partie du peuple des campagnes fut asservie à la glèbe, par des chefs qui usurpèrent des droits qui ne leur appartenoient pas. Voici ce qu'en dit le président Hénault, dans ses Remarques particulières sur les rois de France de la seconde race :

« On peut distinguer les terres possédées par les » Francs, depuis leur entrée dans les Gaules, en » terres saliques et en bénéfices militaires.

» Les terres saliques étoient celles qui leur échu» rent par la conquête, et elles étoient héréditaires.
» Les bénéfices militaires, institués par les Romains

» avant la conquête des Francs, étoient un don du » prince, et ce don n'étoit qu'à vie : il a donné son » nom aux bénéfices possédés par les ecclésias- » tiques. Les Gaulois, de leur côté, réunis sous la » même dénomination, continuèrent de jouir, » comme du temps des Romains, de leurs posses- » sions en toute liberté, à l'exception des terres » saliques, dont les Français s'étoient emparés, qui » ne devoient pas être considérables, vu le petit » nombre des Français et l'étendue de la monarchie. » Les uns et les autres, quelle que fût leur naissance, » avoient droit aux charges et aux gouvernemens, » et étoient employés à la guerre, sous l'autorité du » prince qui les gouvernoit. La constitution du » royaume de France est si excellente, qu'elle n'a » jamais exclu et n'exclura jamais les citoyens nés » dans le plus bas étage, des dignités les plus rele- » vées ». Matharel, réponse au livre d'Hotman, intitulé *Francogallia*.

« Vers la fin de la seconde race, un nouveau genre » de possession s'établit sous le nom de fief. Les » ducs ou gouverneurs des provinces, les comtes ou » gouverneurs des villes, les officiers d'un ordre » inférieur, profitant de l'affoiblissement de l'auto- » rité royale, rendirent héréditaires dans leurs mai- » sons des titres que jusque-là ils n'avoient possédés » qu'à vie ; et ayant usurpé également et les terres » et la justice, s'érigèrent eux-mêmes en seigneurs-

» propriétaires des lieux dont ils n'étoient que les » magistrats, soit militaires, soit civils, soit tous les » deux ensemble. Par-là fut introduit un nouveau » genre d'autorité dans l'Etat, auquel on donna le » nom de suzeraineté ; mot, dit Loiseau, qui est » aussi étrange que cette espèce de seigneurie est » absurde.

» La noblesse, ignorée en France jusqu'au temps » des fiefs, commença avec cette nouvelle seigneu- » rie ; en sorte que ce fut la possession des terres » qui fit les nobles, parce qu'elle leur donna des » espèces de sujets nommés vassaux, qui s'en don- » nèrent à leur tour par des sous-inféodations ; et ce » droit des seigneurs fut tel que les vassaux étoient » obligés, dans de certains cas, de les suivre à la » guerre contre le roi même ».

Ces faits sont si connus, qu'ils ont été cités dans un ouvrage publié en faveur de la liberté du peuple, par un député même de la noblesse de Vivarais aux Etats-généraux derniers. Je les ai rapportés pour faire deux réflexions bien importantes : la première, c'est que des hommes comblés des bienfaits du roi, se constituant en corps aristocratique, ont pu obliger les sujets du roi de les suivre à la guerre contre lui-même ; la seconde, c'est que rien n'est si aisé et si commun pour des corps aristocratiques, que d'attenter aux droits d'un peuple qui n'a point de représentans auprès de son prince, et aux intérêts d'un prince qui n'a point de liaison avec son peuple. Il n'est pas besoin, pour la France, de recourir aux usurpations des ducs, des comtes et de leurs subordonnés, du temps de la seconde race de nos rois; nous en avons vu de plus grandes de nos jours. Les Gaulois, sous les Francs leurs vainqueurs, pouvoient parvenir aux premières dignités de l'Etat, quelle que fût leur naissance; mais une ordonnance du département de la guerre a déclaré le 22 mai 1781, sous un roi ami du peuple, qu'aucun homme non noble ne pourroit devenir officier militaire, et a ôté ainsi à vingt-quatre millions d'hommes jusqu'à l'honneur d'être lieutenans de milice.

Que devient donc aujourd'hui l'axiome de Matharel sur l'excellence de notre constitution, « qui » n'a jamais exclu et n'exclura jamais les citoyens » nés dans le plus bas étage, des dignités les plus » relevées »? Cependant aucun des corps qui se disent chargés du maintien de notre ancienne constitution, et qui veulent nous y rappeler, n'a réclamé contre cette dernière injustice, parce qu'elle n'intéressoit que les anciens droits du peuple; et le peuple n'a jamais pu défendre ses droits, parce qu'il n'a point de représentans auprès de son prince.

Quoi qu'il en soit, quelle famille noble de nos jours pourroit prouver sa descendance des usurpateurs de la noblesse sous la fin de la seconde race de nos rois, et qu'en pourroit-elle conclure contre la liberté du peuple? Une famille de princes nationaux du temps des Gaulois, a pu être réduite à l'esclavage sous les Romains; et une famille d'esclaves sous les Romains, devenir noble sous les Francs: car les peuples conquérans ont souvent la politique, pour asservir les peuples conquis, d'y abaisser ce qui est élevé, et d'y élever ce qui est abaissé. Quel homme aujourd'hui pourroit prouver seulement qu'il descend des Gaulois, des Romains ou des Francs? Des spéculateurs en politique ont cru reconnoître les Gaulois dans nos paysans, les Romains dans nos bourgeois, et les Francs dans les nobles. Mais les Goths, les Alains, les Normands, ne sont-ils pas venus, par leurs incursions et leurs conquêtes, confondre encore ces trois ordres de citoyens? Les Anglais n'en firent-ils pas autant, lorsqu'ils s'emparèrent de la plus grande partie du royaume? Après ces bouleversemens de la guerre, sont venus ceux du commerce. Quantité d'Italiens, d'Espagnols, d'Allemands, d'Anglais, se sont établis chez nous, et s'y établissent encore tous les jours. Toutes ces nations se sont confondues, par des alliances, avec toutes les classes de nos citoyens, dont les races d'ailleurs se sont croisées, depuis les plus illustres jusqu'aux plus humbles, par des mariages de finance: notre peuple est formé des ruines de tous ces peuples, comme le sol qui produit nos moissons est composé des débris des chênes et des sapins de nos anciennes forêts. Il y a peut-être tel misérable charretier, qui roule toute l'année depuis le fond de l'Auvergne jusqu'à Paris, et depuis Paris jusqu'au fond de l'Auvergne, dont les aïeux donnèrent des fêtes au peuple romain, et coururent dans le cirque sur de superbes quadriges; et tel pauvre enfant qui grimpe dans nos cheminées pour les ramoner, descend peut-être de ces fiers Gaulois qui mirent le feu à Rome et escaladèrent le Capitole. Nous tirons avec empressement du sein de la terre, des urnes mutilées, des inscriptions obscures, des bronzes rongés de vert-de-gris, pour y chercher les noms de ces anciennes familles; mais leurs descendans sont encore dans la vie, et nous en offriroient les médailles vivantes, si nous en savions déchiffrer les empreintes. Une ville d'Italie se vante de les connoître; et pendant que toute cette contrée fait un commerce de ses monumens de pierre, Milan fournit, pour fort peu d'argent, des lettres de noblesse et des armoiries antiques aux familles les plus obscures de l'Europe, sur leurs simples noms. Mais à quoi sert cette vanité? notre noblesse n'est pas moins que notre peuple l'ouvrage du temps, qui dissout et recompose toute chose avec les mêmes élémens. Si les sables de la mer sont des débris de ses rochers, ses rochers, à leur tour, ne sont que des amalgames de ses sables.

Non-seulement le peuple est composé dans l'origine des mêmes familles que son clergé et sa noblesse, mais c'est lui qui est en particulier l'unique cause de la splendeur de ces deux corps; c'est de son sein que sortent les hommes chargés de leur éducation, et de leur inspirer de l'honneur et de la vertu; c'est lui qui est la principale source de la lumière, de l'industrie, et de la puissance même militaire; c'est lui seul qui fait fleurir l'agriculture et le commerce. Que dis-je? le peuple est tout; il est le corps national, dont les deux autres ordres ne sont que des membres accessoires; il peut exister sans eux, et ils ne peuvent être sans lui. On n'a jamais vu de nation formée uniquement de prêtres ou de nobles; mais il y a eu beaucoup de nations florissantes formées du simple peuple. Les Romains ont subsisté long-temps sans corps de clergé. Leurs magistrats étoient leurs pontifes. La plupart des républiques grecques, avec le même régime, n'avoient point de corps de nobles; et quoique quelques écrivains aient avancé que la noblesse étoit le plus ferme appui des monarchies, il est certain que la plus ancienne monarchie qui soit au monde, la Chine, n'a jamais su ce que c'étoit qu'un gentilhomme. Il n'y a de noble à la Chine que la famille de Confucius; et sa noblesse est fondée, non sur ce que Confucius asservit ses concitoyens par les armes, par l'intrigue ou par l'argent, mais sur ce qu'il les éclaira de ses lumières et de ses vertus. Ses descendans, distingués par quelques honneurs, n'ont d'ailleurs aucun droit aux charges et dignités de l'empire, et ils n'y parviennent, comme les autres sujets, que par leur mérite personnel. Il n'y a point de nobles dans les Etats despotiques de la Turquie et de la Perse, où le pouvoir absolu de leurs monarques a besoin cependant d'hommes qui leur soient dévoués.

Au contraire, le peuple est tellement la base de la puissance publique, même dans les monarchies, que l'Etat est tombé dès que le clergé et la noblesse ont séparé leurs intérêts des siens : c'est ce que prouve le Bas-Empire des Grecs, où ces deux ordres s'étant emparés de tout, sous des princes foibles, le peuple, sans patriotisme et sans propriété, laissa les Turcs renverser le trône. On en voit aujourd'hui un exemple semblable dans le Mogol, où le peuple, séparé de ses brames et de ses naïres, voit avec indifférence des poignées d'Européens s'emparer de son gouvernement et de son pays. Nous devons nous rappeler nous-mêmes, ou plutôt nous devons oublier à jamais quels ont été les auteurs de tant de guerres civiles qui ont désolé pendant si long-temps notre monarchie, et qui s'efforcèrent de la renverser, en y appelant même les étrangers : certainement ce ne fut pas le peuple. Mais rien n'est plus frappant à cet égard que ce qui s'est passé de nos jours en Pologne. D'abord la noblesse aristocratique de ce pays a éprouvé, dans tous les temps, une suite perpétuelle d'infortunes, uniquement pour s'être séparée de son peuple ; et si elle fit autrefois quelques conquêtes sur les Russes, les Prussiens et les peuples de l'Autriche, c'est que leur régime féodal étoit alors plus mauvais que celui de la Pologne. Mais lorsque la noblesse de chacune de ces nations a été forcée de se rapprocher de son peuple, non en l'élevant à elle par des loix équitables, mais en descendant vers lui par le poids du gouvernement despotique, qui rend tous les sujets égaux, elle a formé avec lui un ensemble national, auquel la noblesse polonaise, livrée à elle seule, n'a pu résister. Celle-ci donc a vu, il y a quelques années, sa monarchie partagée par les trois puissances voisines, qui n'ont employé contre ses diètes patriciennes, qu'un bien petit nombre de régimens plébéiens ; et malgré les circonstances favorables où elle se trouve aujourd'hui, par la guerre des Turcs qui embarrasse la Russie et l'Autriche, et par la faveur particulière du roi de Prusse, elle fait de vains efforts pour recouvrer son indépendance, parce qu'elle n'appelle point son peuple à la liberté.

Le peuple est donc tout, même dans les monarchies. « Les peuples ne sont pas faits pour les rois, » mais les rois sont faits pour les peuples », a dit Fénélon, d'après les loix de la justice universelle ; à plus forte raison, le clergé et la noblesse. C'est au peuple que tout doit se rapporter, prêtres, nobles, officiers, soldats, magistrats, ministres, rois; comme les pieds, les mains, la tête et tous les sens se rapportent au tronc dans le corps humain. Le bonheur du peuple est la loi suprême, ont dit les anciens : *Salus populi, suprema lex esto.*

Depuis les trois seigneurs persans, Othanès, Mégabise et Darius, qui réduisirent à l'état démocratique, aristocratique et monarchique, les formes de gouvernement que chacun d'eux vouloit donner à la Perse, on a souvent agité quelle étoit la meilleure des trois, comme s'il étoit impossible qu'il y en eût d'autres. Pour moi, considérant combien, depuis ce temps-là, il y a eu dans tous les pays de différentes sortes de gouvernemens qui ne sont point compris dans cette division, je crois qu'une nation peut exister sous toutes sortes de formes, pourvu que le peuple y soit heureux, comme un homme peut vivre par-tout de toutes sortes de régimes, pourvu que son corps se porte bien.

En effet, les mœurs des nations ne sont pas moins variées que celles des particuliers. Il y a des peuples qui vivent errans dans les déserts, comme les Arabes et les Tartares; et d'autres qui ne sortent point de leurs pays, comme les Chinois : il y en a qui se répandent chez toutes les nations, comme les Juifs et les Arméniens; et d'autres ne communiquent avec aucun étranger, comme les Japonois; d'autres se rassemblent en nombre infini dans des villes, comme les peuples policés; et d'autres se dispersent en familles solitaires et vivent dans des hippas, comme les insulaires de la nouvelle Zélande.

Les gouvernemens des hommes ne sont pas moins différens que leurs mœurs. A commencer par l'état monarchique, s'il y a quantité de pays régis par un seul roi, il en a existé de très-florissans où il y en a eu deux à la fois, comme à Lacédémone : je crois même qu'il ne seroit pas impossible d'en trouver qui aient été bien gouvernés par des triumvirs. Quant à la nature des monarchies, il y en a d'héréditaires par les mâles, du père au fils, comme la nôtre; d'autres le sont par les femmes, de l'oncle au neveu, comme en certains royaumes d'Afrique et d'Asie; dans d'autres, le souverain peut choisir son successeur dans sa famille, comme en Turquie, à la Chine et en Russie; d'autres sont électives dans un corps de nobles, par les nobles seuls, comme en Pologne; d'autres sont balancées par un sénat de prêtres, comme chez les Juifs, ou par un corps de soldats, comme à Alger. Quant aux aristocraties, il y en a qui ont choisi leurs chefs dans un corps de religieux nobles et guerriers, comme à Malte; d'autres dans un corps d'esclaves soldats, comme les douze beys de l'Egypte choisis parmi les Mameluks; d'autres dans un sénat de nobles légistes, comme à Gènes et à Venise. Quant aux démocraties, elles élisent leurs chefs dans un corps de marchands, comme la Hollande; ou de laboureurs, comme la Suisse; ou dans des étrangers qui passent, comme la petite république de Saint-Marin. D'autres ont été mêlées d'aristocratie et de démocratie, comme la république Romaine; d'autres des trois gouvernemens à la fois, comme l'Angleterre.

J'observe que tous ces gouvernemens ont eu également des origines foibles; que ceux qui n'ont pas pris d'accroissement, ou qui l'ont perdu après l'avoir acquis, n'ont eu pour but que la puissance d'un seul corps: tels ont été ceux de Pologne, de Gênes, de Venise, de Malte, qui ont sacrifié les intérêts de leur peuple à ceux de leur noblesse. Je remarque, au contraire, que ceux qui ont prospéré, sont ceux qui ont eu pour unique objet la puissance ou le bonheur du peuple: ainsi Lacédémone donna des loix à la Grèce et à une partie de l'Asie. Elle en eût donné, comme Rome, à l'univers, si elle eût compris dans ses citoyens les Ilotes ses cultivateurs. C'est par l'influence du peuple que la Turquie est devenue célèbre par ses conquêtes, la Chine par sa durée, la Hollande par son commerce, l'Angleterre par sa puissance maritime et ses lumières, la Suisse, plus heureuse, par sa liberté et son repos.

Je remarque encore deux choses bien importantes à la prospérité des peuples. 1°. C'est que tous ceux qui ont fleuri ont été gouvernés par deux puissances opposées ; et que ceux qui sont tombés en ruine n'ont été régis que par une seule, parce que la nature ne forme d'harmonies que par des contraires. 2°. C'est qu'il n'y a aucun gouvernement, de quelque nature que ce soit, qui n'ait eu un chef, sous le nom de doge, de bey, de roi, de pape, de sultan, d'émir, de daïri, d'empereur, de stathouder, de grand-maître, de consul, d'avoyer, &c. parce que toute société a besoin d'un modérateur.

A Lacédémone le pouvoir des éphores étoit opposé à celui des deux rois : sans ce contre-poids, les deux rois se seroient détruits eux-mêmes par la jalousie du gouvernement, comme il arriva dans la décadence de l'empire romain, où deux empereurs à la fois sur le trône en accélérèrent la ruine. Chez les Chinois, le souverain n'est despotique que par la loi de l'empire qu'il fait exécuter ; mais sa volonté particulière est tellement balancée et circonscrite par les tribunaux conservateurs des anciens rites, qu'il ne peut changer sans leur aveu la moindre coutume, pas même la forme d'un habit. D'un autre côté, le respect de ces tribunaux est inspiré au peuple dès la plus tendre enfance, avec une telle religion, que chacun d'eux pourroit se rendre maître de l'empire, s'ils ne se balançoient les uns les autres, et si l'empereur n'en étoit le modérateur. Il en est à-peu-près de même chez les Turcs, où la puissance du muphti balance toujours celle du sultan; aucun ordre militaire, aucune sentence de mort ne peut être promulguée par le sultan, sans un fetfa religieux ou permission du muphti.

Chez les Romains, la puissance des tribuns étoit opposée à celle des consuls : mais comme ces deux puissances, qui représentoient, l'une celle du peuple, l'autre celle de la noblesse, n'avoient point de modérateur qui tînt l'équilibre entre elles, elles agitèrent sans cesse l'Etat par leurs luttes. Les Romains avoient si bien senti le besoin d'un modérateur dès les premiers temps de leur république, que dans les temps de crise ils créoient un dictateur. Le dictateur étoit un despote d'un moment, qui rétablissoit toutes choses dans l'ordre. Il sauva plusieurs fois la république, quand il ne fut question que de guerres étrangères, mais il la perdit dans les guerres civiles. En effet, on ne pouvoit le choisir que dans une des deux puissances contraires, et on achevoit alors de détruire entre elles l'équilibre, au lieu de le rétablir. C'est ce qui arriva dans les horribles proscriptions de Sylla et de Marius. Sylla, chef du parti de la noblesse, resta tout-puissant par la dictature. Montesquieu le loue de l'avoir abdiquée, comme d'un grand effort de courage; il le représente confondu dans la foule comme un simple particulier, laissant chaque citoyen le maître de lui redemander justice du sang qu'il avoit répandu. Comme le jugement de Montesquieu est d'un grand poids, je prendrai la liberté de le réfuter, parce qu'il renferme une grande erreur. On ne sauroit être trop en garde contre l'autorité des noms. Sylla n'abdiqua point par grandeur, mais par foiblesse, pour ne pas offrir en sa personne un centre unique à la vengeance publique. A qui un citoyen romain se seroit-il adressé pour avoir justice de Sylla, redevenu simple particulier? Le sénat, les consuls, les tribuns, les soldats, tous les magistrats de Rome n'étoient-ils pas des créatures de Sylla, complices de ses proscriptions, et intéressés à en arrêter les poursuites? Que dis-je? Sylla, simple particulier, exerça sa tyrannie jusqu'au moment de sa mort; et la preuve en est dans son histoire. « Le jour de » devant qu'il trépassa, étant averti que Granius, » qui devoit de l'argent à la chose publique, différoit » de payer, attendant sa mort, il l'envoya quérir, » et le fit venir en sa chambre, là où, si-tôt qu'il fut » venu, il le fit environner par ses ministres, et leur » commanda de l'étrangler devant lui; mais à force » de crier après lui et de se tourmenter, il fit crever » l'aposthume qu'il avoit dedans le corps, et rendit » grande quantité de sang; au moyen de quoi lui » étant toute force faillie, il passa la nuit en grande » agonie, et puis mourut ». (*Voyez* Plutarque.) Qui auroit donc osé demander des comptes à Sylla, qui en faisoit rendre de si rigoureux le dernier jour de sa vie? Enfin son crédit étoit encore si grand, même après sa mort, que les dames romaines firent, afin d'honorer ses funérailles, des dépenses qu'elles n'ont jamais faites avant ni après lui pour aucun Romain. « Entre autres choses, ajoute Plutarque, » elles y contribuèrent si grande quantité de sen- » teurs et de drogues odoriférantes à faire parfums, » qu'outre celles qui furent portées en deux cent » dix mannes, on en forma une fort grande image à » la semblance de Sylla même, et une autre d'un » massier portant les haches devant lui, toutes faites » d'encens fort exquis et de cinnamome ».

Ainsi le pouvoir du peuple fut opprimé par celui de la noblesse, fortifié par Sylla de celui de la dictature. Mais lorsque César, revêtu de la même dictature, se fut rangé du côté du peuple, alors le parti de la noblesse fut opprimé à son tour. Enfin, lorsque les empereurs ses successeurs, au lieu d'être modérateurs de l'Empire, eurent réuni en leurs personnes la puissance consulaire et tribunitive, l'Empire tomba, parce que les deux puissances qui se balançoient, fixées à leur centre, ne lui donnoient plus de mouvement. C'est ainsi que les fonctions du corps humain sont paralysées, lorsque le sang, au lieu de circuler dans les membres, s'arrête à la région du cœur.

Nous sommes donc dans une grande erreur, lorsque nous voulons, par le sentiment de notre foiblesse, donner des bases immuables à un gouvernement qui se meut toujours. La nature ne tire des harmonies constantes que des puissances mobiles. Le type des sociétés, comme celui de la justice, peut se représenter par une balance dont le service ne gît que dans le contre-poids de ses deux fléaux : le repos des corps en mouvement est dans leur équilibre.

Je conclus donc que tout gouvernement est florissant et durable, lorsqu'il est formé de deux puissances qui se balancent, qu'il a un chef qui en est le modérateur, et qu'il a pour centre le bonheur du peuple. Voilà, à mon avis, les seuls moyens et la seule fin qui font prospérer et durer les Etats, soit qu'ils soient monarchiques, aristocratiques ou républicains : or c'est ce que prouve l'histoire de tous les pays; car il ne suffit pas de citer dans un pays quelques années brillantes, pour justifier des principes de politique jetés au hasard, comme ont fait plusieurs écrivains; il faut voir fleurir et durer longtemps tout un Etat, pour juger de la bonté de sa constitution, comme on juge de celle d'un homme, non par quelque tour de force, mais par une santé égale et bien soutenue.

On pourra m'objecter quelques sociétés d'hommes vivant suivant les loix de la nature, qui ont subsisté sans ces luttes intérieures et sans chef, se portant au bien de leur Etat, comme des abeilles aux travaux de leur ruche, par le sentiment de leur bonheur commun. Mais si leurs contre-poids politiques n'étoient pas dans leur société, ils étoient au-dehors. Je doute même que les abeilles, dont l'instinct est si sage, prissent tant de soin d'amasser des provisions, de les placer dans le tronc des arbres, de s'y bâtir des maisons de cire, et d'y vivre rassemblées, si elles n'avoient à lutter contre les vents, les pluies, les hivers et plusieurs autres sortes d'ennemis : les guerres du dehors assurent leur concorde au-dedans. Ce qu'il y a de très-remarquable, c'est que chaque ruche a un modérateur dans sa reine. Il en est de même des habitations des fourmis, et, je crois, de toutes celles des animaux qui vivent en république. Heureuses les sociétés des hommes, si elles n'avoient de même à combattre que les obstacles de la nature! leurs jouissances s'étendroient par toute la terre, dont ils sont destinés à recueillir les productions; le genre humain ne formeroit qu'une famille, dont chaque individu n'auroit besoin d'autre modérateur que Dieu et sa conscience. Mais dans nos Etats mal constitués, tous les biens se trouvent accumulés sur un petit nombre de citoyens : ainsi, ne pouvant les demander à la nature, nous sommes obligés de les disputer aux hommes, et de tourner nos forces contre nous-mêmes.

Ces principes posés, je trouve notre gouvernement français constitué comme tous ceux qui, dès leur origine, se sont écartés des loix de la nature. Il est divisé en deux puissances qui se balancent mutuellement. L'une est formée de l'ordre du clergé et de celui de la noblesse, qui, depuis plusieurs siècles, ont réuni leurs intérêts; l'autre, de l'ordre du peuple, qui commence à s'éclairer sur les siens. Mais il s'en faut bien que l'équilibre soit entre elles. A la vérité, quelques-uns de nos rois ont tâché de le former, en donnant au peuple quelque pondération, par l'établissement des communes, des offices municipaux et des parlemens; mais les membres de ces corps tendant la plupart vers les priviléges de la noblesse et les bénéfices du clergé, les intérêts du peuple sont restés sans défenseur. Il n'y a que quelques écrivains isolés qui, s'occupant de ceux des hommes, ont été les seuls représentans du peuple, et lui ont donné des tribuns secrets jusque dans la conscience des grands. Cependant le roi est aussi intéressé que le peuple à l'équilibre politique, puisqu'il en est le modérateur, et qu'une des puissances qui doivent être balancées ne peut surpasser l'autre, sans qu'il se trouve lui-même hors de mesure et dans l'impuissance d'en faire mouvoir aucune.

Non-seulement tous les membres du corps politique doivent être en équilibre pour l'intérêt du peuple, mais ils doivent rapporter à lui seul leurs intérêts particuliers. Or le clergé et la noblesse sont précisément le contraire de ce qu'ils devroient être et de ce qu'ils ont été dans leur origine ; car ils sont réunis entre eux par des intérêts particuliers, et séparés de la cause populaire.

Lorsque le roi, le clergé et la noblesse d'un Etat font corps avec leur peuple, ils ressemblent aux branches d'un grand arbre qui, malgré les tempêtes, sont ramenées dans leur équilibre par le tronc qui les porte et les réunit. Mais lorsque ces puissances ont des centres différens du peuple, ils sont semblables à ces arbres qui croissent par hasard au haut d'une vieille tour : ils en décorent quelque temps les créneaux ; mais avec les siècles, leurs racines se glissent entre les assises des pierres, en séparent les jointures, et finissent par renverser le monument qui les a portés.

Le roi, le clergé et la noblesse ont un rapport si nécessaire avec le peuple, que ce n'est que par lui qu'ils ont eux-mêmes des rapports communs entre eux. Sans le peuple, ils seroient divisés d'intérêts comme de fonctions. Ils sont semblables aux branches d'un arbre qui tendent toutes à la divergence, et n'ont de réunion entre elles que par le tronc qui les rassemble. Quoique cette comparaison soit bien propre à faire sentir les liaisons populaires auxquelles je voudrois amener nos puissances politiques, puisque ces liaisons n'existent pas encore parmi nous, et qu'il faut différencier en corps qui ont des centres séparés les membres d'un même tout, je me servirai d'une image plus propre à rendre l'ensemble actuel de nos Etats-généraux, et à flatter les prétentions des ordres supérieurs. Je considère donc le roi comme le soleil, dont l'emblême est celui de ses glorieux ancêtres; le clergé et la noblesse, comme deux corps planétaires qui tournent autour du soleil, en réfléchissant sa lumière; et le peuple, comme le globe obscur de la terre que nous foulons aux pieds, mais qui cependant nous porte et nous nourrit. Que les puissances de la nation se considèrent donc comme des puissances du ciel, ainsi que d'ailleurs elles le prétendent; mais qu'elles se rappellent en même temps que, malgré le privilége qu'elles ont d'avoir leur sphère particulière et d'avoisiner celle du soleil, elles n'en sont pas moins ordonnées à la sphère du peuple, puisque le soleil lui-même, avec toute sa splendeur, n'existe dans les cieux que pour les harmonies de la terre et de ses plus petites planètes.

Je ferai donc des vœux pour l'harmonie des quatre ordres qui composent aujourd'hui la nation, et je commencerai par celui qui en est le premier mobile.

VŒU POUR LE ROI.

Plusieurs écrivains célèbres considèrent le pouvoir national dans la monarchie, comme divisé en deux; en pouvoir législateur et en pouvoir exécuteur : ils en attribuent le premier à la nation, et le second au roi.

Cette division me paroît insuffisante, parce qu'il y manque un troisième pouvoir, nécessaire à tout bon gouvernement : le pouvoir modérateur, qui appartient essentiellement au roi dans la monarchie. Le roi n'y est pas seulement un simple commis de la nation, un doge ou un stathouder ; c'est un monarque chargé de diriger ses opérations. Le clergé, la noblesse, et même le peuple, ne voient et ne régissent chacun en particulier que des parties détachées de la monarchie, dont ils ne sont que des membres; le roi en est le cœur, et peut seul en connoître et faire mouvoir l'ensemble. Les trois corps de la monarchie réagissent sans cesse les uns contre les autres, en sorte que, livrés à eux-mêmes, il arriveroit bientôt qu'un d'entre eux opprimeroit les deux autres, ou en seroit opprimé, sans que le roi, qui n'auroit que le pouvoir exécuteur, pût faire autre chose que d'être l'agent du parti le plus fort, c'est-à-dire de l'oppression. Il faut donc que le roi ait encore le pouvoir modérateur, c'est-à-dire, celui de maintenir l'équilibre, non-seulement entre ces corps, mais de réunir leurs forces au-dehors contre les puissances étrangères, dont lui seul est à portée de connoître les entreprises. C'est le pouvoir modérateur qui constitue le monarque.

Les écrivains dont j'ai parlé ont entrevu la nécessité de ce pouvoir dans le roi, et ils ont agité s'il devoit consister dans un simple *veto*, comme en Angleterre, ou dans un certain nombre de voix délibératives, qui lui seroient réservées comme prérogative royale.

Le *veto* est un pouvoir d'inertie, capable de faire échouer les meilleurs projets; il faut au contraire au roi un pouvoir d'activité qui puisse les faire réussir. Le cœur, dans le corps humain, n'est jamais sans action : ainsi en doit-il être du monarque dans la monarchie.

Quant aux voix délibératives à réserver au roi, on est fort embarrassé pour en déterminer le nombre. Je hasarderai quelques réflexions à ce sujet. Le nombre des voix dans l'Assemblée nationale est à-peu-près de douze cents, dont six cents appartiennent au clergé et à la noblesse, et six cents aux communes. Or, si les six cents voix des deux premiers ordres étoient égales en pondération aux six cents voix des communes, comme elles le sont en nombre, il y auroit équilibre entre elles, et le roi n'auroit besoin que de sa seule voix pour faire pencher la balance du côté qui lui plairoit : que dis-je ? la voix du roi, qui dispose de tous les emplois, est de sa nature si prépondérante, qu'elle entraîneroit seule toutes les autres, comme il arrive dans les états despotiques, si elle n'étoit elle-même balancée.

Il est donc inutile de multiplier la voix du roi dans l'Assemblée nationale, pour lui donner de la pondération ; il suffit de la lui réserver : mais il est bien nécessaire de réformer la balance nationale elle-même, pour la rendre susceptible d'équilibre. Quoique ses bras soient égaux en longueur, ses bassins ne le sont pas en pesanteur. On peut dire que celui du clergé et de la noblesse est d'or, et celui du peuple de paille. Le premier est tellement rempli de mîtres, de cordons, de dignités, de gouvernemens, de magistratures, de richesses, de bienfaits accordés déjà en survivance pour l'avenir, quoiqu'ils appartiennent dans l'origine à l'autorité royale ou au peuple même, que la balance a toujours penché de ce côté-là, malgré les efforts que quelques rois ont faits pour la relever. Ainsi ce bassin pèse non-seulement de son propre poids, mais de celui du pouvoir royal, qu'il a attiré de son côté; en sorte que pour ramener celui du peuple à l'équilibre, il faut, ou que le roi rende le bassin plébéien plus pesant, en y faisant passer un certain nombre d'emplois et de dignités, ou qu'il augmente la longueur de son bras, en multipliant les voix des représentans du peuple dans les Assemblées nationales. Alors le levier plébéien devenant plus long, le prince n'aura besoin que de peu d'efforts pour le faire pencher, et le pouvoir modérateur deviendra dans la monarchie, ce qu'est le poids courant le long du grand levier dans la balance romaine. Ce n'est que par le nombre de ses voix que le peuple à Rome balançoit la pondération des voix des sénateurs. Dans le parlement d'Angleterre, le nombre des membres de la chambre haute ne monte qu'à 245, tandis que celui des membres de la chambre des communes est de 540, c'est-à-dire, de plus du double. Sans une proportion équivalente, jamais le côté plébéien ne pourra se mettre en équilibre, que lorsque les six cents voix qui le composent seront appuyées par les voix des vingt-quatre millions d'hommes qu'ils représentent : alors, quoique son bassin soit léger, son bras devenant infiniment long, sa réaction deviendra infiniment puissante. Ce moment de révolution sera celui où il conviendra au roi de reprendre son pouvoir modérateur pour rétablir la balance monarchique.

Alors l'influence royale sera semblable à celle du soleil, qui balance dans les cieux les globes qui tournent autour de lui.

J'ai desiré plus d'une fois que le roi parcourût

tous les ans ses Etats d'une extrémité à l'autre, comme le soleil visite tour à tour chaque année les deux pôles de la terre. Mes vœux semblent prêts à s'accomplir. A la vérité le mouvement sera différent, mais l'effet sera le même. Ce ne sera point le roi qui ira vers le peuple; ce sera le peuple qui ira vers le roi. Ce système de politique est simplifié, comme celui de notre astronomie, où l'on suppose avec beaucoup de vraisemblance, que ce n'est pas le soleil qui tourne autour de la terre, mais la terre qui tourne sur elle-même autour du soleil, et lui montre tour-à-tour ses pôles glacés.

Cet ordre me semble encore plus convenable aux fonctions d'un roi, qui, après tout, n'est qu'un homme, et qui doit non-seulement répandre ses lumières sur son peuple, mais qui a besoin à son tour d'en recevoir de lui. Ainsi le roi saura par l'Assemblée nationale, ce qui se passe dans les assemblées provinciales; par les assemblées provinciales, dans les assemblées des villes; et par celles des villes, dans celles des villages.

Les hommes, comme les affaires, circuleront sous ses yeux; car le moindre paysan pourra être député de l'assemblée de son village à celle de la ville de son district, de celle de cette ville à celle de sa province, et de celle de sa province à l'Assemblée nationale. Ainsi, par ces périodes, les députés de l'Assemblée nationale pourront montrer successivement au roi tous ses sujets, comme la terre présente au soleil toutes les parties de sa circonférence.

Je suppose ici que les assemblées des villages, des villes et des provinces, auront lieu dans tout le royaume, qu'elles seront à la fois permanentes et périodiques, c'est-à-dire, qu'elles se renouvelleront chaque année dans un tiers de leurs membres, et qu'il en sera de même de l'Assemblée nationale, qui doit être le centre de toutes ces assemblées; car il doit y avoir de l'harmonie dans toutes les parties de l'Etat. Accorder la permanence aux assemblées des villages, des villes et des provinces, et la refuser à l'Assemblée nationale, c'est, dans une montre, où les petites, les moyennes et les grandes roues sont en mouvement, ôter le grand ressort.

Il résultera de la permanence de l'Assemblée nationale, qu'aucun corps aristocratique ne pourra se mettre désormais entre le roi et la nation; et de la périodicité de ses membres, qu'elle ne pourra elle-même se changer en corps aristocratique. Comme le roi a de droit le pouvoir exécuteur, il n'y pourra passer aucune loi qui ne soit revêtue de sa sanction; et comme il a aussi le pouvoir modérateur, cette Assemblée étant formée de deux puissances dont les intérêts sont opposés, il aura toujours le pouvoir d'y maintenir l'équilibre. Elle ne peut donc, ni par ses opérations, ni par sa durée, porter aucun ombrage à l'autorité royale.

Il y a plus, c'est qu'elle seule peut faciliter les opérations d'un bon gouvernement ; et c'est par elle seule que les intérêts du roi et du peuple, qui sont les mêmes, se trouveront réunis. Le roi, en donnant aux députés des communes le pouvoir de défendre les intérêts du peuple, leur donne en même temps celui de défendre les intérêts de la royauté, qui ne sont que la prospérité même du peuple ; et s'il arrivoit, comme par le passé, du désordre dans l'administration, le peuple ne pourroit en accuser le roi, qui lui donne le pouvoir perpétuel d'y veiller et de lui en proposer les remèdes.

Puisse cet ordre si simple, si naturel et si juste, être admis dans tous les gouvernemens du monde, pour le bonheur des nations et de leurs princes ! Les goûts, les mœurs, les modes, les discordes et les guerres se communiquent d'un royaume à l'autre ; pourquoi n'en seroit-il pas de même de la concorde et des bonnes loix ? Puisse donc Louis XVI en recevoir à jamais la louange qui lui en sera due par son propre peuple ! Puisse-t-il l'obtenir de la reconnoissance de toutes les nations, et remplir la devise glorieuse qu'il tient de ses ancêtres, mais que lui seul aura méritée ; un soleil éclairant plusieurs mondes, avec ces mots : « Il suffit à tous », *Nec pluribus impar !*

VŒUX POUR LE CLERGÉ.

Il seroit bien à souhaiter que le clergé n'eût jamais séparé ses intérêts de ceux du peuple. Quelque riche que soit le clergé d'un Etat, la ruine du peuple entraîne bientôt la sienne. C'est ce que prouve l'exemple des Grecs de Constantinople, dont les patriarches se mêloient des fonctions des empereurs, et les empereurs de celles des patriarches. Le peuple épuisé par son clergé et par ses princes, qui s'étoient emparés de toutes ses propriétés, même en opinions, resta sans patriotisme : que dis-je ? on l'entendoit crier, pendant le siége où les Turcs s'emparèrent de Constantinople : « Nous aimons » mieux voir ici des turbans qu'un chapeau de car» dinal ». J'observerai ici que la religion d'un Etat n'est pas toujours son plus ferme soutien, comme on l'a tant de fois avancé ; car l'empire grec de Constantinople est tombé, et sa religion est restée. Il en est arrivé de même au royaume de Jérusalem. D'un autre côté, beaucoup de religions ont changé dans différens Etats dont les gouvernemens n'ont pas cessé de subsister : telles ont été les anciennes religions de plusieurs royaumes de l'Europe, de l'Asie et de l'Afrique, auxquelles ont succédé les religions chrétienne et musulmane, sans que plusieurs de ces Etats aient changé même de dynastie. Le bonheur du peuple est la seule base inébranlable du bonheur des empires; il l'est aussi de celui de son clergé. Le clergé grec de Constantinople est réduit, sous les Turcs, à vivre d'aumônes dans les mêmes lieux où il fit élever, sous ses princes nationaux, de superbes temples, où triomphe aujourd'hui une religion ennemie. Un clergé ambitieux appauvrit son peuple, et un peuple pauvre rend tôt ou tard son clergé misérable.

Non-seulement le clergé est lié au peuple par ses intérêts, mais par ses devoirs. Il est l'avocat naturel des malheureux, et obligé de les secourir de son superflu. La plupart de ses biens lui ont été légués à ces conditions. J'aurois donc souhaité que les chefs du clergé eussent été à la tête de leurs troupeaux pour en défendre les intérêts, comme dans les anciens temps de notre monarchie, où les peuples eux-mêmes élisoient leurs pasteurs dans cette intention. Mais puisque ces anciennes formes si respectables ont changé, même dans un corps si attentif à les conserver, je desire au moins que le clergé se pénètre dans l'Assemblée nationale, des maximes évangéliques qu'il annonce dans les églises. Je ne parle pas du denier payé à César par Saint Pierre, de l'ordre même de Jésus; car j'observerai à cette occasion, d'après la question même que Jésus fit à S. Pierre, que ce n'étoient pas, chez les Romains, les citoyens qui payoient les impôts, mais les étrangers. En effet, on voit par l'histoire que le peuple romain, loin de payer des impositions, étoit souvent nourri par des distributions de blé et par les tributs des provinces conquises. Chez les Turcs, le carach ou tribut ne se paie que par les Grecs. Cet usage me semble assez général en Asie. Jésus paroît l'étendre à tous les royaumes du monde, comme fondé sur la justice naturelle. Peut-être au fond n'étoit-il question que des impositions personnelles, et non des impositions territoriales. Quoi qu'il en soit, comme d'abus en abus le régime fiscal a succédé parmi nous au régime féodal, il est impossible maintenant de subvenir aux besoins de l'Etat sans les contributions de tous ses membres. La plus grande partie de notre clergé a sacrifié à cet égard ses anciennes prérogatives d'une manière généreuse : cependant l'intérêt de la vérité m'oblige encore à dire qu'il a fait aussi en cela un acte de justice, puisque beaucoup de biens lui ont été donnés autrefois par l'Etat, ainsi qu'à la noblesse, à la charge même du service militaire.

Mais le peuple lui demande aujourd'hui d'autres contributions, pour beaucoup de biens qui lui ont été légués par des particuliers, à la charge du service encore plus sacré des malheureux. On peut sans doute y comprendre beaucoup de riches commanderies religieuses, destinées jadis aux services des lépreux et des hôpitaux. Que le clergé se pénètre donc de cette loi naturelle, la base et la fin de l'évangile; de cette loi qui est la source de toutes les vertus, de la justice, de la charité, de l'humanité, du patriotisme, de la concorde, de la bienséance, de la politesse, et de tout ce qui se fait d'aimable, même parmi les gens du monde : « Ne faites pas à » autrui ce que vous ne voudriez pas qu'on vous » fît ». Qu'il considère que ce peuple, qui l'a autrefois si richement doté, succombe aujourd'hui sous le poids des impôts; que les vices contre lesquels il prêche depuis si long-temps, ne sont point inspirés à l'homme par la nature, mais qu'ils sont des résultats nécessaires de nos institutions politiques; qu'ils naissent de l'opulence extrême d'un petit nombre de citoyens qui se sont tout approprié, et de l'indigence absolue d'un très-grand nombre d'autres qui n'ont plus rien; que d'une part, l'opulence produit les voluptueux, les avares, les monopoleurs, les ambitieux qui seuls causent tant de maux; et que de l'autre, l'indigence oblige les filles de se prostituer, les mères d'exposer leurs enfans, et qu'elle fait les séditieux, les voleurs, les charlatans, les superstitieux, et cette foule de misérables qui, dépouillés de tout par les premiers, sont forcés de chercher à vivre à leurs dépens.

Je souhaite donc que le clergé vienne au secours des malheureux, et pourvoie d'abord au besoin de ses propres membres, en sorte qu'il n'y ait pas un seul ecclésiastique qui n'ait décemment de quoi vivre. Un simple vicaire de village ne doit pas manquer du nécessaire, dès que les évêques ont du superflu. Ainsi il me semble juste que l'Assemblée nationale emploie les revenus des riches abbayes fondées autrefois par la nation, en distributions faites dans tout le royaume, par les Assemblées provinciales, aux indigens de tous pays et de toute communion, au connu et à l'inconnu, à l'exemple de l'homme de Samarie, parce que la charité de l'évangile doit s'étendre à toutes les religions, et l'hospitalité française à tous les peuples.

Il est nécessaire que le clergé abolisse dans son sein ces étranges et honteux établissemens que n'ont jamais connus les Grecs, ni les Romains, ni les Barbares, je veux dire les couvens qui servent en France de maison de force et de correction. Ces lieux de douleur, où des moines se chargent, pour de l'argent, des vengeances de l'État et des familles, sont répartis en grand nombre dans tout le royaume, et ils sont si odieux, qu'ils ont flétri même les noms des Saints qu'on a osé leur donner pour patrons. Il y en a où l'on voit des cages de fer, invention du cruel Louis XI. La plupart ont des réputations si infamantes par leurs punitions, qu'un jeune homme ou une jeune fille y sont plus déshonorés, que s'ils avoient été enfermés dans des prisons publiques. Ainsi des religieux et des religieuses ne rougissent pas de faire les viles fonctions de geoliers et de bourreaux, pour se former des revenus considérables ! N'est-il pas bien étrange que des personnes consacrées à Dieu, qui prêchent par état l'humanité, la consolation et le pardon des injures, se soient faits les agens de la cruauté, de l'infamie et de la vengeance, pour acquérir des richesses; et que, d'un autre côté, les peuples aient vu s'élever ces maisons plus cruelles et plus déshonorantes que la Bastille, sans apercevoir la contradiction qu'il y avoit entre la doctrine et la conduite de ceux qui les établissoient? C'est à l'Etat, et non à des religieux, à punir ceux qui troublent l'Etat.

Je desire encore que le clergé, ayant contribué par son superflu à détruire l'indigence, source de tant de vices particuliers, combatte par son éloquence l'ambition, cette autre source des vices privés et publics; qu'il en proscrive les premières leçons dans nos écoles, où elle s'est introduite sous le nom d'émulation, et arme dès l'enfance les citoyens les uns contre les autres, en inspirant à chaque enfant d'être le premier; que les prédicateurs de l'évangile sévissent, au nom de Dieu, contre l'ambition des rois de l'Europe, qui résulte de l'éducation ambitieuse qu'ils font donner à leurs sujets, et qui, après avoir causé les malheurs de leurs peuples, fait encore ceux du genre humain; que ces saints ministres de la paix attaquent les loix sacriléges de la guerre; qu'ils cessent eux-mêmes de décorer nos temples dédiés à la charité, avec des drapeaux obtenus par le sang des nations; qu'ils s'opposent de tous leurs moyens à l'esclavage des nègres, qui sont nos frères par les loix de la nature et de la religion; qu'ils s'abstiennent de bénir les vaisseaux qui vont à la traite de ces infortunés, ainsi que les étendards autour desquels se rassemblent nos sanguinaires soldats; qu'ils refusent leur ministère à tout ce qui contribue au malheur des hommes; qu'ils répondent aux puissances qui voudroient les contraindre à consacrer les instrumens de leur politique, ce que la religieuse Théano répondit au peuple d'Athènes, qui vouloit l'obliger de proférer des malédictions contre Alcibiade, coupable cependant d'avoir profané les mystères de Cérès: « Je suis religieuse » pour prier et bénir, non pas pour détester et maudire ». Que nos prêtres disent donc aux puissances ambitieuses: « Nous n'avons pas été envoyés pour » exciter les hommes aux fureurs de la guerre; mais » à la concorde, à l'amour et à la paix; pour bénir » des vaisseaux de guerre, des vaisseaux négriers, » des régimens, mais, à l'exemple de Jésus, des » enfans, des noces et des mariages ».

Ainsi le clergé français, en s'intéressant au sort

des malheureux, se rendra cher aux hommes de toutes les nations. Il verra renaître dans le cœur des peuples son empire religieux, comme dans les premiers temps où il leur annonça l'évangile, et fit, au nom du Dieu de la paix, trembler les tyrans.

VŒUX POUR LA NOBLESSE.

Puisse cette noblesse, qui, dans des siècles barbares donna au peuple des exemples d'héroïsme en temps de guerre, et d'urbanité en temps de paix, lui en donner de toutes les vertus patriotiques dans un siècle éclairé ! Je desire, non-seulement qu'elle marche, comme autrefois, à la tête de ses guerriers pour le défendre contre les ennemis du dehors, et qu'elle en protége les foibles contre les ennemis du dedans, comme du temps des anciens chevaliers; mais que s'élevant à la grandeur romaine, elle adopte dans son sein les familles plébéiennes qui s'illustreront par la vertu : ainsi les Catons et les Scipions furent adoptés par des familles patriciennes. Puisse-t-elle encore, à l'exemple de la noblesse romaine, se lier avec le peuple par les liens du mariage ! Auguste, au milieu de sa gloire, donna en mariage Julie, sa fille unique, au plébéien Agrippa; et Tibère sur le trône, Drusille sa petite-fille, et fille de Germanicus, à Lucius Cassius, « de race plé» béienne antique et honorable », dit Tacite. Nos rois eux-mêmes ont contracté plusieurs fois de pareils mariages. Henri IV, qui se piquoit d'être le premier gentilhomme de son royaume, épousa Marie de Médicis, qui descendoit d'une famille d'anciens négocians de Florence. A la vérité, la noblesse se rapproche aujourd'hui du peuple par des alliances plébéiennes; mais si elles étoient plus fréquentes, et si elles n'avoient pas seulement la fortune pour objet, on ne verroit pas tant de filles nobles languir dans le célibat.

Par-tout où le peuple est méprisé, la noblesse est malheureuse. C'est le ressentiment du peuple qui entretient parmi elle l'esprit des guerres civiles et des duels. Voyez les discordes éternelles de la noblesse polonaise; voyez les anciennes factions des barons d'Angleterre, avant que la liberté eût rapproché d'eux leur peuple; et celles de nos princes et de nos ducs avant Louis XIV, qui, par son despotisme, mit à-peu-près tous ses sujets de niveau.

Par-tout où le peuple est méprisé, la noblesse est de peu de considération. Là où il est serf, elle est domestique. Voyez la Pologne, où les laquais et jusqu'aux moindres serviteurs des grandes maisons sont de l'ordre des nobles. Quel gentilhomme français ne préfère aujourd'hui le service du peuple dans notre gouvernement monarchique, au service d'un grand, comme du temps du régime féodal? Qui n'aimeroit mieux mille fois être un noble anglais vivant avec ses fermiers, et balançant dans la chambre des pairs, ou même dans celle des communes, les intérêts de sa nation et les destinées du monde, que d'être un naïre de l'Inde, qu'un homme du peuple n'ose toucher sous peine de mort, mais qui lui-même est obligé de sacrifier sa conscience et sa vie aux caprices du despote qui le soudoie?

O nobles, qui voulez élever votre ordre, élevez l'ordre du peuple! Ce fut la grandeur du peuple romain qui fit la grandeur du sénat romain. Plus un piédestal est haut, plus sa colonne est élevée : plus la colonne est liée avec le piédestal, plus elle est solide.

Il est très-remarquable que les Romains n'accordèrent les plus illustres marques de distinction, qu'à ceux de leurs citoyens qui avoient bien mérité du peuple. « La couronne civique, dit Pline, étoit » plus honorable et donnoit plus de priviléges, que » les couronnes murales, obsidionales et navales, » parce qu'il y a plus de gloire à sauver un citoyen, » qu'à prendre des villes et à gagner des batailles ».

Ces marques d'illustrations, réservées aux seuls serviteurs du peuple, furent du temps de la république, les vraies causes de la grandeur du sénat romain, parce qu'on ne sert un peuple que par des vertus; mais elles le devinrent de sa décadence, lorsque, du temps des empereurs, elles ne furent données qu'à ceux qui avoient bien mérité de la cour, parce qu'on ne sert les courtisans qu'avec des vices.

Puisque nous vivons dans un siècle où les membres du corps politique ont encore des parties saines, sous un chef semblable à Marc-Aurèle, je me sens entraîné à souhaiter que nous nous rapprochions en quelque sorte des anciens Romains. Je desirerois donc, pour lier la noblesse au peuple, et le peuple à la noblesse, qu'on créât un ordre de chevalerie, à l'imitation de la couronne civique. Cet ordre seroit donné à tout citoyen qui auroit bien mérité du peuple, dans quelque genre que ce pût être. Il conféreroit des priviléges honorables, tels que le droit de séance aux assemblées des villages, des villes, des provinces, et même à l'Assemblée nationale. Ils auroient en certains jours de l'année, le privilége d'entrer chez le roi, et en tout temps chez les ministres, avec la prérogative d'y présenter des requêtes pour tous les hommes qui seroient dignes, par leurs vertus, de l'attention du gouvernement. La marque de cet ordre seroit une couronne de chêne brodée sur la poitrine, avec cette légende : *Pour le Peuple.* L'Assemblée nationale pourroit seule présenter au roi les citoyens qu'elle jugeroit dignes de cette illustration, qui ne pourroit être accordée et conférée que par sa majesté elle-même en personne.

Cet ordre du peuple seroit la noblesse personnelle pour ceux qui ne seroient pas nés nobles, car il n'y auroit plus à l'avenir d'anoblissement héréditaire, l'expérience de tous les temps et de tous les pays ayant appris que la vertu et le vice ne se transmettent point avec le sang.

Quant aux nobles d'origine, ils conserveroient pour leurs descendans leurs anciennes prérogatives; mais ils acquerroient, par cette nouvelle illustration, le pouvoir d'adopter un plébéien décoré du même ordre; et dans ce cas seulement la noblesse deviendroit héréditaire dans l'adopté. Ainsi la noblesse deviendroit chère au peuple, puisqu'il trouveroit en elle seule le moyen de perpétuer son élévation; et le peuple deviendroit cher à la noblesse, puisqu'elle ne trouveroit qu'en lui le moyen de s'illustrer et de conserver de grands noms prêts à s'éteindre. Si vous y joignez les alliances contractées par des mariages, nos patriciens et nos plébéiens se trouveroient rapprochés, non par les liens de l'argent, mais par ceux de la nature et de la vertu. Tels sont mes vœux pour que le peuple s'élève vers la noblesse sans orgueil, et que la noblesse descende vers le peuple sans bassesse.

D'un autre côté, comme cette même noblesse a quantité de parens que leur pauvreté confond avec les dernières classes du peuple, ainsi que je l'ai vu fréquemment dans nos provinces, sur-tout en Bretagne, il est nécessaire de lui ouvrir des moyens de subsistance. Je suis persuadé que c'est dans cette intention qu'a été fait, il y a quelques années, l'article de l'ordonnance du département de la Guerre, qui réserve aux seuls gentilshommes les places d'officiers dans les régimens. Mais des gentilshommes nés dans le sein de l'indigence, ne peuvent jamais faire les fonctions d'un officier ; car ce grade exige parmi nous, sur-tout aujourd'hui, une éducation et des lumières qu'on ne peut acquérir sans la fortune.

Je me rappelle avoir vu un jour en basse Normandie, un pauvre gentilhomme qui gagnoit sa vie à faire des lions d'argile. Pour dire la vérité, ces lions ne ressembloient guère à des lions ; mais enfin ils indiquoient dans leur auteur un sentiment noble, que la pauvreté n'avoit point abattu. Ce sentiment même se propageoit au loin par son ouvrage. Quand un gentilhomme du canton un peu aisé avoit mis une couple de ces lions sur deux pilastres de terre et de caillous, à droite et à gauche de sa barrière, il appeloit, à l'imitation des princes, sa basse-cour une cour d'honneur.

J'aime à voir un homme, et sur-tout un gentilhomme, trouver en lui-même des ressources contre l'injustice du sort, et, comme un sapin sur un rocher, s'élever et se maintenir droit, malgré les tempêtes.

Un art, quelque petit qu'il soit, est dans l'opulence une distraction contre les passions et l'ennui ; mais dans l'indigence, c'est une ressource contre le besoin. La religion chez les Turcs fait un devoir, même au sultan, de savoir un métier et de s'en occuper. Je sais bien qu'un gentilhomme peut exercer un art libéral, mais pourquoi pas un art mécanique? Un art libéral ne sert guère que le luxe, et exige des talens enfans des passions : un art mécanique est nécessaire aux besoins des hommes, et ne demande que de la patience compagne de la vertu. A la vérité un noble chez nous peut faire du verre sans déroger; mais pourquoi pas de la poterie? En voici, je crois, la raison : comme depuis long-temps nous ne portons de respect qu'à la fortune, nous avons anobli tous les états qui y mènent, ou qui ne servent qu'à son luxe : or, comme le verre étoit fort rare dans son origine, il ne servoit qu'aux gens riches : il fut donc permis à un gentilhomme d'être verrier. C'est encore par la même raison qu'il lui est loisible d'être de la compagnie des Indes, fermier-général, acteur de l'opéra : comme si un gentilhomme en sabots pouvoit parvenir à ces brillans emplois! On lui permet, à la vérité, de placer ses enfans à l'école militaire; mais cette institution de Louis XV, destinée uniquement à la pauvre noblesse, n'est guère une ressource pour elle aujourd'hui, parce qu'elle lui est souvent enlevée par des familles riches de son ordre, ou même de l'ordre plébéien, et que d'ailleurs elle est insuffisante.

Il me semble donc nécessaire de permettre aux

pauvres gentilshommes l'exercice de toutes les professions ; car si la noblesse consiste à être utile à la Patrie, toutes les professions, et les plus communes sur-tout, remplissent cet objet. Ce ne sont ni les arts, ni les métiers qui peuvent dégrader l'homme, ce sont les vices. On a vu dans tous les temps des hommes illustres par des vertus patriotiques, sortir de toutes les conditions. Agathocle, vainqueur de la Sicile, étoit fils d'un potier; le chancelier Olivier, d'un médecin; le maréchal Fabert, d'un libraire; Francklin, le libérateur de l'Amérique anglaise, d'un imprimeur, et a été imprimeur lui-même. Christophe Colomb, avant de découvrir le Nouveau-Monde, gagnoit sa vie à faire des cartes de géographie. Il n'y a si petit état qui ne puisse nourrir un grand homme.

En permettant à la noblesse d'exercer, sans déroger, tous les arts de la paix, un royaume ne pourra tomber en léthargie par l'oisiveté de ses nobles, lorsqu'ils sont riches, comme aujourd'hui en Espagne, en Portugal et en Italie; ni en convulsion par leur esprit militaire, lorsqu'ils sont pauvres, comme autrefois chez nous, et chez la plupart des peuples de l'Europe.

Nos historiens ne voyent jamais que les résultats de nos maux, parce qu'ils ne les attribuent qu'à la politique; les causes morales qui les occasionnent leur échappent toujours : c'est qu'ils ne s'occupent que de la fortune des rois, et que les intérêts du genre humain leur sont indifférens. Ils rapportent les guerres perpétuelles de l'Europe à l'ambition de ses princes, et ils ont raison; mais il est très-important de remarquer que l'ambition des princes, et les guerres tant intérieures qu'extérieures qui en ont été la suite, ont eu pour première cause, dans chaque état, l'ambition des nobles, qui étant en grand nombre, et n'ayant d'autres moyens de subsister que la profession militaire, portèrent leurs princes à la guerre et aux conquêtes, afin d'avoir pour eux-mêmes des grades, des pensions et des gouvernemens. L'opinion des rois ne se forme que des opinions de leurs courtisans. Ainsi dans les pays où le clergé est nombreux et pauvre, il en est résulté, par les controverses, quantité de guerres spirituelles qui ont fait également le malheur des peuples, mais qui ont donné à ceux qui les ont entreprises et soutenues, des bonnets de docteur, des bénéfices, des évêchés et des chapeaux de cardinal. Aujourd'hui que les puissances de l'Europe, éclairées par leurs intérêts pécuniaires, portent leur ambition vers le commerce, ce ne sont point les corps du clergé et de la noblesse qui nous attirent des querelles nationales, ce sont les corps du commerce. Combien de guerres ont été excitées jusqu'aux extrémités du monde, par les compagnies européennes des Indes, de l'Assiento, des Moluques, des Philippines, de

Guinée, du Sénégal, de la mer du Sud, de la baie d'Hudson, etc. ? La dernière guerre qui a mis en armes l'Angleterre, la France, l'Espagne, le Portugal, la Hollande, le Cap de Bonne-Espérance, les Indes orientales, les deux Amériques, et qui a achevé le déficit de nos finances, qui nécessite aujourd'hui nos Etats-généraux, doit son origine à la compagnie anglaise de la Chine, qui vouloit obliger les habitans de Boston de payer un impôt sûr le thé. Ainsi les derniers orages qui ont troublé le repos du monde, sont sortis d'une théière.

Ce sont les corps dont l'ambition se combine avec celle de notre éducation, qui nous rendent si mobiles, nous autres Européens. Ce sont les corps qui perdent la Patrie, en rapportant la Patrie à eux-mêmes, et en privant le peuple de ses relations naturelles. Ce qui perd les sciences dans un pays, c'est lorsque des compagnies de docteurs s'interposent entre le peuple et les lumières, ainsi qu'il est arrivé en Espagne, en Italie et chez nous. Ce qui perd l'agriculture et le commerce, c'est lorsque des compagnies de monopoleurs se mettent entre le peuple et les récoltes ou les manufactures. Ce qui perd les finances, c'est lorsque des compagnies d'agioteurs se mettent entre le peuple et le trésor royal. Ce qui perd une monarchie, c'est lorsqu'un corps de nobles se met entre le peuple et son monarque, comme en Pologne. Ce qui perd une religion, c'est lorsqu'un corps de prêtres se met entre le peuple et Dieu, comme chez les Grecs du bas-Empire et ailleurs. Enfin, ce qui fait la ruine et le malheur du genre humain, c'est lorsqu'une Patrie elle-même intolérante comme les corps qui la composent, se met entre les autres Patries, et veut avoir à elle seule la science, le commerce, la puissance et la raison de tout l'univers.

Il est donc bien nécessaire de lier aux intérêts du peuple les intérêts des corps qui n'en doivent être que les membres, puisqu'ils en entraînent la ruine lorsqu'ils ont des intérêts particuliers, et qu'au lieu d'être ses véhicules, ils deviennent ses barrières. Il n'est pas moins nécessaire de réformer l'éducation publique, puisque les corps ne doivent leur esprit ambitieux qu'à l'éducation européenne, qui dit à chaque homme dès l'enfance, « Sois le premier ; » et à chaque corps, « Sois le maître ».

Les moyens d'illustration et d'anoblissement étant réservés désormais aux seuls citoyens qui auront bien mérité du peuple, la noblesse et le peuple se trouveront liés par les liens mutuels de la bienveillance, qui doit rapprocher tous les hommes, mais sur-tout ceux de la même nation.

Ménénius Agrippa rapprocha le peuple romain de son sénat, par l'allégorie des membres qui tombèrent en langueur en refusant de travailler pour l'estomac : mais qu'auroit-il dit, si le sénat romain lui-même s'étoit séparé de son peuple, et n'eût voulu rien avoir de commun avec lui ? Dans son ingénieux apologue, le sénat qui régissoit l'empire pouvoit être comparé aux parties précordiales du corps humain ; mais parmi nous l'autorité étant monarchique, la noblesse ne peut être regardée à plusieurs égards que comme les mains armées de la nation. Le peuple, du sein duquel sortent les soldats, partage avec elle ce service, et par ses travaux, ses arts et son industrie, doit se considérer de plus comme les mains laborieuses du corps politique : il en est aussi les yeux, la voix et la tête, puisque c'est de lui que viennent la plupart des savans, des orateurs et des philosophes qui l'éclairent, ainsi que des magistrats qui le régissent : enfin il en est le corps proprement dit, puisque les autres corps lui doivent leur existence, n'existent eux-mêmes que pour lui, et ne sont, par rapport à lui, que ce que sont les membres par rapport au corps humain. Dans notre état monarchique, ce n'est point la noblesse qu'on peut comparer au cœur et à l'estomac du corps politique, c'est la royauté ; et c'est ce qu'a fort bien senti le judicieux La Fontaine, en nous appliquant l'apologue de Ménénius. Voici comme il peint les fonctions royales et celles du peuple, dans sa Fable des Membres et de l'Estomac :

Je devois par la royauté
Avoir commencé mon ouvrage ;

A la voir d'un certain côté,
Messer Gaster (1) en est l'image :
S'il a quelque besoin, tout le corps s'en ressent.
De travailler pour lui les membres se lassant,
Chacun d'eux résolut de vivre en gentilhomme,
Sans rien faire, alléguant l'exemple de Gaster.
Il faudroit, disoient-ils, sans nous qu'il vécût d'air :
Nous suons, nous peinons comme des bêtes de somme ;
Et pour qui ? pour lui : nous n'en profitons pas ;
Et notre soin n'aboutit qu'à fournir ses repas.
Chômons, c'est un métier qu'il veut nous faire apprendre.
Ainsi dit, ainsi fait : les mains cessent de prendre,
Les bras d'agir, les jambes de marcher :
Tous dirent à Gaster qu'il en allât chercher.
Ce leur fut une erreur dont ils se repentirent :
Bientôt les pauvres gens tombèrent en langueur ;
Il ne se forma plus de nouveau sang au cœur :
Chaque membre en souffrit, les forces se perdirent :
Par ce moyen, les mutins virent
Que celui qu'ils croyoient oisif et paresseux,
A l'intérêt commun contribuoit plus qu'eux.
Ceci peut s'appliquer à la grandeur royale ;
Elle reçoit et donne, et la chose est égale :
Tout travaille pour elle, et réciproquement
Tout tire d'elle l'aliment.
Elle fait subsister l'artisan de ses peines,
Enrichit le marchand, gage le magistrat,
Maintient le laboureur, donne paye au soldat,
Distribue en cent lieux ses graces souveraines,

---

(1) *Gaster*, mot grec qui signifie l'estomac : c'est de lui que vient suc gastrique, c'est-à-dire, suc nourricier.

Entretient seule tout l'Etat.
Ménénius le sut bien dire.
La commune (1) s'alloit séparer du sénat:
Les mécontens disoient qu'il avoit tout l'empire,
Le pouvoir, les trésors, l'honneur, la dignité;
Au lieu que tout le mal étoit de leur côté,
Les tributs, les impôts, les fatigues de guerre.
Le peuple hors des murs étoit déjà posté;
La plupart s'en alloient chercher une autre terre,
Quand Ménénius leur fit voir
Qu'ils étoient aux membres semblables;
Et par cet apologue, insigne entre les fables,
Les ramena dans leur devoir.

Pour moi qui n'ai pas le talent de mettre en vers simples et charmans les leçons profondes de la politique, je me contenterai de rapporter en prose bien commune, une fable indienne, plus convenable que l'apologue romain aux rapports de notre noblesse, et même du clergé avec le peuple.

LES PALMES ET LE TRONC DU PALMIER.

Le palmier, le plus élevé des arbres fruitiers, portoit autrefois, comme les autres arbres, ses fruits dans ses rameaux. Un jour les palmes, fières de leur

(1) *Commune*, mot qui chez nous a signifié de tout temps le peuple, et qui a été remplacé, depuis peu, par celui de tiers-état, « parce que, dit Jean-Jacques, l'intérêt particu-» lier de deux ordres a été mis aux premier et second rangs, » et l'intérêt public seulement au troisième ».

élévation et de leurs richesses, dirent à leur tronc : « Nos fruits sont la joie du désert, et nos feuillages » toujours verts en sont la gloire. C'est sur nous que » les caravanes dans les plaines et les vaisseaux le » long des rivages règlent leur cours. Nous nous » élevons si haut, que le soleil nous éclaire avant » son aurore, et même après son coucher. Nous » sommes les filles du ciel ; nous vivons le jour de » sa lumière, et la nuit de ses rosées. Pour vous, » enfant obscur de la terre, vous ne buvez que des » eaux souterraines, et vous ne respirez que sous nos » ombrages : votre pied est toujours caché dans les » sables ; votre tige n'est couverte que d'une écorce » grossière, et si votre tête peut prétendre à quel- » que honneur, ce n'est qu'à celui de nous porter ». Le tronc leur répondit : « Filles ingrates, c'est moi » qui vous ai donné la naissance, et c'est du sein des » sables que ma sève vous nourrit, engendre vos » fruits pour me reproduire, et vous élève vers les » cieux pour les conserver : c'est ma force qui pré- » serve, à cette hauteur, votre foiblesse de la fu- » reur des vents ». À peine il avoit parlé, qu'un ouragan sorti de la mer des Indes vint ravager la contrée. Les palmes se renversent, se redressent, se froissent les unes contre les autres, et se dépouillent en gémissant de leurs fruits. Cependant le tronc tient bon, il n'est aucune de ses racines qui ne tire et ne soutienne du sein de la terre les palmes agitées au haut des airs. Le calme revenu, les palmes, qui n'avoient plus que des feuilles, offrirent à leur tronc de mettre à l'avenir leurs fruits en commun sur sa tête, et de les préserver de leur mieux en les couvrant de leurs feuillages. Le palmier y consentit; et depuis cet accord, cet arbre porte au haut de sa tige ses longs régimes de fruits jusque dans la région des vents, sans craindre les tempêtes: son tronc est devenu le symbole de la force, et ses palmes celui de la vertu et de la gloire.

Le palmier, c'est l'état; son tronc et ses fruits, c'est le peuple et ses travaux; les ouragans sont ses ennemis; les palmes de l'Etat sont les naïres et les brames, quand ils sont les amis du peuple.

VŒUX POUR LE PEUPLE.

C'est un nom bien étrange que le nom de *tiers-état* donné en France au peuple, c'est-à-dire, à plus de vingt millions d'hommes, par le clergé et la noblesse, qui tous deux ensemble ne sont tout au plus que la quarantième partie de la nation. Je ne crois pas que cette dénomination ait lieu dans aucun pays du monde. Qu'auroit dit le peuple romain, dont la nation étoit, comme la nôtre, divisée en trois ordres sous les empereurs, si ses sénateurs et ses chevaliers lui eussent donné le nom de tiers-état? Que diroit le peuple anglais, s'il étoit qualifié ainsi par les lords et les évêques de sa chambre haute? Le peuple français est-il moins respectable aux ordres qu'il entretient pour sa prospérité et sa gloire?

Par tout pays le peuple est tout: mais si on le considère comme un corps isolé, relativement aux autres corps qui constituent l'Etat avec lui, il est, comme nous l'avons vu, le premier en ancienneté, en utilité, en nombre et en puissance, puisque la puissance des autres corps émane de lui, et n'existe que pour lui.

Il me semble donc juste que le corps du peuple

conserve son nom propre, ainsi qu'ont fait les corps du clergé et de la noblesse, et qu'on l'appelle l'ordre du peuple. On peut substituer encore au nom de tiers-état, celui de communes, ainsi qu'il est d'usage en Angleterre, et qu'il l'a été fréquemment chez nous. Ce nom de communes caractérise en particulier le peuple de chaque province du royaume, désigné de tout temps par les noms de communes du Dauphiné, de la Bretagne, de la Normandie, &c. qui toutes ensemble forment les communes du royaume. Ce nom de communes n'a jamais été donné qu'au peuple, ainsi qu'on peut le prouver par l'autorité des écrivains qui ont le mieux connu la valeur des expressions, entre autres, par celle de La Fontaine. En effet, les intérêts du peuple sont communs, non-seulement à chaque province, mais aux autres ordres de la nation, parce que son bonheur fait le bonheur général. Il n'en est pas de même des intérêts des autres ordres, qui leur sont particuliers. D'un autre côté, le nom de tiers-état donné au peuple suppose, comme l'a fort bien remarqué Jean-Jacques, que son intérêt n'est que le troisième, quoiqu'il soit de sa nature le premier. Or, comme les hommes forment à la longue leurs idées, non sur les choses, mais sur les mots, la justice demande que le surnom de tiers-état, imposé au peuple depuis quelques siècles par des corps privilégiés, parce qu'il leur rappelle leurs privilèges, soit remplacé par celui de communes qu'il a eu de tous temps, afin qu'il leur rappelle à tous l'intérêt commun. *Salus populi suprema lex esto!* Que le salut du peuple soit la loi suprême.

De bons patriotes, touchés du sort malheureux des gens de la campagne, ont proposé d'en faire un corps différent de ceux des villes; mais on doit bien s'en garder. La division en corps entraîne la division en intérêts. Les paysans doivent être suffisamment représentés dans les assemblées provinciales et dans l'Assemblée nationale; leurs demandes doivent y être mises au premier rang : mais il me paroît fort dangereux d'y distinguer les communes des campagnes de celles des villes, car leurs intérêts sont les mêmes : le commerce des villes ne prospère que par le travail des campagnes, et le travail des campagnes que par le commerce des villes.

La puissance d'une nation dépend de son ensemble. Les branches supérieures d'un arbre peuvent diverger; mais non pas les fibres de son tronc, qui doivent être rassemblées sous la même écorce. Si on pouvoit diviser le tronc d'un arbre en branches, on ne feroit d'un chêne qu'un buisson; mais si on réunissoit toutes les branches d'un buisson dans un seul tronc, d'un buisson on pourroit faire un chêne. Ce sont des images bien naïves de ce qui est arrivé à plusieurs Etats. Que de royaumes sont devenus buissons dans de vastes terreins, parce que leur tronc ne s'y ramifie qu'en nobles ou en prêtres! voyez l'Espagne et l'Italie. Que de républiques et de monarchies sont devenues des chênes, des cèdres et des palmiers, dans de petits terreins, parce que la noblesse et le clergé s'y sont conglomérés avec le peuple, et n'ont eu avec lui qu'un intérêt commun! voyez la Hollande et l'Angleterre. Rappelez-vous la force de l'Empire Romain, où les nobles ne connoissoient de gloire que celle du peuple.

Je le répète, la puissance d'une nation dépend de son ensemble : les malheurs de notre peuple sont venus de ce que le clergé et la noblesse y ont fait deux ordres séparés de ses intérêts : ces maux n'ont commencé à s'affoiblir que quand le despotisme, les mœurs et sur-tout la philosophie les en ont rapprochés. Il n'en est pas moins vrai qu'il faut à l'harmonie d'un Etat, ainsi qu'à celle de l'Europe, des puissances qui se balancent; mais il n'y aura toujours que trop d'intérêts qui diviseront les hommes dans la même société, ne fussent que ceux de la fortune. Les corps de la noblesse et du clergé, dans notre ordre politique, devroient être le contraire de ce qu'ils sont : au lieu d'être réunis entre eux contre le peuple, ils devroient lutter l'un contre l'autre pour ses intérêts, comme les peuples de l'Europe luttent pour la liberté de son commerce, de sa navigation, de sa pêche, ou pour tel autre prétexte qui intéresse le droit naturel des hommes : c'est ce droit qu'ils invoquent sans cesse. La commune de France devroit se régir, au moins quant à la forme, par les mêmes loix que la commune du genre humain.

En parlant des moyens de rapprocher du peuple le clergé et la noblesse, j'ai indiqué aussi ceux de rapprocher le peuple de ces deux corps, non par le sentiment de l'ambition, qui n'est propre qu'à diviser les membres d'un Etat, mais par celui de la vertu qui les réunit. Notre peuple n'a que trop de penchant à s'élever; l'éducation et l'exemple le poussent sans cesse en haut. Il faut l'inviter, non à monter, non à descendre, mais à se tenir à sa place : il ne lui convient d'être ni tyran, ni esclave; il doit lui suffire d'être libre. La vertu tient en toutes choses le milieu; c'est aussi là où est la sûreté, la tranquillité, le bonheur. Je desire donc qu'aucun bourgeois ne desire jamais de sortir de l'ordre du peuple; mais s'il y sent les inquiétudes de la gloire, qu'il reste encore dans son ordre; car il n'y a point d'état qui ne lui présente une carrière capable de satisfaire même la plus vaste ambition.

O plébéïen, qui ne trouvez aucune gloire comparable à celle que donne la naissance, et qui rougissez d'être homme parce que vous n'êtes pas gentilhomme, êtes-vous légiste? soyez le défenseur de la vertu et la terreur du crime. Nouveau Dupaty, enlevez à nos codes barbares leurs innocentes victimes; faites la guerre à nos Verrès, à nos Catilina;

prenez en main les causes des nations, et songez qu'avec les foudres de l'éloquence Cicéron a protégé des rois, et que Démosthène en a fait trembler. N'êtes-vous qu'un simple commerçant? c'est le commerce qui vivifie les Empires; c'est au commerce que les deux plus riches Etats de l'Europe, la Hollande et l'Angleterre, doivent leur puissance; c'est par le commerce que leurs marchands voient à leur solde, non-seulement une foule de gentilshommes, mais des princes et des souverains. Le commerce même élève sur le trône. Rappelez-vous ces anciens négocians de Florence, qui ont régné dans leur Patrie, et ont donné deux reines à la vôtre. Seriez-vous un malheureux navigateur, errant comme Ulysse de mers en mers, loin de votre pays? vous êtes l'agent des nations : non-seulement vous pourvoyez à leurs besoins, mais vous leur communiquez ce qu'il y a de plus précieux chez les hommes, après la vertu, les arts, les sciences et les lumières. Ce sont les hommes de votre état qui ont fait connoître les îles aux îles, les nations aux nations et les deux mondes l'un à l'autre : sans eux, le globe avec ses plus rares productions, nous seroit inconnu. Songez à la gloire de Christophe Colomb, à laquelle nulle gloire, même royale, n'est comparable, puisque lui seul a changé, par la découverte de l'Amérique, les besoins, les jouissances, les empires, les religions et les destins de la plupart des peuples du monde.

Êtes-vous au contraire un artiste toujours sédentaire, comme Thésée dans les enfers ? ô combien de routes vous sont ouvertes, du sein du repos, vers une gloire innocente ! Combien vous en présentent la peinture, la sculpture, la gravure, la musique, dont les productions ravissent de plaisir et d'admiration ! Combien d'artistes même, dont les noms seront célèbres à jamais, quoique leurs ouvrages n'existent plus, tant les hommes sont avides de suivre les traces célestes de leur génie, et de recueillir jusqu'aux paillettes d'or que roule, avec les siècles, le brillant fleuve de leur renommée ! Est-il quelque noble européen dont le nom doive durer et s'illustrer autant que ceux des Phidias et des Apelles, qui jouissent depuis deux mille ans des hommages de la postérité, et qui ont compté pendant leur vie, des Alexandre au nombre de leurs courtisans ? N'êtes-vous qu'un philosophe, à qui personne ne fait la cour ? considérez que vous ne la faites vous-même à personne. Les nobles dépendent des rois, et les philosophes ne relèvent que de Dieu : les nobles vivent en gentilshommes, et vous en hommes, ce qui est bien plus noble. Sans les philosophes, les peuples égarés par de vaines illusions, ne connoîtroient ni les loix, ni l'ensemble de la nature. Ils sont les sources premières des arts, du commerce et des richesses des nations. Rappelez-vous les admirables découvertes de Galilée, qui le premier pesa l'air, et démontra le mouvement de la terre autour du soleil ; et cette foule d'hommes illustres qui ont étendu la sphère de l'esprit humain dans l'astronomie, la chimie, la botanique, &c... Ils sont les époques les plus mémorables des siècles, et leur gloire durera autant que celle de la nature dont ils sont les enfans. Êtes-vous homme de lettres? c'est vous qui distribuez la gloire aux autres hommes. Illustres écrivains! semblables à la Vénus de Lucrèce, sans vous rien ne se fait d'agréable dans la sphère de l'intelligence, et n'est permanent dans les champs de la mémoire. Soit que vous vous livriez à la poésie, à la philosophie ou à l'histoire, vous êtes le plus ferme appui de la vertu. C'est par vous que les nations se lient d'intérêt et d'amitié d'une extrémité du monde à l'autre, et des siècles passés aux futurs. Sans vous, les rois et leurs peuples s'écouleroient sans laisser d'eux aucun souvenir. Tout ce qu'il y a de fameux parmi les hommes vous doit sa célébrité, et vos propres noms surpassent en splendeur les noms de ceux que vous illustrez. Quelle gloire égala jamais celle d'Homère, dont les poëmes servirent à régler les anciennes républiques de la Grèce, et dont le génie, depuis vingt-six siècles, préside encore parmi nous aux lettres, aux beaux arts, aux théâtres et aux académies!

N'êtes-vous, après tout, qu'un paysan obscur attaché à la culture de la terre? Oh! songez que vous exercez le plus noble, le plus aimable, le plus nécessaire et le plus saint de tous les arts, puisque c'est l'art de Dieu même. Mais si ce poison de la gloire, inspiré chez nous dès l'enfance à toutes les conditions, par l'émulation, fermente dans vos veines; si vous avez besoin des vains applaudissemens des hommes, au milieu de vos paisibles vergers; rappelez-vous tous les maux que la gloire entraîne après elle, l'envie des petits, la jalousie des égaux, la perfidie des grands, l'intolérance des corps, l'indifférence des rois. Songez au sort de ces hommes que j'ai nommés parmi ceux qui ont le mieux mérité de leur Patrie et de la postérité; à la tête de Cicéron, coupée par Popilius Léna, son propre client, et clouée à cette même tribune qu'il avoit autrefois honorée de son éloquence; à Démosthène, poursuivi par l'ordre des Athéniens qu'il avoit défendus contre Philippe, jusque dans le temple de Neptune de l'île de Calauria, et se hâtant d'avaler du poison, pour trouver dans la mort un refuge plus assuré que celui des autels. Songez au poignard qui tua un des Médicis dans cette même ville qu'ils avoient comblée de leurs bienfaits; aux fers qui attachèrent Colomb, au retour de son second voyage du Nouveau-Monde, et qu'il fit mettre en mourant dans son tombeau, comme un monument de l'ingratitude des rois qu'il avoit si magnifiquement servis; à Galilée dans les prisons de l'inquisition, forcé de se rétracter à genoux de la vérité sublime qu'il avoit démontrée; à Homère aveugle et mendiant, chantant de porte en porte ses poëmes sublimes, chez ces mêmes Grecs qui devoient un jour y chercher l'origine de leurs loix et de leurs plus illustres républiques. Rappelez-vous en France le Poussin couvert de gloire dans toute l'Europe, excepté dans sa Patrie, obligé d'aller demander dans une terre étrangère de la considération et du pain; Descartes fugitif en Suède, après avoir éclairé son pays des premiers rayons de la philosophie; Fénélon exilé dans son diocèse, pour avoir aimé Dieu plus que ses ministres, et les peuples plus que les rois. Enfin, représentez-vous cette foule d'hommes célèbres et infortunés, qui, déchirés en secret par les calomnies même de leurs propres amis, languirent dans le mépris et la pauvreté, et, sans avoir seulement la consolation d'être plaints, eurent la douleur de voir les honneurs et les récompenses qui leur étoient dûs, donnés à d'indignes rivaux. Alors vous bénirez votre obscurité, qui vous permet au moins de recueillir le fruit de vos travaux et l'estime de vos voisins; d'élever une famille innocente à l'ombre de vos vergers, et d'atteindre, dans une vie si orageuse, à la seule portion de bonheur que la nature ait répartie aux hommes. Pendant que les tempêtes brisent les cèdres sur le haut des montagnes, l'herbe échappe à la fureur des vents, et fleurit en paix au fond des vallées.

VŒUX POUR LA NATION.

La nation est formée de l'harmonie des trois ordres ; du clergé, de la noblesse et du peuple, sous l'influence du roi, qui en est le modérateur. Les députés de ces trois ordres se rassemblent aujourd'hui dans l'Assemblée nationale, à-peu-près dans le nombre de 300 pour le clergé, de 300 pour la noblesse, et de 600 pour le peuple.

Comme les deux premiers ordres ont réuni leurs intérêts depuis plusieurs siècles, on peut les considérer comme formant un seul corps qui balance celui du peuple : il en résulte donc deux puissances qui réagissent l'une contre l'autre, et dont le contre-poids est nécessaire, ainsi que nous l'avons dit, à l'harmonie de tout gouvernement moderne. Le roi donc peut tenir la balance monarchique en équilibre, en appuyant le peuple de sa puissance, en cas que le clergé et la noblesse tendissent à l'aristocratie ; ou en la dirigeant du côté des deux premiers ordres, si le peuple pesoit vers la démocratie. Dans cette hypothèse, j'ai comparé l'Etat à une balance romaine ; les deux puissances, à deux leviers d'une grandeur inégale ; et la royauté, au poids qui court le long du plus grand, pour soulever les fardeaux.

Nous avons vu le peuple, par son nombre, représenter le grand bras de la balance, et le clergé avec la noblesse, le petit bras; mais ce petit bras est d'une si grande pondération, que l'effet du grand est nul, si le roi ne pèse de son côté. C'est du côté du clergé et de la noblesse que sont les dignités et les bénéfices ecclésiastiques et militaires, la meilleure partie des terres du royaume, la disposition de tous les emplois, et même l'influence des parlemens, ces anciens pères du peuple, ainsi que les vœux de beaucoup de plébéiens, qui cherchent à se rapprocher des premiers par les anoblissemens, ou s'en laissent subjuguer par l'espoir des protections, et par le seul respect d'une grande naissance.

Si la puissance du peuple, dont le nombre est au moins quarante fois plus considérable que celui du clergé et de la noblesse, s'est affoiblie de siècle en siècle, au point de perdre toutes ses prérogatives et son équilibre contre leur puissance réunie, j'en conclus que les députés du peuple ne sont pas en nombre suffisant dans l'Assemblée nationale, où ils ne sont qu'en nombre égal à ceux des autres ordres.

A la vérité, on compte que, dans le corps du clergé, les curés se rapprocheront des députés des communes, à cause des liens du sang; mais ne

seront-ils pas encore plus portés à se rapprocher de leurs évêques, à cause des liens de l'intérêt? L'esprit de corps ne l'emporte-t-il pas sur l'esprit de famille? Les députés des communes n'ont donc à opposer aux députés des deux premiers ordres, que la misère de 20 millions d'hommes, ou le désespoir qui en est le résultat.

Ils ne peuvent balancer le sentiment de l'intérêt de ces corps, que par le sentiment de l'intérêt du peuple, d'où dépend la conservation publique. Ainsi, soit qu'ils votent par ordre ou par tête, la lutte est inégale pour eux; car ils ont à craindre de la part des deux autres ordres, de perdre des voix par les attraits de la fortune, tandis qu'ils n'ont d'espérance d'y en gagner que par ceux de la vertu.

Nous avons comparé l'Etat à un arbre, dont les corps particuliers divergeoient en branches, et dont le peuple formoit le tronc; nous avons vu que plus les branches se multiplioient, plus le tronc étoit affoibli: mais si, par une monstruosité dont la nature ne nous montre pas d'exemples, les branches étoient plus puissantes que le tronc lui-même, l'arbre seroit facilement renversé.

Pour rendre plus sensible l'harmonie nécessaire entre les diverses parties de l'Etat, je me servirai d'une image déja bien ancienne. La nation peut se représenter comme un vaisseau; le peuple, avec ses travaux, ses arts et son commerce, en est la carêne, chargée d'agrès, de provisions et de marchandises dont la cargaison fait l'objet du voyage. C'est à la carêne que se proportionnent toutes les parties du vaisseau. La noblesse peut se rapporter aux batteries qui le défendent; le clergé, aux voiles et à la mâture qui le font mouvoir; les opinions politiques, morales et religieuses, aux vents qui le poussent tantôt à droite, tantôt à gauche; l'administration, aux cordages et aux poulies qui en varient la manœuvre; la royauté, au gouvernail qui dirige sa course, et le roi au pilote. C'est donc à l'intérêt du peuple que le roi doit veiller principalement, comme un pilote veille à la carêne du vaisseau; car si ses hauts sont trop chargés par une mâture trop élevée, ou par une artillerie trop pesante, elle est encore en danger de renverser. Elle est encore en péril de couler bas, si des vers la rongent sans bruit, et y font des voies d'eau.

En suivant cette allégorie, la puissance du peuple doit surpasser en pondération celle des deux autres corps, afin que le vaisseau de l'Etat soit toujours ramené dans son équilibre. Or il arrive, avec le temps, dans un Etat, ce qui arrive, pendant le cours d'un voyage, dans un vaisseau dont la carêne s'allège de plus en plus par la consommation des vivres et des agrès, qui sont portés des parties inférieures du vaisseau dans ses parties supérieures. Ainsi le peuple tend toujours à monter vers les corps du clergé et de la noblesse, par l'appât des bénéfices et des anoblissemens. Le roi doit donc opposer le fort du gouvernail aux deux forces prépondérantes du clergé et de la noblesse, en faveur de celle du peuple, qui a besoin du contre-poids de la puissance royale pour les balancer. Il en résulte donc la nécessité d'augmenter le nombre des députés des communes dans l'Assemblée nationale, afin de donner au roi même la facilité de conserver sa propre puissance, qui ne consiste que dans l'équilibre politique. C'est la prépondérance en nombre des députés des communes sur ceux de la chambre haute, qui assure en Angleterre la constitution de l'Etat. Voilà pourquoi dans les tempêtes politiques, il est ramené fort aisément dans son équilibre, parce que l'intérêt du peuple, qui est l'intérêt national, y domine toujours par le grand nombre de ses représentans. Au contraire, on peut comparer plusieurs Etats de l'Europe, remarquables en effet par leur foiblesse (parce que le clergé, ou la noblesse, ou tous les deux ensemble, dominent sans le concours du peuple), à des vaisseaux renversés sur le côté par le poids de leurs parties supérieures, qui sont incapables d'aucune manœuvre, qui flottent encore, parce que la mer qui les environne est tranquille, mais qui, à la moindre tempête, courent risque d'être tout-à-fait submergés.

En attendant que l'expérience nous ait appris

dans quelle proportion le clergé et la noblesse d'une part, et les communes de l'autre, doivent avoir des députés dans l'Assemblée nationale pour y conserver un équilibre de puissance, il me semble nécessaire de la régler suivant certains principes, sans lesquels il est impossible d'y former aucun projet sage, et encore moins de l'exécuter.

1°. Le premier principe qu'on doit y poser, c'est qu'aucune proposition n'y soit reçue ou rejetée par acclamation, mais qu'il soit donné au moins un jour pour que chaque député en délibère et en donne son avis par écrit, afin qu'il puisse conserver, par l'examen, la liberté de son jugement, et par le scrutin, celle de son suffrage.

Un des inconvéniens qui m'ont éloigné le plus de nos assemblées, et je parle des plus graves, c'est la légèreté de leurs jugemens, et la pesanteur du mien. Je n'y ai jamais entendu proposer aucune question, qu'elle n'ait été décidée avant que j'aie eu seulement le temps de l'examiner. Je ne suis pas le seul qui me sois trouvé dans ce cas. Un voyageur célèbre, qui avoit fait le tour du monde, se trouva fort embarrassé à son retour à Paris. Ses compatriotes et ses amis, gens savans, le questionnoient tous à la fois sur ce qu'il avoit vu dans les pays étrangers. Il ne savoit comment les satisfaire ; mais il se trouva bientôt fort à son aise, parce qu'il s'aperçut que les questionneurs de sa droite répondoient sur le champ et définitivement à ceux de sa gauche, et ceux de sa gauche à ceux de sa droite, de sorte qu'il ne lui restoit qu'à garder le silence. Pour moi, je l'avoue, je ne me déciderois pas sur le champ à accepter une simple invitation de dîner à la campagne, que j'aime beaucoup, sans y avoir pensé quelque temps, et tout seul. Il faut auparavant que je me représente non le temps qu'il fera, mais le caractère du maître et de la maîtresse de la maison, celui de leurs amis, de leurs cousins, de leurs beaux esprits, de leurs alentours, de leurs survenans, de peur qu'au lieu d'aller à une partie de plaisir, je n'aille à une partie de déplaisir, ainsi qu'il m'est arrivé plus d'une fois, faute d'y avoir suffisamment réfléchi.

Pour revenir à nos assemblées publiques, quel en est le membre qui voudroit décider sur le champ d'une proposition d'où dépendroit sa fortune particulière? à combien plus forte raison ne doit-il pas le faire, lorsqu'il s'agit de la fortune nationale? Il faut donc que chacun d'eux y examine à loisir ce qu'il veut décider pour tous et pour toujours; il faut de plus qu'il donne son sentiment, non de vive voix, à la manière française, mais par écrit, à la manière des Romains. Rien n'est plus contraire à la sagesse des délibérations que les acclamations. Si celui qui fait une motion a une voix forte, de l'audace et des partisans, comme en ont tous les ambitieux, il entraîne la multitude, qui ne résiste guère à ceux qui font beaucoup de bruit; il fera sur le champ adopter à toute une assemblée les projets les plus dangereux, et il la liera aussi-tôt par le lien du serment, afin de lui ôter jusqu'à la ressource du repentir. Un homme sensé, qui en prévoit les conséquences, n'osera seul heurter de front un grand parti, de peur de se faire des ennemis personnels; ou il aura besoin lui-même de temps pour motiver son opinion en particulier, ou il manquera de facilité pour l'exprimer en public. D'ailleurs, comment faire rentrer en eux-mêmes ceux qui n'existent jamais que dans l'opinion d'autrui, et engager à se rétracter une multitude qui a donné son approbation avec tant d'éclat? Les délibérations privées et par écrit évitent tous ces inconvéniens; et s'il nous en falloit des preuves, nous les trouverions dans les assemblées de tous les peuples sages, anciens et modernes.

Doit-on voter dans l'assemblée nationale par ordre ou par tête? Cette question, qui a été fort agitée, me semble renfermer en elle-même sa solution. Puisque chaque député est membre de l'Assemblée nationale, il doit y perdre de vue l'intérêt de son ordre, pour ne s'occuper que de celui de la nation. Il doit donc y voter par tête, comme un citoyen qui n'a d'autre but que l'intérêt public; et non par ordre, parce que chaque ordre a son intérêt particulier. Quelques patriotes ont proposé d'admettre le vœu par tête lorsqu'il s'agiroit de l'intérêt de la nation, et le vœu par ordre, lorsqu'il s'agiroit de l'intérêt particulier d'un ordre. Mais dès qu'une motion qui intéresse particulièrement un ordre est proposée dans l'Assemblée nationale, c'est qu'elle intéresse aussi la nation ; car autrement on ne l'y proposeroit pas. La plupart des abus publics n'intéressent-ils pas quelque ordre en particulier ? Les laisser décider par ordre, dont chacun a son *veto*, n'est-ce pas les laisser sans décision ?

Le vœu par tête a aussi ses inconvéniens ; mais, je le répète, ils ne sont que pour le peuple : car, pour maintenir son équilibre, il faut qu'il compte sur les vertus de ses députés, exposés à de grandes séductions, et sur les vertus encore plus grandes des députés des deux autres ordres, auxquels la nation demande le sacrifice de plusieurs priviléges très-séduisans.

D'autres patriotes ont proposé de laisser certains cas difficiles au jugement d'un comité formé des membres des trois ordres. Quand Rome et Albe voulurent mettre fin à leurs querelles, Rome chargea de la sienne les trois Horaces, et Albe les trois Curiaces : mais je crois que si la plume en eût décidé, comme tant d'autres, elle ne se seroit jamais terminée. L'épée la trancha, parce que c'étoient deux villes ennemies : mais les corps de notre Assemblée sont des membres de la même nation; ils doivent tendre sans cesse à se réunir, et jamais à combattre. Plusieurs députés du clergé et de la noblesse ont donné, par des sacrifices en tout genre, les plus grandes preuves de générosité et de patriotisme. Pour en augmenter le sentiment dans tous les ordres, et établir entr'eux une confiance mutuelle, je voudrois qu'un ordre, dans des cas embarrassans, au lieu de prendre les défenseurs de ses intérêts parmi ses membres, les choisît au contraire parmi ceux qu'il estime les plus gens de bien dans l'ordre opposé.

En changeant seulement les intérêts des parties, on a quelquefois dénoué des cas bien difficiles. Qu'on se rappelle, dans La Fontaine, le testament expliqué par Esope.

> Un certain homme avoit trois filles,
> Toutes trois de contraire humeur:
> Une buveuse, une coquette,
> La troisième, avare parfaite.
> Cet homme, par son testament,
> Leur laissa tout son bien par portions égales,
> En donnant à leur mère tant,
> Payable quand chacune d'elles
> Ne posséderoit plus sa contingente part.

L'aréopage les partagea d'abord suivant leur inclination.

> ....On composa trois lots:
> En l'un les maisons de bouteille,

Les buffets dressés sous la treille,
La vaisselle d'argent, les cuvettes, les brocs,
Les magasins de malvoisie,
Les esclaves de bouche, et, pour dire en deux mots,
L'attirail de la goinfrerie;
Dans un autre, celui de la coquetterie,
La maison de la ville, et les meubles exquis,
Les eunuques et les coiffeuses,
Et les brodeuses,
Les joyaux, les robes de prix:
Dans le troisième lot, les fermes, le ménage,
Les troupeaux et le pâturage,
Valets, et bêtes de labeur.

Mais chaque fille restant attachée à son lot, leur mère se trouvoit sans argent, puisqu'elle n'en pouvoit avoir que lorsque chacune d'elles

Ne posséderoit plus sa part héréditaire.

Ésope leur distribua leurs lots tout au contraire de l'aréopage. Il donna

A la coquette l'attirail
Qui suit les personnes buveuses;
La biberonne eut le bétail,
La ménagère eut les coiffeuses.

Alors chacune des filles, mécontente de sa portion, s'en défit, et la mère fut payée.

Les trois sœurs, épithètes à part, sont nos trois ordres; et leur mère, c'est la nation qui leur redemande son douaire sur leur part d'héritage, quand elles s'en seront défaites.

Si une simple permutation d'intérêts peut quelquefois accorder les affaires, je trouve qu'une permutation d'intéressés peut aussi accorder les parties, ce qui est encore plus difficile. Je suis bien sûr, au moins, qu'on peut tout obtenir des Français par le sentiment de l'honneur. Le clergé et la noblesse ont sacrifié leurs priviléges pécuniaires ; et ils n'ont opposé de résistance que pour leurs droits honorifiques. Mais si quelques-uns de ces droits étoient onéreux à l'agriculture, et si le peuple, pour leur opposer ceux de l'humanité, choisissoit ses défenseurs parmi les plus gens de bien du clergé et de la noblesse, je ne doute pas qu'ils ne fussent abolis. D'un autre côté, je suis convaincu que si le clergé et la noblesse prenoient dans la chambre des communes les défenseurs des droits honorifiques accordés à la dignité de leurs places, ou à la vertu de leurs ancêtres, ces droits leur seroient conservés, et que s'ils n'étoient pas compatibles avec la dignité de l'homme et la liberté nationale, ils en seroient dédommagés magnifiquement, tels que par ceux des adoptions, qui les rendroient à l'avenir les uniques sources de la noblesse héréditaire : d'ailleurs vingt millions d'hommes manquent-ils de moyens d'honorer leurs nobles, lorsque ces nobles se rapprochent d'eux ?

Je trouve donc qu'un comité de confiance, formé réciproquement d'arbitres choisis dans chaque ordre, par l'ordre qui lui est opposé d'intérêts, substitueroit aux intrigues de la politique qui embarrassent les affaires les plus simples, la franchise de la générosité qui simplifie les plus embarrassées. Les ordres de notre assemblée auroient-ils moins de grandeur que les anciens Gaulois nos ancêtres, et auroient-ils moins de confiance les uns à l'égard des autres, que n'en ont eu entre elles des nations étrangères? Lorsqu'Annibal passa dans les Gaules, les Gaulois convinrent avec lui que s'ils avoient à se plaindre des Carthaginois, ils s'en rapporteroient au jugement des chefs carthaginois; mais que si les Carthaginois à leur tour se plaignoient des Gaulois, les femmes de ceux-ci décideroient de la justice de leurs plaintes. Ces deux peuples vécurent en bonne intelligence, pour s'être fiés à leur générosité mutuelle, et pour avoir choisi les arbitres de leurs différends dans ce qu'il y avoit de plus digne de respect et de confiance dans le parti opposé. Il y a apparence que dans certains cas ils s'en seroient rapportés à la justice même d'Annibal, également intéressé à complaire aux uns et aux autres; lui qui, entre autres talens, eut l'art de se concilier toutes sortes de nations dont il composoit son armée. Pourquoi les trois ordres de notre nation ne se confieroient-ils pas également à l'équité du roi, qui en est le médiateur naturel, et qui a sacrifié tant de fois ses intérêts à l'intérêt public ?

Le second principe sur lequel on doit poser la constitution future de l'Etat, est la permanence de l'Assemblée nationale, et le retour périodique de ses membres.

Au moyen de la permanence de l'Assemblée, il y aura un ensemble dans toutes les parties de l'administration déjà constituée dans une grande partie du royaume, en assemblées de villages, de villes et de provinces. L'Assemblée nationale qui en forme le centre, doit mettre sans cesse sous les yeux du roi les hommes et les affaires, et établir entre lui et le dernier de ses sujets une communication perpétuelle de lumières, de services, de protection et de secours, qui ne pourra jamais être interceptée par aucun corps intermédiaire; ce qui ne manqueroit pas d'arriver si l'Assemblée nationale n'étoit que périodique, ainsi qu'on l'avoit proposé.

D'un autre côté, au moyen de la périodicité des membres de l'Assemblée nationale, aucun d'eux n'aura le temps de s'identifier avec sa place, et de devenir un agent du despotisme, en se laissant corrompre par l'influence ministérielle, ou celui de l'aristocratie, encore plus dangereux que le despotisme.

Il me semble qu'on doit renouveler les membres de cette Assemblée tous les trois ans, ou tous les cinq ans si on le juge plus convenable, non tous à la fois comme en Angleterre, mais seulement la troisième ou la cinquième partie chaque année, afin que le plus grand nombre de ses membres soit toujours instruit des affaires.

Jamais l'Assemblée nationale ne pourra porter atteinte aux prérogatives royales, parce que ses membres se renouvelleront sans cesse, qu'elle sera formée de deux puissances qui se balancent sous l'influence de la royauté, et que ce sera une loi fondamentale de la constitution future, comme elle l'est de la monarchie, qu'aucune proposition n'y recevra la sanction de loi, que du roi seul.

Le troisième principe essentiel à la constitution future de la France, et à son ensemble, est l'établissement des assemblées à la fois permanentes et périodiques dans tous les villages, villes et provinces du royaume, à l'instar de l'Assemblée nationale, avec laquelle elles doivent correspondre.

De pareilles assemblées doivent être formées dans chaque quartier de Paris, et on en doit tirer des députés pour en composer l'assemblée municipale, afin que cette ville immense avec ses quartiers, soit assimilée à une province avec ses districts.

On doit étendre ces dispositions à nos colonies; mais, s'il est juste d'admettre leurs députés blancs dans l'Assemblée nationale, il ne l'est pas moins d'y appeler leurs députés noirs, dans la classe des noirs libres, puisqu'étant employés à la culture et à la défense de nos colonies, ils ne sont pas moins intéressés que les autres citoyens à délibérer sur les intérêts de leurs métropoles. De plus, la convocation des noirs libres dans l'Assemblée nationale préparera l'abolition de l'esclavage dans nos colonies, comme la convocation des hommes libres dans nos anciens États-généraux prépara l'abolition de la servitude féodale, qui avoit envahi une partie des Gaules. Enfin ces hommes nés sous un autre ciel, repoussés par leur Patrie, et participant aux bienfaits de la nôtre, augmenteront la majesté d'une assemblée qui prend sous sa protection tous les infortunés, et ils concourront peut-être à assurer un jour à son humanité une gloire que les conquérans n'ont jamais due à leurs victoires, celle de voir dans son sein voter, pour sa prospérité, des députés de toutes les nations.

Quant aux conditions nécessaires pour être électeur dans les assemblées rurales, municipales, provinciales et nationales, il me semble que c'en est une essentielle de posséder une portion de terre labourable, comme en Angleterre, afin de relever l'agriculture, et d'empêcher que la pluralité des électeurs ne se compose d'indigens que la nécessité oblige de vendre leurs voix; mais d'un autre côté, j'estime qu'il est inutile et injuste d'exiger, comme en Angleterre, une propriété territoriale encore plus grande de chaque député à l'Assemblée nationale; car il est certain que les électeurs étant à l'abri des premiers besoins, ne seront jamais exposés à être corrompus par des députés sans fortune, et que des députés sans fortune, choisis par des électeurs qu'ils ne peuvent corrompre, doivent avoir des qualités personnelles très-recommandables. Il est possible en effet que dans cette classe si nombreuse d'hommes de tous les ordres, qui n'ont aucune propriété, il se trouve des citoyens très-éclairés et très-patriotes, qui doivent leur pauvreté même à leurs vertus, un Socrate, un Aristide, un Epaminondas, un Bélisaire, un Jean-Jacques.

Ces députés doivent être défrayés honorablement. J'ai entendu à ce sujet des gens se faire un faux point d'honneur, et prétendre que des députés de la Patrie devoient la servir gratuitement. Mais puisque tous ceux qui la servent dans des corps qui ne la servent pas toujours, s'en font payer, depuis les cardinaux jusqu'aux sacristains, depuis les maréchaux de France jusqu'aux soldats, et depuis le chancelier jusqu'au moindre clerc, pourquoi n'en seroit-il pas de même des membres de l'Assemblée nationale? Il est aussi juste que ceux qui servent directement la Patrie vivent de la Patrie, que ceux qui servent l'autel vivent de l'autel. D'ailleurs c'est le seul moyen d'ouvrir l'entrée de ces assemblées aux hommes de mérite qui sont pauvres. Chaque député à l'Assemblée nationale doit donc recevoir un traitement honorable, non de l'ordre ou de la province qui le députe, mais de la Nation, afin de lui rappeler qu'il a cessé d'être député de son ordre et de sa province, pour devenir membre de la Nation. Ce traitement doit être égal pour les députés de tous les ordres, parce que leurs services sont égaux; et quelque foible qu'il soit, il doit être regardé par chacun d'eux comme aussi honorable que celui que les rois font à leurs ambassadeurs, puisqu'ils le reçoivent des peuples à la solde desquels sont les rois eux-mêmes.

Ces dispositions générales faites ou rectifiées sur de meilleurs plans, il n'y a aucun abus, qu'avec le temps les assemblées permanentes et périodiques de villages, de villes et de provinces ne puissent réformer, et aucun bien qu'elles ne puissent faire. Certainement dans les lieux où elles sont établies, on ne s'est pas aperçu qu'elles aient empiété sur la liberté des peuples, ou sur l'autorité royale qu'elles éclairent et qu'elles servent : il en sera de même de l'Assemblée nationale qui doit en être le centre.

Ceci posé, cette Assemblée constituée sous les yeux du roi, comme la Nation même qu'elle représente, durant toujours et se renouvelant sans cesse, s'occupera du soin de détruire les maux avant de faire le bien.

Elle abolira d'abord ceux qui affligent l'agriculture, cette mère nourrice de l'Etat, comme les capitaineries, les droits de chasse, les gabelles, les corvées, les milices et la taille; ceux qui désolent le commerce, comme les impôts trop onéreux et disproportionnés, les péages des rivières, les droits à l'entrée des villes sur les vins, qui doivent y payer à proportion de leur prix; ceux qui affligent le corps politique, comme la vénalité des charges, les survivances, les pensions non méritées; enfin ceux qui attaquent la liberté de l'homme dans ses opinions, dans sa conscience, et même dans sa personne, comme la servitude des habitans du mont Jura, et l'esclavage des noirs dans nos colonies. Elle s'occupera de la réforme de la justice civile et criminelle, de celle de l'éducation, sans laquelle aucun plan de législation n'est stable, et après avoir remédié aux maux qui intéressent notre prospérité, elle étendra ses recherches sur ceux qui regardent les autres nations, et se communiquent à nous par les correspondances que la nature a établies entre toutes les familles du genre humain.

Les cahiers des provinces ont pris en considération la plupart de ces objets; mais je doute que l'Assemblée nationale, chargée de les réformer, puisse y suppléer par des loix précises et invariables : car, comme je l'ai dit, les hommes ne peuvent saisir que des harmonies, c'est-à-dire, de ces vérités qui sont toujours entre deux contraires : de là vient que les loix sont mobiles par tout pays, et qu'elles changent avec les mœurs et les siècles. Il en faut excepter les loix naturelles qui ne varient point, parce qu'elles sont les bases de l'harmonie générale, qui seule est constante; c'est à celles-là qu'il faut rappeler toutes les autres. C'est donc à la sagesse de l'Assemblée nationale à saisir, sur tous les points de la législation, un *medium* harmonique, et à l'y maintenir; ce qui nécessite la permanence de l'Assemblée, comme je l'ai dit. Au reste, comme il a paru d'excellens mémoires sur la plupart de ces matières, je ne m'arrêterai qu'à quelques considérations dont on peut ne s'être pas assez occupé, mais qui me semblent très-importantes, parce qu'elles regardent le peuple, dont l'intérêt est l'intérêt national.

Le roi a déjà déclaré ses intentions paternelles au sujet de ses capitaineries, qui détruisent, par le gibier, les récoltes des paysans, et envoient aux galères les paysans qui détruisent le gibier. On doit se flatter qu'à l'exemple du roi, les seigneurs régleront et restreindront d'eux-mêmes leurs droits de chasse, qui sont aussi de petites capitaineries.

La gabelle, cette autre pépinière de galériens, a aussi attiré les regards paternels de sa majesté : il y a lieu d'espérer que cet impôt sera détruit, que les campagnes auront en abondance l'usage du sel si nécessaire aux bestiaux, et que la mer, ce quatrième élément, sera aussi libre aux Français, que les trois autres élémens du globe.

Puisse sa majesté, pour attirer la bénédiction du ciel sur les opérations de son Assemblée nationale, délivrer des prisons et des galères ceux de ses sujets qui sont les victimes des loix désastreuses des capitaineries et des gabelles !

On doit encore soulager les gens de campagne, de la corvée des chemins, ou de l'argent qu'ils paient pour y suppléer, en y faisant contribuer non-seulement les abbayes et les châteaux de leurs districts, mais les villes au commerce desquelles ces chemins servent principalement, ainsi que les voyageurs qui les détériorent, en y voyageant à cheval ou en voiture. On peut établir pour cet effet, de poste en poste, des barrières et des péages, ainsi qu'en Angleterre, en Hollande, et en plusieurs lieux de l'Allemagne.

Quant aux milices, la noblesse semble craindre d'en porter la charge, soit en personne, soit en argent; cependant la défense de l'Etat lui semble principalement dévolue, puisqu'elle a été jusqu'à présent toute militaire. Ce n'est qu'à cette considération qu'on lui a accordé autrefois ses titres, ses fiefs et ses prérogatives, qu'elle s'est rendue héréditaire. Elle a gardé pour elle le bénéfice, et en a laissé la charge au peuple. Mais mon desir étant de délivrer les campagnes du fardeau de la milice, et, qui pis est pour des Français, de sa tache, parce qu'elle est devenue une marque de roture, il s'en faut bien que je la veuille faire supporter à la noblesse. Loin de vouloir rendre les nobles roturiers, je voudrois rendre les roturiers nobles, ou plutôt je voudrois anoblir la vertu, et qu'il n'y eût que le vice de vilain. On doit donc délivrer de toute flétrissure l'agriculture, le plus noble des arts, et le seul dont toutes les fonctions conviennent à la vertu.

Il est aussi à desirer que l'industrie, le commerce, l'urbanité et la richesse de nos villes se répandent dans nos campagnes, dont les habitans sont si pauvres et si malheureux. Il est constant que la plupart de nos bourgeois ne se concentrent dans les villes, qu'afin de ne pas payer dans les campagnes l'impôt roturier de la taille, et que leurs enfans n'y tirent pas à la milice. D'un autre côté, quoique nos paysans, qui n'ont pas les mêmes idées d'honneur sur la nature morale des impositions, ne soient sensibles qu'à leur poids fiscal, rien n'a pu jusqu'à présent les familiariser avec le fléau de la milice, parce qu'il attaque les plus doux sentimens de la nature, en les privant de leurs enfans. C'est la crainte de la milice qui les oblige d'envoyer leurs enfans dans les villes, aimant mieux en faire des laquais que des soldats. Il résulte donc de la taille et de la milice, que nos campagnes manquent d'habitans, et que nos villes en sont surchargées. Comme l'impôt fiscal de la taille sera suppléé par un impôt territorial, également supporté par les propriétaires de tous les ordres, ce sera déjà un grand obstacle ôté à l'agriculture. Pour l'impôt personnel de la milice, il ne paroît pas si facile de le remplacer. Il semble fort étrange que ce soit chez nous un honneur de servir le roi dans l'état militaire, et une espèce de honte de tirer à la milice. Je trouve deux raisons de cette contradiction : la première, c'est que le service de la milice est forcé ; la seconde, comme je l'ai déjà dit, c'est qu'il est une preuve de roture, parce que les nobles n'y tirent point. La première raison est de la plus grande force pour des hommes libres ; la seconde n'en a pas moins pour des bourgeois, dont les enfans sont dressés à l'ambition par l'éducation publique ; ainsi la milice n'est pas moins contraire aux préjugés nationaux qu'aux sentimens naturels.

La crainte de la milice est aussi une des grandes raisons qui en éloignent nos jeunes paysans. Le cœur humain est si jaloux de sa liberté, que, quoique l'état d'officier soit honorable et bien payé, je suis convaincu qu'il ne se présenteroit pas un seul gentilhomme pour le remplir, si on vouloit l'y contraindre. Tenez la porte d'un jardin public toujours ouverte, peu de personnes iront s'y promener : mettez-y des soldats pour forcer les passans d'y entrer, tout le monde la fuira : tenez-la bien fermée avec des barrières et des gardes pour en éloigner les curieux, chacun voudra y pénétrer, et y emploiera ses recommandations.

Pour inspirer à la jeunesse de nos villages le goût du service, je commencerois par le leur interdire. Loin de faire de l'état de milicien un sujet de crainte, de honte, et quelquefois de punition, j'en ferois un d'espoir, d'honneur et de récompense. Je commencerois par apprendre à nos jeunes paysans, que ce n'est que sur le courage de ses sujets les plus vertueux que la Patrie compte pour sa défense, et je ne permettrois qu'aux plus honnêtes d'entre eux de s'exercer les jours de fête au maniement des armes, à tirer au blanc, à faire l'exercice, &c. alors on verroit bientôt parmi eux autant d'empressement pour la milice, qu'ils en ont d'éloignement aujourd'hui. En cas de guerre, ils seroient toujours prêts à marcher, non sous les ordres de nos simples gentilshommes ou de nos riches bourgeois, comme nos milices provinciales, mais sous ceux d'officiers vieillis dans le service, qui trouveroient dans ces commandemens, des retraites plus agréables que celles de l'hôtel des Invalides.

Il seroit nécessaire aussi d'améliorer l'état de nos soldats,, dont la paie n'est que de cinq sols par jour. Du temps d'Henri IV elle étoit aussi de cinq sols, mais les cinq sols de ce temps-là font plus de vingt sols d'aujourd'hui, par comparaison au prix des denrées. Il ne s'agit que d'augmenter la paie de nos soldats pour en avoir autant que l'on voudra, comme on a des hommes de toutes les professions. On leur fera gagner avec profit cet accroissement de paie, en les employant aux travaux des chemins, des ports, des monumens publics, &c..... ainsi qu'y étoient employés les soldats romains. D'un autre côté, les fonds militaires se trouveront augmentés de l'argent que produiront les impositions sur les chemins; d'une partie des dépenses sur les bâtimens royaux; des redevances des fiefs, tant nobles qu'ecclésiastiques, autrefois chargés du service militaire; des contributions que fourniront encore pour cet objet les corporations des villes; enfin des économies à faire sur les pensions trop nombreuses et trop considérables de l'état-major de l'armée. Ces moyens me semblent suffisans à l'entretien et à l'émulation de nos soldats, sur-tout si on leur donne pour retraites et expectatives, la garde des villes, les maréchaussées, et même beaucoup de petits emplois civils, comme en Prusse, et qu'on leur présente dans leur service même, une route ouverte à tous les grades militaires, comme elle l'est dans tous les pays du monde.

La servitude militaire ôtée de dessus nos campagnes, on délivreroit nos rivières et nos ports de mer de la servitude nautique. Aucun navigateur ne seroit forcé de servir sur les vaisseaux du roi, quoique le traitement des matelots y soit plus lucratif que celui des soldats dans les régimens. On se gardera bien d'imiter les Anglais, qui, pour avoir des matelots en temps de guerre, font la presse, encore plus injuste que notre milice. Pourquoi nos négocians en trouvent-ils plus qu'ils n'en ont besoin ? c'est qu'ils les paient bien. Pourquoi donc l'État seroit-il moins équitable à l'égard des gens de mer que de simples marchands ? Il a incomparablement plus de moyens. Il peut augmenter les revenus de sa marine, en employant en temps de paix ses vaisseaux et ses matelots à des transports, et à une multitude de services nautiques : il peut offrir à ses matelots quantité de retraites, dans nos arsenaux, dans nos ports, sur nos rivières, et même dans nos colonies.

Au reste, tout Français doit avoir l'espérance de monter, par son mérite, jusqu'aux premières places de son état, sans naissance, sans argent, et sans intrigue. C'est à cette liberté et à ses perspectives que la France a dû sa grandeur sous le despotisme même, et notamment sous celui de Louis XIV, le plus absolu de nos despotes. On peut observer que depuis ce prince les talens se sont affoiblis en France, précisément dans les parties de l'administration dont les corps sont devenus aristocratiques. Il vaut mieux, sans contredit, que l'Etat soit honoré, enrichi, sauvé par le fils d'un paysan, que déshonoré, ruiné, perdu par le fils d'un prince. Ainsi, comme par le passé, un soldat pourra devenir maréchal de France ; un matelot chef d'escadre, et même amiral ; un simple répétiteur de collége, grand-aumônier ; un avocat, chancelier, afin que nous puissions revoir encore des Fabert, des Jean Bart, des Amyot, des l'Hôpital. Rome n'a dû dans tous les temps son ensemble, sa puissance et sa durée, qu'en donnant à tous ses citoyens de parvenir à tout. Rome moderne, comme Rome antique, leur a offert à tous, des dignités, des triomphes, l'empire, et même l'apothéose.

La liberté civile de parvenir en France à tous ses emplois, doit donc s'étendre à tous ses citoyens, parce qu'elle est de droit francais. Quant à la liberté individuelle ou de la personne, elle est de droit naturel; tout Français a le droit de sortir de sa ville, de sa province, et du royaume, comme il sort de sa maison. Cette liberté ne peut être restreinte par des passe-ports, que dans les temps de troubles. C'est le salut du peuple qui doit être la règle de ses exceptions, comme il doit être celle de toutes les loix politiques.

On a beaucoup débattu de la liberté de penser. Il est certain qu'aucun gouvernement ne peut l'ôter à personne. Je peux être, au-dedans de moi, républicain, comme un Spartiate à Constantinople, ou juif à Goa. La conscience ne doit ses comptes qu'à Dieu, c'est un état interdit à tous les tyrans. On y pénètre par la persuasion, et non par la force. C'est une fleur qui s'ouvre aux rayons du soleil, et qui se ferme aux vents orageux. Ainsi la liberté passive de penser est de droit naturel. Quant à la liberté active, c'est-à-dire, celle de publier ses pensées, elle se réduit à la liberté de parler ; or la liberté de parler doit être réglée, dans un État, comme la liberté d'agir. Certainement il n'y est permis à personne d'agir d'une manière nuisible à la société ou à ses membres ; il n'y doit donc pas l'être de publier des pensées qui pourroient leur faire tort. Je trouve même que l'Assemblée nationale doit établir des loix plus rigoureuses que les nôtres, contre les calomniateurs, les plus méchans de tous les hommes, puisque le mal fait par leurs paroles est plus grand et plus durable que celui que des brigands commettent par leurs actions. La liberté de publier ses pensées, ou la liberté de la presse, doit donc être réglée sur la liberté même d'agir ; et comme celle-ci ne doit éprouver aucune contrainte lorsqu'il s'agit du bonheur public, le bonheur public doit être la règle de la liberté de la presse.

La liberté religieuse, ou la liberté de conscience proprement dite, est, comme la liberté de penser, non-seulement de droit naturel, mais du droit des gens : elle dérive de cet axiome de justice universelle : « Ne faites pas à autrui ce que vous ne voudriez pas qu'on vous fît ». Or, comme nous réclamons chez les peuples étrangers la liberté d'exercer notre religion, nous devons à notre tour leur laisser la même liberté chez nous. La plupart des peuples de l'Asie l'accordent à toutes les nations, et même la liberté de prêcher. Sans cette tolérance mutuelle, il ne peut y avoir ni communication de lumières, ni même de commerce entre les hommes. Tous les peuples seroient séquestrés les uns des autres, comme les Japonnais le sont des Européens. Si par l'intolérance on ferme l'entrée des Etats aux erreurs, on la ferme aussi aux vérités; on prive la nation du droit national dont nos ancêtres ont usé, lorsqu'ils ont reçu librement la religion que nous professons, et on lui ôte de plus la liberté de la répandre chez les autres peuples, auxquels nous n'accordons pas des droits réciproques. Pour que les Européens s'arrogent la prérogative d'envoyer des prédicateurs au Japon, il faut que les Japonnais aient aussi celle d'envoyer des prédicateurs en Europe. Cependant, comme la gloire de Dieu et le bonheur des hommes doivent être la base de toute législation, on doit intolérer les religions superstitieuses, qui soumettent l'homme à l'homme, et non l'homme à Dieu; ou intolérantes, qui rompent les communications entre les hommes, qui les damnent sans les connoître, qui leur apprennent à tourmenter leurs semblables ou eux-mêmes, afin de se rendre agréables à Dieu, qui cependant est le père et l'ami des hommes.

Comme il n'est pas juste que le Français qui veut être libre en France, soit tyran dans les autres parties du monde, il est nécessaire d'abolir l'esclavage des noirs dans nos colonies d'Afrique et d'Amérique : il y va non-seulement de l'intérêt de la nation, mais de celui du genre humain. Quantité de maladies physiques et morales dérivent de cette violation de la loi naturelle. Sans parler de plusieurs guerres qu'occasionne la traite des noirs, et qui, comme toutes celles de l'Europe, s'étendent jusqu'au bout du monde, les maladies physiques du climat des noirs, telles que les fièvres de Guinée, ont fait périr quantité de nos matelots et de nos soldats : d'autres, comme les pians, se sont naturalisées dans nos colonies. Mais les maladies morales sont plus dangereuses, plus durables et plus expansives.

Il seroit possible de prouver que la plupart des opinions qui en différens temps ont bouleversé l'Europe, sont venues des pays lointains. Le jansénisme, par exemple, paroît nous avoir été apporté de l'Orient par les croisades, avec la peste et la lèpre ; du moins on trouve les maximes du jansénisme dans des théologiens mahométans cités par Chardin. La peste et la lèpre ne subsistent plus chez nous ; mais le jansénisme dure encore, et fait même, dit-on, des progrès en Espagne. Nous ne saurions douter que nos opinions, à leur tour, n'aient troublé le repos des autres nations, témoins nos querelles religieuses, qui ont mis en garde contre nous les peuples de la Chine, et nous ont fait expulser du Japon. L'inquisition, qui a commencé à Rome en 1204, dans le temps des premières croisades, se répandit d'abord dans une partie de l'Italie, et de là chez les Portugais et les Espagnols ; elle dévasta, par l'entremise de ces peuples, une partie des côtes de l'Asie et de l'Afrique, et plus de la moitié de l'Amérique. En 1566, elle força les Hollandais de secouer le joug de l'Espagne. A-peu-près dans le même temps, elle obligea les peuples du nord de l'Europe de se séparer de la religion romaine ; et les peuples du midi qui restèrent catholiques, de lui opposer les plus fortes barrières : ensuite, semblable à une bête féroce qui se jette sur ses conducteurs lorsqu'elle manque de proie, elle n'a cessé de répandre la terreur dans les pays qui lui ont donné la naissance ; Dieu voulant, par un acte de sa justice universelle, que les peuples intolérans trouvassent leur punition dans les tribunaux même de leur intolérance.

L'esclavage des noirs, que nous avons établi dans nos colonies, à l'imitation des Portugais et des Espagnols, a produit des réactions à-peu-près semblables ; car les habitans de nos colonies faisant aujourd'hui, au moyen de leurs richesses, des alliances avec nos grands seigneurs, ils les accoutument insensiblement à regarder le peuple blanc qui les nourrit en

France, comme destiné à la servitude, ainsi que le peuple noir qui cultive leurs possessions en Amérique. C'est à l'influence de ce régime tyrannique, qui s'est étendu même sur notre administration, qu'on peut rapporter cette étrange ordonnance du ministère de la guerre, déjà citée, qui déclara, il y a quelques années, qu'aucun homme non noble ne pourroit être officier dans les troupes du roi; ordonnance injurieuse pour la nation française, et dont je ne crois pas qu'on puisse trouver d'exemple chez aucun peuple du monde, ni dans aucun temps de notre monarchie, avant celui de l'établissement de l'esclavage dans nos colonies. On peut, à la vérité, en excuser le motif, ainsi que je l'ai fait, sur la nécessité de réserver des emplois honorables aux pauvres gentilshommes : mais la noblesse ne peut être honorée lorsque le peuple est avili; car le plus haut degré d'illustration où elle puisse elle-même s'élever, est d'être, comme celle de Rome ancienne, à la tête d'un peuple illustre.

Des réglemens semblables à celui du département de la guerre se sont introduits dans tous les corps. Le clergé ne veut plus d'évêques que tirés du corps des nobles; il a oublié que les apôtres étoient de simples pêcheurs; que dis-je? la plupart des ecclésiastiques, quoique roturiers, ne font aucun cas de leurs chefs, s'ils ne sont bons gentilshommes. Depuis quelques années, les parlemens exigent plusieurs degrés de noblesse pour être conseiller de grand'chambre, et séparent ainsi leurs intérêts de ceux du peuple, dont ils sont les enfans dans l'origine, et dont ils devroient être les pères par leurs fonctions. Il en est de même des compagnies municipales, financières et commerçantes, qui réservent leurs principales dignités aux nobles. Enfin, jusqu'à nos corps de lettres, de savans et d'artistes, ils élisent, quand ils le peuvent, leurs chefs parmi des nobles, quelquefois fort ignorans, quoique ces corps soient, par leur nature, des républiques dont les rangs ne doivent se régler que sur les talens. Louis XIV ne pensoit pas ainsi, lorsqu'un cardinal, sous prétexte de la goutte, lui ayant demandé la permission de s'asseoir dans un fauteuil aux séances de l'académie française dont il étoit membre, le roi, au lieu d'un fauteuil, en envoya quarante à l'académie; afin qu'aucun de ses membres, quelque qualifié qu'il fût, ne pût s'attribuer d'autre distinction que celle que donne le génie. Or, je crois que cet esprit de servitude, où le peuple de tous les états court aujourd'hui de lui-même, nous vient, dans l'origine, de l'établissement de l'esclavage dans nos colonies; car auparavant, je ne trouve rien de semblable dans notre histoire. C'est aussi de cette époque que date la multiplicité des titres financiers, littéraires, et autres qualifications dont chacun tâche aujourd'hui d'alonger son nom, au défaut des comtés, baronnies et marquisats; tandis qu'autrefois les hommes même de la plus grande qualité, n'ajoutoient à leurs noms de famille que ceux de leur baptême. On trouve des exemples encore plus frappans et plus nombreux de ces abus de titres parmi les Portugais et les Espagnols, parce qu'ils nous ont précédé dans l'établissement de l'esclavage aux Indes, et dans le mépris des peuples dans leurs pays.

Ces opinions tyranniques, déjà si répandues en France, prennent naissance dans l'esclavage de nos îles de l'Amérique, comme un foyer toujours subsistant de servitude, et se propagent en Europe par la voie de leur commerce, ainsi que la peste se transporte de l'Egypte avec ses productions. Or, comme on n'a point établi jusqu'ici sur les côtes de France, de quarantaine pour les hommes d'au-delà des mers, infectés par naissance, par habitude et par intérêt, du dogme de l'esclavage, et que la dépravation des esprits est encore plus contagieuse que celle des corps, il est de toute nécessité que l'esclavage du peuple noir soit aboli dans nos colonies, de peur qu'un jour il ne s'étende, par l'influence de l'opinion de quelques particuliers riches, jusque sur le peuple blanc et pauvre de la métropole. Les Anglais qui nous devancent en maturité et en sagesse, ont déjà pris en considération cette cause du genre humain; elle doit être plaidée dans leur parlement comme elle l'auroit dû l'être dans l'Aréopage. Il s'est formé à Paris comme à Londres une société amie et patronne des pauvres noirs esclaves, au moins aussi digne de l'estime publique que celle de la Merci. C'est à cette société respectable à porter les doléances de ces infortunés à l'Assemblée nationale.

Mais comme il ne faut pas ruiner les hommes qu'on veut réformer, j'observerai en faveur des habitans de nos colonies, qu'il faut procéder peu à peu à l'abolition de la servitude de leurs noirs; autrement on feroit le malheur des maîtres et des esclaves. Les révolutions de politique doivent être périodiques comme celles de la nature. On peut d'abord tarir la source de l'esclavage aux îles, en défendant la traite des noirs en Afrique; ensuite on réduira la servitude personnelle des noirs, à celle de la glèbe; puis celle de la glèbe en affranchissemens, qu'on fera dépendre de leur bonne conduite à l'égard de leurs maîtres, afin qu'ils leur aient en partie obligation de leur liberté.

Ces changemens sont d'autant plus faciles à faire, que les cultures des îles sont bien moins pénibles et dispendieuses que celles de l'Europe. Il ne faut ni lourdes charrues, ni herses, ni attelages de chevaux, ni triples labours, pour planter le manioc, le maïs, la patate, le café, la canne à sucre, l'indigo, le cacaotier et le cotonnier, comme pour nos blés, nos vignes, nos lins et nos chanvres. Les campagnes de nos îles se cultivent comme nos jardins, avec des bêches, des pioches, des hottes. Des femmes et des enfans suffisent à la plupart de leurs récoltes.

A la vérité les manufactures du sucre exigent de grandes dépenses en bâtimens, ainsi que le concours de beaucoup d'ouvriers. Des partisans de l'esclavage en ont voulu conclure la nécessité d'employer aux îles des ateliers de noirs esclaves. Cette conséquence si foible est même leur plus fort argument contre la liberté des noirs. Mais il ne faut pas en Europe d'ateliers d'esclaves pour entretenir et faire mouvoir les manufactures de tannerie, de tapisserie, de papier, d'armes, d'épingles, &c. qui demandent un grand concours d'hommes, et plus d'ensemble dans leur fabrique que celles du sucre. Un habitant d'ailleurs qui a un moulin à sucre, n'a pas plus besoin de cultiver toutes les cannes de son canton pour en recueillir à lui seul le profit, qu'il n'est nécessaire que le possesseur d'un pressoir en Bourgogne ait à lui seul tous les vignobles de son coteau. Ceux qui fabriquent chez nous les toiles, ne cultivent point le lin et le chanvre, ni ceux qui font le papier ne ramassent point dans les rues les chiffons de toile, ni ceux qui impriment et font des livres ne se chargent pas d'en manufacturer le papier. C'est de la répartition des différens arts dans des mains libres, qu'est venue leur perfection en Europe.

Les petites propriétés artistes sont nécessaires au progrès de l'industrie, comme celles des terres à celui de l'agriculture. Si les fabricans de sucre aux colonies étoient chargés uniquement de sa fabrique, et les cultivateurs, de la culture des cannes, il ne seroit pas nécessaire de raffiner en Europe le sucre des îles. On y fileroit, comme aux Indes, l'étoupe du Caire, les fils du bananier et le coton; on en feroit des cordages et des toiles. Les vastes habitations de Saint-Domingue et des Antilles, divisées en petites propriétés, et devenues libres, seroient aussi industrieuses, et j'ose dire plus agréables, par la facilité de leur culture et par la température de leur ciel, que les fermes et les métairies de la France, où les hivers sont si rudes. Elles offriroient une multitude d'emplois et de métiers à quantité de nos pauvres paysans et ouvriers, qui manquent en France de travaux; et les habitans de nos colonies se trouveroient plus riches, plus heureux et plus distingués, quand, au lieu d'esclaves étrangers, ils auroient des fermiers compatriotes, et au lieu d'habitations, des seigneuries.

Je n'ai pas besoin de m'étendre sur l'abolition de la servitude main-mortable des habitans du mont Jura. Il est bien étrange que cette servitude se soit maintenue jusqu'à présent dans un coin du royaume, par les chanoines de Saint-Claude, malgré les invitations de Louis XVI, les prérogatives de la France, les droits de la nature et les loix de l'Evangile. La durée de cet abus prouve la puissance et la tyrannie des corps. Les chanoines de Saint-Claude se détermineront sans doute d'eux-mêmes à restituer la liberté à des paysans français, à l'exemple de leur vertueux évêque, sans y être contraints par l'Assemblée nationale, qui a le droit de réformer toutes les injures faites à la Nation.

Chefs du peuple dans tous les ordres, je vous le répète, au nom de celui qui a lié les destins de tous les hommes, votre propre bonheur dépend de celui du peuple : si vous le haïssez, il vous haïra, il vous rendra au centuple le mal que vous lui ferez : mais si vous l'aimez, il vous aimera ; si vous le protégez, il vous protégera : vous serez forts de sa force, comme vous êtes foibles de sa foiblesse. Voulez-vous donc vous-mêmes vivre libres ? n'attentez pas à sa liberté ; acquérir des lumières ? ne l'aveuglez pas de préjugés ; calmer vos propres ames ? ne lui donnez pas d'inquiétudes ; travailler à votre propre grandeur ? occupez-vous de son élévation : souvenez-vous que vous êtes le sommet de l'arbre dont il est la tige.

L'Assemblée nationale doit s'occuper sur-tout du soin de réformer la justice civile et criminelle, dont les codes sont des monumens des siècles de barbarie, où le plus fort opprimoit le plus foible. Elle réformera, par exemple, cette loi dénaturée par laquelle le témoignage d'une femme est déclaré bon pour constater un maléfice; et nul pour attester la simple prise de possession d'un bénéfice. Elle abolira cette autre loi, qui donne les deux tiers des terres à l'aîné de la famille, l'autre tiers à tous les frères cadets, fussent-ils une douzaine; et une simple portion de cadet à partager à toutes les sœurs, fussent-elles en même nombre que les garçons; en sorte que joignant l'expression de la galanterie française à une disposition inhumaine, elle déclare qu'un père peut marier sa fille avec un chapeau de rose, c'est-à-dire avec rien. Cette loi, qui existe parmi la noblesse d'une grande partie du royaume, paroît être venue des barbares du Nord, en ce qu'elle est en vigueur parmi les paysans même de cette portion de la Normandie appelée le pays de Caux, où s'établirent d'abord les ducs normands. Elle est inconnue à Paris et dans ses environs, où les frères partagent également avec leurs sœurs. Cette capitale du royaume ne seroit jamais parvenue au point de richesse, d'urbanité, de lumières et de splendeur qui en font en quelque sorte la capitale de l'Europe, si cette loi féodale y eût existé.

Pour moi, venant à penser aux causes qui rendent une ville illustre, et qui en font le centre des nations, je vois que ce n'est ni la magnificence des monumens, ni les priviléges accordés au commerce, ni la douceur du climat, ni même la fécondité du sol, mais le bonheur dont y jouit la plus aimable portion du genre humain. Il y a sur la terre des villes plus heureusement situées que Paris, et qui sont bien moins fameuses et beaucoup moins peuplées. Naples est dans un climat délicieux; Rome moderne est remplie de monumens augustes; Constantinople est sur les limites des trois parties du monde, l'Europe, l'Asie et l'Afrique; d'autres villes, comme les capitales du Pérou et du Mexique, sont assises sur les bords du vaste Océan, dans un sol rempli d'or, d'argent, de pierreries, et sous un ciel égal qui ne connoît ni les ardeurs de l'été, ni les rigueurs de l'hiver; d'autres, comme Ceylan, Amboine, Java, sont dans des îles fortunées, au milieu des forêts de canneliers, de girofliers et de muscadiers. Cependant aucune de ces villes n'est comparable à Paris, parce que les femmes y sont réduites à un esclavage civil ou moral. Il y a même en France des villes qui présentent plus d'avantages que sa capitale, parce qu'elles sont sous un ciel plus doux, ou plus près du centre du royaume pour le régir, ou sur le bord des mers pour communiquer avec toutes les nations. Rouen, par exemple, capitale du pays de Caux, déjà considérable du temps de César, auroit dû, par la richesse de son territoire, par l'industrie de ses habitans, et par sa situation sur la Seine, dans le voisinage de la mer, s'élever au même degré de puissance que la capitale de l'Angleterre, qu'elle a subjuguée autrefois par ses ducs. Mais si Londres elle-même est devenue la rivale de Paris, c'est sans doute par les mêmes causes. Paris doit sa florissante prospérité à celle dont elle fait jouir les femmes. Par-tout où les femmes sont heureuses, on voit naître le goût, l'élégance, le commerce et la liberté. Les malheureux de tous les pays, qui comptent par-tout sur leur sensibilité, y apportent leurs arts, leur industrie et leurs espérances. Les peuples y abondent, parce que les tyrans n'osent y paroître. Les villes les plus renommées de l'antiquité sont celles où les femmes étoient le plus considérées; telle a été Athènes chez les Grecs; telle a été une grande partie de la Grèce, où elles régnoient par l'empire des graces, de l'innocence et de l'amour, et qui a laissé d'elle une si douce mémoire, l'heureuse Arcadie. Rome belliqueuse même leur a dû, par les priviléges qu'elle leur accordoit, la meilleure partie de sa puissance sur des peuples barbares, tyrans de leurs femmes. Il est aisé de subjuguer ses ennemis, quand on a leurs compagnes pour amies. Ovide observe que Vénus avoit plus de temples à Rome que dans aucun lieu du monde. Si on s'y rappelle tous ceux des diverses Fortunes, de Junon, de Vesta, de Cybèle, de Minerve, de Diane, de Cérès, de Proserpine, des Muses, des Nymphes, de Flore, &c. on trouvera que les déesses y étoient encore plus honorées que les dieux. A Paris, les saintes sont plus fêtées que les saints. Cette capitale de la France doit ses prérogatives sur toutes les autres villes du royaume, et son influence sur l'Europe, à l'élégance des arts, à la variété des modes et à la politesse des mœurs, qui résultent de l'empire des femmes. Les femmes sont à Paris les législatrices du code moral, bien plus puissant que le code légal. Si elles y sont encore opprimées par les loix qui les soumettent à leurs maris et à leurs enfans majeurs, elles y sont protégées par les mœurs, qui leur réservent en tous lieux les premières places, comme revêtues d'une magistrature naturelle, qui les rend dans tout le cours de notre vie les législatrices de nos goûts, de nos usages, et même de nos opinions. Elles sont, dès notre enfance, nos premiers apôtres : ce sont elles qui nous apprennent, tout petits, à faire de la même main le signe de la croix et la révérence aux dames; à honorer à la fois les autels et leur sexe, comme si elles cherchoient dans nos jeunes ames des protections pour l'avenir, et à nous inspirer sur leur sein des habitudes religieuses et tendres, qui doivent un jour leur servir de sauve-garde contre la barbarie de nos institutions. Les loix doivent donc venir avec les mœurs au secours de leur foiblesse, en les appelant par toute la France au partage égal de nos fortunes et de nos droits, puisque la nature les a appelées à celui de nos plaisirs et de nos peines.

L'Assemblée nationale doit encore s'occuper du

soin d'établir dans tout le royaume les mêmes loix, ainsi que les mêmes poids et mesures, afin de faire régner parmi les citoyens l'ensemble si nécessaire à la prospérité publique.

Elle doit aussi réformer la justice criminelle, qui n'a pas moins d'abus que la justice civile. L'humanité de nos magistrats, soutenue de la volonté de la Nation et de la sanction du roi, pénétrera dans le ténébreux labyrinthe de nos loix, déjà éclairé par les Servan et les Dupaty.... afin d'ôter au crime ses refuges, et d'empêcher l'innocence de s'y égarer. Pour s'y guider eux-mêmes, ils ne perdront jamais de vue cette loi que la nature n'a point tracée sur des colonnes de marbre, ou sur des tables de bronze, ou sur des parchemins, et qu'elle n'a écrite ni en égyptien, ni en hébreu, ni en latin; mais qu'elle a empreinte avec les caractères du sentiment, ce langage de tous les siècles, dans la conscience de tous les hommes, pour y être la base éternelle de la justice et du bonheur des sociétés : « Ne » faites pas à autrui ce que vous ne voudriez pas » que l'on vous fît ».

Il s'ensuivra que les récompenses seront communes et personnelles à tous les Français, pour les mêmes vertus, comme les punitions pour les mêmes vices. C'est le seul moyen de détruire le préjugé qui honore toute la postérité d'une famille, à cause de la gloire d'un de ses membres, ou qui la déshonore pour le crime d'un seul. Cependant on doit abolir tous les châtimens qui sont infamans et cruels. Il me semble même juste de substituer, sans flétrissure corporelle, à l'exemple des Romains, la peine du bannissement hors du royaume, à celle des prisons perpétuelles ou des galères. Souvent un homme, après avoir fait une mauvaise action dans son pays, où il a été égaré par l'indigence, ou séduit par l'exemple, ou entraîné par les passions, se corrige dans un pays étranger où il est plus heureux, et sur-tout où il est inconnu. Souvent, au contraire, il achève de se dépraver, livré à lui-même dans une prison, ou flétri dans la société des citoyens par l'opinion publique, qui le poursuit à jamais jusque dans ses enfans. On doit aussi rendre la peine de mort très-rare ; elle ne devroit avoir lieu que pour punir les assassinats prémédités, comme dans la loi du talion chez les Hébreux. On a aboli la peine de mort en Russie dans tous les cas, excepté celui de lèse-majesté ; et les crimes y sont bien plus rares qu'autrefois, où cette peine étoit très-commune. Nous devons imiter l'humanité des Anglais, qui envoient la plupart de leurs criminels dans les pays nouvellement découverts. Il est aussi convenable d'adopter leurs jugemens par pairs et par jurés dans les procédures. Ce dernier moyen peut également servir à constater les bonnes actions pour les récompenser, et les mauvaises pour les punir.

Il n'est pas juste que les loix punissent toujours, et ne récompensent jamais : qu'un homme soit envoyé aux galères ou au supplice pour avoir attenté à la fortune ou à la vie des citoyens, et qu'il ne reçoive aucune faveur publique pour avoir entretenu parmi eux la concorde, et les avoir consolés dans leurs infortunes. Notre justice n'a qu'une épée, elle ne sait que frapper; sa balance ne lui sert qu'à peser les maux, et jamais les biens. Il est donc juste que nos tribunaux puissent décerner des récompenses comme des punitions, et dresser des autels comme des échafauds. Alors les pierres de nos carrefours, toujours couvertes d'arrêts de flétrissure ou de mort, cesseront d'être, comme à Gênes, des pierres infamantes; elles s'honoreront des fastes de la vertu. Les entrées de nos villes, au lieu d'effrayer les voyageurs par des fourches patibulaires, les inviteront à y chercher des asyles par des arcs de triomphe élevés, comme à la Chine, à la mémoire des bons citoyens.

Tels sont les principaux abus qu'il me semble nécessaire de réformer avant toute autre réforme. Maintenant je vais faire quelques réflexions sur l'impôt territorial, qui doit suppléer à la taille, acquitter les dettes de l'État, et être payé sans exception, par tous les propriétaires des terres.

Il me semble que pour que l'impôt territorial soit réparti également sur les personnes, il doit l'être inégalement sur les fortunes, c'est-à-dire, qu'il doit croître à proportion de l'étendue de chaque propriété : ainsi la portion de terre nécessaire pour nourrir une famille, étant déterminée, cette portion paieroit davantage à mesure qu'elle augmenteroit dans chaque propriété. Les Romains, dans les premiers temps de leur république, avoient borné à sept arpens la quantité de terre nécessaire à la subsistance d'une famille. Comme nous ne sommes pas si sobres que les anciens Romains, que notre climat, plus froid que celui d'Italie, exige plus de besoins; que nos terres sont moins fécondes; que nous payons des dîmes et d'autres sortes d'impositions qui leur étoient inconnues, et qu'ils participoient au contraire aux tributs qu'ils imposoient aux nations conquises, pour le soulagement même du peuple romain, on peut fixer en France à vingt arpens la quantité de terre nécessaire aux besoins d'une famille. Ceci posé, l'arpent étant taxé par un impôt territorial, prélevé en nature et non en argent, chaque propriété qui seroit au-delà de vingt arpens, supporteroit une légère taxe, appelée l'impôt de censure. Cet impôt de censure seroit payé par ceux qui posséderoient deux propriétés de vingt arpens; il doubleroit pour ceux qui en auroient 3, quadrupleroit pour ceux qui en auroient 4, &c... Ainsi, pendant que les propriétés particulières iroient en progression arithmétique 1, 2, 3, 4, l'impôt de censure croîtroit en progression géométrique, 1, 4, 8, &c... de manière qu'il seroit égal, pour une possession de mille arpens, à l'impôt territorial de ces mêmes mille arpens; il seroit double pour celle de deux mille, quadruple pour celle de trois mille, octuple pour celle de quatre mille.

Cet impôt de censure croîtroit avec l'étendue des propriétés, comme le tarif des diamans et des glaces, dont le luxe est d'ailleurs bien moins dangereux que celui des terres, qui entraîne infailliblement la ruine d'un Etat, ainsi que l'ont observé Plutarque et Pline à l'occasion de l'Afrique, de la Grèce et de l'Empire Romain. On peut ajouter à ces exemples, dans les mêmes siècles, la Sicile, une partie de l'Asie; et, dans ces temps modernes, la Pologne, l'Espagne et l'Italie. Il est donc à présumer que cet impôt de censure mettroit en France un frein aux grandes propriétés territoriales, bien mieux que les loix prohibitives, promulguées en vain à Rome sous les empereurs, qui fixèrent à cinq cents arpens le terme de la plus grande propriété individuelle. Il est toujours aisé d'enfreindre une loi prohibitive, lorsque la prohibition n'en suit pas la transgression pas à pas. La cupidité, ainsi que les autres passions, est comme un chariot qui descend une montagne; si vous ne l'enrayez dès le départ, vous ne l'arrêterez pas dans le milieu de sa course.

Cet impôt de censure me paroît à tous égards

fondé en justice, car si vingt arpens appartenant à une famille, paient la moitié moins que vingt arpens des mille qui appartiendroient à un seul propriétaire, d'un autre côté ces vingt premiers arpens rendent à proportion beaucoup plus en denrées et en hommes. Mille arpens, sous un seul propriétaire, ont, chaque année, un tiers de leur étendue en jachères, et sont mis en valeur tout au plus par dix familles domestiques, de cinq personnes chaque, c'est-à-dire, par cinquante personnes, en y comprenant les femmes et les enfans; tandis que ces mille arpens, divisés en cinquante propriétés de vingt arpens, seront cultivés par-tout, et feront vivre cinquante familles libres et industrieuses, c'est-à-dire, deux cent cinquante citoyens. Or, l'abondance des denrées et des hommes, sur-tout des hommes libres, est la première richesse des Etats.

Il résulteroit de cet impôt de censure territoriale, que les grandes propriétés payant plus et rendant moins, deviendroient plus rares, et que les petites propriétés payant moins et rendant plus, deviendroient plus communes. Les premières seroient moins recherchées par les gens riches, sur-tout quand on en auroit retranché les droits de chasse et les autres, en tant qu'ils sont onéreux à l'agriculture; et les secondes le seroient beaucoup par les bourgeois d'une fortune médiocre, quand elles ne seroient plus opprimées et flétries par les corvées, les milices et les tailles : ainsi l'impôt de censure deviendroit une digue contre l'opulence et l'indigence extrême, qui sont les deux sources de tous les vices nationaux. On pourroit l'étendre à toutes les grandes propriétés en emplois, en maisons et en argent, sans toucher toutefois à aucune des grandes propriétés actuelles, même territoriales. Ces vœux, que je forme pour la félicité publique, ne sont que pour l'avenir, et ne doivent pas causer à présent la ruine d'aucun grand propriétaire particulier.

Après avoir parlé des propriétés rurales, je ferai quelques observations sur le blé, la plus importante de leurs productions, et qui est, par sa nature, une propriété nationale. La liberté du commerce des grains a suscité beaucoup d'ouvrages pour et contre : mais comme, par une suite de notre éducation ambitieuse, on n'agite chez nous aucune question que dans le dessein de briller, il est arrivé que celle-ci, fort simple de sa nature, comme tant d'autres, est devenue fort problématique, parce que plus le bel-esprit débat de la vérité, plus il l'embrouille.

Il est certain qu'il n'y a point de famille un peu à son aise, qui n'ait sa provision d'argent assurée au moins pour vivre un an : il est bien étrange que la grande famille de l'Etat n'ait pas sa provision de blés emmagasinés, pour vivre au moins cet espace de temps. Faute de magasins de blés, la liberté de leur commerce en a épuisé plusieurs fois le royaume.

Les émeutes populaires n'ont presque jamais d'autres causes que la disette de blés. Nos ennemis, tant du dehors que du dedans, saisissent le moment où il est permis de les exporter, en enlèvent tout ce qui est à vendre, à quelque prix que ce soit, bien assurés que dans trois mois ils nous le revendront au double : ainsi nous ressemblons aux sauvages qui vendent leur lit le matin, et qui sont obligés de le racheter le soir. Il est donc nécessaire que l'État, avant de permettre l'exportation des blés, en ait sa provision au moins pour un an au-delà de la récolte future ; et pour cela, il a besoin de magasins publics. Il ne faut, pour décider cette question, ni mémoire ministériel, ni dissertation académique ; il ne faut que du sens commun. Si vous voulez vous appuyer sur des exemples, voyez Genève, la Suisse et la Hollande, qui, avec des territoires ingrats ou insuffisans, vivent dans une abondance assurée, au moyen de leurs magasins publics ; tandis que les paysans manquent souvent de pain en Pologne et en Sicile qui fournissent des blés à toute l'Europe. Nous devons craindre, dit-on, les monopoles, si nous avons des magasins. S'ils dépendent des particuliers, on a raison ; ce sont les magasins particuliers qui font les disettes publiques : mais on n'a rien de semblable à redouter, si les magasins de blés sont à la nation, et administrés par les Assemblées provinciales. A la vérité, les Assemblées provinciales pourroient les réserver entièrement pour l'usage de leurs provinces, qui se trouveroient dans l'abondance, lorsque les provinces voisines tomberoient dans le besoin; mais c'est ce qui ne peut arriver sous l'inspection et la correspondance de l'Assemblée nationale, qui, instruite du superflu des blés dans un canton, et de leur rareté dans un autre, éclaireroit l'autorité royale, et par son moyen, entretiendroit dans tout le royaume l'équilibre des subsistances de premier besoin. C'est une des raisons, entre mille, qui nécessite la permanence de l'Assemblée nationale, et le changement périodique de ses membres.

Nos livres politiques, pour complaire aux chefs de l'administration, se sont beaucoup occupés des moyens d'augmenter les richesses des États. Il semble qu'un peuple ne puisse jamais avoir trop de vins, trop de blés, trop de bestiaux, et sur-tout trop d'argent; car c'est-là où tout aboutit en dernier ressort. Mais comment se fait-il qu'on a toujours trop de cette première richesse des empires, je veux dire de l'espèce humaine, puisque presque par toute l'Europe elle est si misérable, qu'on ne sait qu'en faire? Un berger n'est point surchargé du nombre de ses moutons; il n'expose point au carrefour de son village de petits agneaux qui viennent de naître ; mais des pères et des mères abandonnent tous les jours leurs enfans nouveaux-nés aux carrefours des villes, et à la porte de leurs hôpitaux. Le nombre des enfans-trouvés à Paris, monte chaque année à cinq et à six mille, et il est le tiers de ceux qui y reçoivent le jour. Dans cette ville si riche et si indigente, les plus méprisables rebuts ont une valeur ; on y ramasse, au coin des rues, des os, des bouteilles cassées, des cendres, des loques ; un vieux chat y a son prix, ne fût-ce que pour sa peau : mais personne n'y veut d'un homme misérable. Cet habitant du fortuné royaume de France, cet enfant de Dieu et de l'église, ce roi de la nature, va sollicitant à chaque porte l'indulgence du chien de la maison, pour y demander d'une voix lamentable, à un être de son espèce, de sa nation et de sa religion, un morceau de pain que souvent il lui refuse. C'est bien pis à la porte des hôtels, où un Suisse ne lui permet pas même de se montrer. C'est encore pis dans son grenier, d'où la faim le chasse, quand la honte, plus mordante qu'un chien et plus rébarbative qu'un Suisse, lui défend d'en sortir.

Mais la mendicité même n'est plus la ressource de l'indigence, puisqu'on emprisonne les mendians. Je desire donc, pour subvenir aux besoins du peuple, que tout homme valide manquant de travail, ait le droit d'en demander à l'assemblée de son village ou de son quartier. Si elle n'en a point à lui donner, elle enverra sa demande à l'assemblée de la ville dont elle ressortit ; celle-ci, dans le même cas, la portera à l'Assemblée provinciale, qui la fera parvenir à l'Assemblée nationale, si elle est dans la même impuissance.

Ainsi l'Assemblée nationale auroit en dernier ressort l'état de toutes les familles indigentes du royaume, comme elle auroit celui de tous ses besoins et de ses ressources : elle s'emploieroit donc auprès du roi pour l'établissement de ces familles indigentes dans les provinces qui manqueroient d'ouvriers, ou bien dans nos colonies et les terres nouvellement découvertes, sous un régime semblable à celui de la future constitution, afin de lier toujours ces Français à leur Patrie, et d'étendre par toute la terre la population, la puissance et la félicité de leur métropole. Ces prévoyances journalières sont encore des raisons qui nécessitent la permanence de l'Assemblée nationale.

Ainsi la Bretagne et Bordeaux avec leurs landes ; la Normandie avec ses veys, que la mer couvre et découvre deux fois par jour ; la Rochelle et Rochefort avec leurs marais stagnans ; la Provence avec ses rochers et ses plaines de cailloux ; la Corse avec ses montagnes et ses makis ; les îles de l'Amérique avec leurs solitudes, et tant d'autres terres concédées, comme celles de la Corse, en grandes propriétés de dix mille arpens à la fois, et qui sont restées incultes entre les mains de leurs grands propriétaires sans argent, se trouveroient mises en valeur par les petites propriétés, et fourniroient de nombreux débouchés à tous nos hôpitaux, sur-tout à ceux des enfans-trouvés. L'indigence, coupée dans ses racines, cesseroit de produire la mendicité, le vol et la prostitution qui en sont les fruits naturels. Pour les hommes pauvres et invalides, ils seroient soulagés dans leurs familles ou dans des hospices, au moyen de secours administrés par les assemblées de chaque district; on y emploieroit les revenus des hôpitaux, ces vastes foyers de misères et d'épidémies. D'ailleurs, comme il n'y auroit plus de pauvres en santé dans le royaume, il ne s'y trouveroit que fort peu de pauvres malades.

Au reste, en indiquant aux pétitions des indigens une période à parcourir d'assemblée en assemblée, je n'ai point voulu donner des entraves à leur liberté; mais j'ai desiré offrir des moyens assurés de secours, non-seulement à eux, mais aux villages, aux villes, aux provinces et à l'État même. Si les particuliers ont besoin de travail, les sociétés entières ont souvent besoin de travailleurs. Michel Montaigne desiroit qu'on établît à Paris un bureau de renseignement, où ceux qui auroient besoin, ou superfluité de quoi que ce fût, pourroient s'adresser mutuellement. Nous avons exécuté en partie son idée, par l'établissement des petites affiches et de quelques journaux semblables ; mais nous ne l'avons guère appliquée qu'aux objets de luxe, tels qu'aux meubles, aux carrosses, aux chevaux, aux maisons, aux terres, et fort rarement aux hommes. Il faut l'étendre aux besoins des campagnes, des villes et des provinces, et de l'État même. Or, il n'y a qu'une Assemblée nationale permanente qui puisse embrasser à la fois les besoins publics et privés. C'est d'ailleurs un acte de justice ; car si l'Etat a le droit d'exiger du peuple, des milices, des matelots et des corvées dans ses besoins pressans, le peuple a aussi, dans les siens, le droit de demander à l'État des moyens de subsister. Au reste, tout Français a le droit de s'adresser directement à l'Assemblée nationale; et s'il préfère de chercher fortune hors du royaume, il doit avoir la liberté d'en sortir, comme tout étranger doit avoir celle d'y entrer et de s'y établir, avec le libre exercice de sa religion, afin de fixer chez nous, par l'équité de nos loix, les hommes que nous attirons par l'urbanité de nos mœurs.

La confiance rétablie entre les trois ordres; les intérêts des deux premiers liés à celui du peuple, et balancés par celui du roi ; les assemblées rurales, municipales, provinciales et nationale rendues permanentes dans leur ensemble, périodiques dans leurs membres, et concordantes dans leurs délibérations ; l'agriculture délivrée de toutes ses entraves, des capitaineries, des gabelles, des milices ; la liberté individuelle conservée à chaque citoyen dans sa fortune, sa personne et sa conscience; l'esclavage aboli aux colonies et au mont Jura; la justice civile et criminelle réformée ; l'impôt territorial assis proportionnellement aux territoires, et aux besoins de l'État et de ses dettes; les moyens de subsister multipliés, et assurés au peuple par les digues opposées aux grandes propriétés : il sera dressé, sur tous ces objets, une constitution sanctionnée par le roi, dont l'exécution sera confiée aux tribunaux, pour être à l'avenir le code national.

Il est inutile que l'Assemblée s'occupe du soin de renfermer, dans cette constitution, tous les cas possibles; ils sont innombrables, et il en est qu'il seroit triste de prévoir, et dangereux de publier. Comme l'Assemblée doit être permanente, elle y pourvoira à mesure qu'ils se présenteront. Elle aura assez de peine à réparer le passé et à régler le présent, sans prendre inutilement celle de donner des loix à l'avenir.

Quelque sagesse qui préside à la rédaction de ce code, il ne faut pas croire que les loix en seront immuables. Il n'y a d'immuable que les loix de la nature, parce qu'il n'y a que son auteur qui, par sa sagesse infinie, ait connu les besoins de tous les êtres dans tous les temps : au contraire, les législateurs des nations n'étant que des hommes, en connoissent à peine les besoins présens, et ne sauroient prévoir ceux que l'avenir leur prépare.

Les loix politiques doivent donc être variables, parce qu'elles n'intéressent que les familles, les corps et les Patries, sujets eux-mêmes au changement; et les loix de la nature doivent être permanentes, parce que ce sont les loix de l'homme et du genre humain, dont les droits sont invariables. Or, je ne connois point d'État en Europe où le contraire ne soit arrivé, c'est-à-dire, où l'on n'ait rendu les loix politiques permanentes, et celles de la nature si variables, qu'à peine aujourd'hui on en peut reconnoître les traces.

Par exemple, l'hérédité de la noblesse, qui n'a pas été héréditaire dans son origine, est une loi politique rendue permanente dans toute l'Europe; cependant elle devoit varier suivant le besoin des États; car on devoit prévoir que les familles nobles se multiplieroient plus que les autres, parce qu'elles ont plus de crédit, et partant plus de moyens de subsister; et que les familles bourgeoises riches tendroient sans cesse à s'incorporer avec elles par les anoblissemens; de sorte que le nombre des hommes oisifs allant toujours en augmentant, et celui des hommes laborieux toujours en diminuant, l'État, au bout de quelques siècles, se trouveroit affoibli par sa propre constitution.

C'est en effet ce qui est arrivé à l'Espagne et à

d'autres pays. Ce ne sont ni les guerres, ni les émigrations en Amérique, qui ont affoibli l'Espagne, comme tant de politiques l'ont dit; c'est au contraire la paix, et la trop grande multiplication des familles nobles qui s'en est ensuivie. Les longues et cruelles guerres de la Ligue détruisirent en France beaucoup de gentilshommes; et la France, loin de s'affoiblir, augmenta en population et en richesse, jusqu'à Louis XIV. Les émigrations de l'Angleterre, qui est bien moins étendue que l'Espagne, ont formé en Amérique des colonies bien plus florissantes et plus peuplées que les colonies espagnoles; et, loin de diminuer les forces de l'Angleterre, elles les auroient augmentées si elles avoient été mieux liées avec leur métropole, dont elles se sont séparées à cause de leur puissance même.

C'est qu'en Angleterre les intérêts de la noblesse sont liés avec ceux du peuple, et que, comme lui, elle se livre à l'agriculture, à la navigation marchande, au commerce, &c. Enfin plusieurs États en Italie, qui, comme Venise, Gènes, Naples, la Sicile, &c. n'ont ni guerres à supporter, ni colonies à entretenir, sont dans un état de foiblesse qui augmente de plus en plus, sans qu'on puisse l'attribuer à d'autre cause qu'à l'hérédité même de la noblesse, et aux anoblissemens qui y multiplient la classe oisive des nobles, aux dépens des classes laborieuses du peuple.

Si l'ancienne loi épiscopale, qui ordonnoit en Europe aux testateurs de stipuler dans leurs testamens, sous peine de nullité, des donations en faveur de l'église, avec privation de la sépulture ecclésiastique contre les gens qui mouroient sans faire de testament, n'avoit pas été abrogée, ainsi que la permission aux gens de main-morte d'acquérir des biens fonds, il est certain que toutes nos terres seroient depuis long-temps au pouvoir du clergé, comme toutes nos dignités sont à celui de la noblesse. Il est encore certain que si la coutume qui permet aux gens de finance d'agioter les papiers publics n'est pas abolie chez nous, tout notre argent se trouvera entre les mains des agioteurs. Il en est de même des compagnies privilégiées en tout genre. Ainsi une nation peut, par la seule permanence des loix et des coutumes, qui ont peut-être servi autrefois à sa prospérité, se trouver à la fin dépouillée de son honneur, de ses terres, de son commerce et de sa liberté.

Au contraire, une nation, en rendant variables, pour l'intérêt de quelques corps, les loix de la nature qui doivent être permanentes, abolit à la longue la plupart des droits de l'homme : tantôt ce sont ceux du mariage, tantôt ceux de la liberté personnelle, comme au mont Jura et dans nos colonies, &c.

Ce sera donc une loi fondamentale de notre constitution future, que les seules loix de la nature seront permanentes, et que toutes les loix politiques pourront être changées et réformées par l'Assemblée nationale, toutes les fois que l'exigera le bonheur de la nation, parce que le bonheur d'une nation est lui-même une conséquence de cette loi de nature, qui s'est proposé constamment, dans les harmonies variables de ses ouvrages, le bonheur de tous les hommes.

Mais comme les loix de la nature disparoissent elles-mêmes des sociétés, par les seuls préjugés inspirés à l'enfance, en sorte que les hommes viennent à croire que ce qui est naturel leur est étranger et que ce qui leur est étranger est naturel, il est nécessaire de poser la base de notre constitution future sur une éducation nationale, afin qu'au défaut de la raison, elle devienne agréable à notre postérité, au moins par la douceur de l'habitude.

VŒUX
POUR UNE ÉDUCATION NATIONALE.

AVANT d'établir une école de citoyens, on devroit établir une école d'instituteurs. J'admire avec étonnement que tous les arts ont parmi nous leur apprentissage, excepté le plus difficile de tous, celui de former des hommes. Il y a plus : l'état d'instituteur est, pour l'ordinaire, la ressource de tous ceux qui n'ont point de talent particulier. L'Assemblée nationale doit s'occuper soigneusement d'un établissement si nécessaire. Elle choisira des hommes propres à faire des instituteurs, non parmi des docteurs et des intrigans, suivant notre usage, mais parmi des pères de famille qui auront bien élevé eux-mêmes leurs enfans. Je ne parle pas de ceux qui en ont fait des savans et des beaux esprits, mais de ceux qui les ont rendus pieux, modestes, naïfs, doux, obligeans et heureux, c'est-à-dire qui les ont laissés à-peu-près tels que la nature les avoit faits. Il ne faudra, pour remplir ces places, ni brevets de maître-ès-arts, ni lettres du grand-chantre, mais des enfans beaux et bons; et comme c'est à l'œuvre qu'on doit connoître l'ouvrier, on jugera capables d'élever des citoyens, des hommes qui ont bien élevé leur famille.

Ces instituteurs doivent jouir de la noblesse personnelle, à cause de la noblesse de leurs fonctions. Ils seront sous l'inspection immédiate de l'Assemblée nationale, et ils auront sous leur direction tous les maîtres de sciences, de langues, d'arts et d'exercices. Ils seront répartis dans les principaux quartiers de Paris, et dans toutes les villes du royaume, pour y établir des écoles nationales; et il ne pourra y avoir, même dans un village, de simple maître d'école qui ne soit institué par eux.

Ils s'occuperont d'abord à réformer toute notre éducation gothique et barbare du temps de Charlemagne. Je n'ai pas besoin de dire qu'ils en banniront l'ennui, la tristesse, les larmes, les châtimens corporels; qu'ils élèveront les enfans à l'amour et non à la crainte, pour en faire des citoyens et non des esclaves, &c.... Puisqu'ils sont pères d'enfans heureux, la nature leur en a appris bien plus qu'à un inutile célibataire : mais comme ils sont Français, ils ne doivent pas être moins en garde contre les méthodes qui exaltent l'ame, que contre celles qui l'avilissent.

Ils banniront donc l'émulation de leurs écoles. L'émulation, dit-on, est un stimulant; c'est précisément pour cela qu'ils doivent la réprouver. Hommes sans art et sans artifice, laissez les épices aux hommes dont le goût est affoibli ; ne présentez aux enfans de la Patrie que des mets doux et simples comme eux et comme vous. Il ne faut pas donner la fièvre à leur sang pour le faire circuler ; laissez-le couler de son cours naturel : la nature y a assez pourvu dans un âge si actif et si remuant. Les inquiétudes de l'adolescence, les passions de la jeunesse, les soucis de l'âge viril, ne l'enflammeront un jour que trop, sans qu'il soit en votre pouvoir de le calmer.

L'émulation est un stimulant d'une étrange espèce. Nous ne nous servons pas d'elle, c'est elle qui se sert de nous. Quand nous nous proposons de subjuguer un rival, c'est elle qui nous subjugue. Semblable à l'homme qui brida et monta le cheval à sa requête, pour le venger du cerf, une fois en selle sur notre ame, elle nous force d'aller où nous n'avons que faire, et de courir après tout ce qui va plus vîte que nous. Elle remplit toute la carrière de notre vie, de soucis, d'inquiétudes et de vains desirs ; et quand la vieillesse a ralenti tous nos mouvemens, elle nous éperonne encore par de vains regrets :

Post equitem sedet atra cura.

Ai-je eu besoin dans l'enfance de surpasser mes camarades à boire, à manger, à promener, pour y trouver du plaisir ? Pourquoi a-t-il fallu que j'apprenne à les devancer dans mes études, pour y prendre du goût ? N'ai-je pu m'instruire à parler et à raisonner sans émulation ? Les fonctions de l'ame ne sont-elles pas aussi naturelles et aussi agréables que celles du corps ? Si elles attristent nos enfans, c'est la faute de nos méthodes et non celle de la science : ce n'est pas faute d'appétit de leur part. Voyez comme ils sont imitateurs de tout ce qu'ils voyent faire et de tout ce qu'ils entendent dire ! Voulez-vous donc attacher les enfans à vos exercices ? faites comme la nature pour les siens : attachez-y du plaisir ; ils y courront d'eux-mêmes.

L'émulation est la cause de la plupart des maux du genre humain. Elle est la racine de l'ambition ; car l'émulation produit le desir d'être le premier, et le desir d'être le premier n'est autre chose que l'ambition, qui se partage, suivant les positions et les caractères, en ambition positive et négative, d'où coulent presque tous les maux de la vie sociale.

L'ambition positive engendre l'amour de la louange, des prérogatives personnelles et exclusives pour soi ou pour son corps, des grandes propriétés en dignités, en terres et en emplois ; enfin, elle produit l'avarice, cette ambition tranquille de l'or, par où finissent tous les ambitieux. Mais l'avarice seule traîne à sa suite une infinité de maux, en ôtant aux autres citoyens les moyens de subsister ; et produit, par une réaction nécessaire, les vols, les prostitutions, le charlatanisme, la superstition.

L'ambition négative engendre à son tour la jalousie, les médisances, les calomnies, les querelles, les procès, les duels, l'intolérance. De toutes ces ambitions particulières, se compose l'ambition nationale, qui se manifeste dans un peuple par l'amour des conquêtes, et dans son prince par celui du despotisme. C'est de l'ambition nationale que dérivent les impôts, l'esclavage, les tyrannies, et la guerre, qui seule est le fléau du genre humain.

J'ai cru fort long-temps l'ambition naturelle à l'homme ; mais aujourd'hui je la regarde comme un simple résultat de notre éducation. Nous sommes enveloppés de si bonne heure par les préjugés de tant d'hommes qui ont des intérêts à nous les inspirer, qu'il nous est bien difficile de démêler dans le reste de la vie ce qui nous est naturel ou artificiel. Pour juger des institutions de nos sociétés, il faut nous en éloigner; mais pour juger des sentimens de notre cœur, il faut y rentrer. Pour moi, qui ai été long-temps repoussé en moi-même par les mœurs publiques, et qui m'éloigne du monde de plus en plus par mes habitudes, il me semble que l'homme ne se porte de lui-même, ni à s'élever au-dessus, ni à s'abaisser au-dessous de ses semblables, mais à vivre leur égal. Ce sentiment est commun à tous les animaux, dont les individus et les espèces ne sont point asservis les uns aux autres ; à plus forte raison doit-il l'être à tous les hommes, qui ont un besoin mutuel de s'entre-secourir. L'amour de l'ambition n'est donc pas plus naturel au cœur humain que celui de la servitude. L'amour de l'égalité tient le milieu entre ces deux extrêmes, comme la vertu dont il ne diffère pas : il est la justice universelle ; il est entre deux contraires, comme l'harmonie qui gouverne le monde. C'est lui que Confucius appeloit « le juste milieu » qu'il regardoit comme la cause de tout bien, et qu'il appeloit encore par excellence « la vertu du cœur ». Il en faisoit consister le principe dans la piété, c'est-à-dire, dans l'amour de tous les hommes en général. Il recommande souvent dans ses écrits, « de ne pas faire souffrir aux autres, » ce qu'on ne voudroit pas souffrir soi-même ». C'est sur cette base naturelle qu'a été élevé l'édifice inébranlable des loix de la Chine, le plus ancien empire de l'univers. Les enfans ni les jeunes gens ne sont point élevés, à la Chine, à se surpasser les uns les autres. Ils ne connoissent, dit le philosophe la Barbinais, ni nos thèses, ni nos disputes d'écoles. Ils sont simplement soumis à des examens de morale, par des commissaires nommés par la cour. Ces commissaires choisissent ceux qui se montrent les plus capables, de quelque condition qu'ils soient, pour les faire passer, par différens grades, à celui de mandarin, d'où ils peuvent parvenir jusqu'au ministère.

L'émulation que nous inspirons à nos enfans est,

si j'ose dire, une ambition renforcée; car l'ambitieux ne veut monter tout au plus qu'à la première place; mais l'émulateur veut encore s'élever aux dépens d'un rival. Ce n'est pas assez pour lui de parvenir au sommet de la montagne, il veut en voir tomber ses rivaux. C'est un dieu cruel, auquel il ne suffit pas d'avoir un temple et de l'encens, il lui faut des victimes.

Il est remarquable que l'émulation qu'on nous inspire dès l'enfance, produit un plus mauvais effet chez nous autres Français, et nous rend plus vains qu'aucun autre peuple de l'Europe. Il y en a plusieurs raisons dans nos mœurs; mais, sans sortir de notre éducation, je trouve une cause particulière de l'ambition vaniteuse de nos enfans, dans celle de nos professeurs. En Suisse, en Hollande, en Angleterre, en Allemagne, en Italie, en Russie, et, je crois, dans toutes les universités de l'Europe, les places de professeurs mènent à des magistratures, à des places de conseiller aulique, ou à d'autres emplois qui les lient à l'administration de l'Etat: il en étoit de même autrefois chez nous, avant que tout y fût devenu vénal. Ces professeurs étrangers dirigent donc, en partie, leurs disciples vers le but où ils tendent eux-mêmes, c'est-à-dire, vers la chose publique. Mais nos régens français, obligés de circonscrire toute leur ambition dans des colléges, ne la satisfont qu'en l'inspirant aux enfans, sans en prévoir les conséquences pour les citoyens. Ils établissent parmi eux de petits empires, dont ils distribuent les dignités et les couronnes, mais avec elles les jalousies et les haines, qui accompagnent par-tout l'émulation. Cependant ils ont assez d'exemples de ses fatales suites chez les peuples anciens et modernes. Pour quelques talens, que de vices elle y a fait éclore! Au reste, si l'émulation a élevé de grands hommes dans quelques républiques, c'est parce que les citoyens pouvoient y parvenir à tout. Mais chez nous, où le mérite seul ne mène plus à rien, où on ne peut s'élever aux petites places sans argent, aux grandes sans naissance, et à aucune sans intrigue, la foule des ambitieux ne s'occupe qu'à abattre tout ce qui s'élève. Un voyageur, homme de mérite, me disoit il y a quelque temps: « Je » trouve aujourd'hui dans le mépris des hommes que » j'ai laissés ici l'année passée, au plus haut degré » de l'estime publique. S'ils ne la méritoient pas, » pourquoi l'ont-ils obtenue? et pourquoi l'ont-ils » perdue s'ils la méritoient? Il y a en France un » agiot de réputations que je n'ai vu nulle part».

C'est l'émulation des enfans qui est chez nous la première cause de l'inconstance des hommes: comme elle inspire, avec ses croix, ses médailles, ses livres, ses prix, ses thèses, ses concours, à chacun d'eux d'être le premier, elle les remplit d'insubordination pour leurs supérieurs, de jalousie pour leurs égaux, et de mépris pour leurs inférieurs. Mais comme les extrêmes se touchent, cette éducation ambitieuse est en même temps très-servile. Comme elle ne les mène que par l'amour de la louange, ou par la crainte du blâme, elle les met pour toute la vie à la discrétion des flatteurs, qui, pour l'ordinaire, ne savent pas moins médire que flatter. Les suffrages d'autrui, qu'ils veulent toujours captiver, les captivent à leur tour d'une telle force, qu'il leur suffit d'être entourés de détracteurs de la vérité la plus évidente, pour qu'ils ne l'admettent jamais; ou de prôneurs de l'opinion la plus absurde, pour qu'ils se la persuadent à la longue. Leur propre jugement ployant sous le faix de cette tyrannie, dont on leur a fait subir le joug dès l'enfance, leur conscience ne se forme plus que de l'opinion versatile d'autrui, qui devient pour eux la seule règle du bien et du mal.

Notre éducation ne nous dispose pas moins à l'opiniâtreté qu'à l'inconstance. C'est par la vanité et la foiblesse qu'elle nous inspire que l'esprit de parti a tant de pouvoir, et qu'il suffit à un ambitieux de dire à ceux de ses partisans qui balanceroient à soutenir ses opinions: « Vous n'avez pas de courage », pour les ramener à lui. Il y a cependant, non du courage, mais beaucoup de foiblesse à se laisser entraîner aux passions d'un homme, de son corps, ou même de sa Patrie. C'est parce que d'un côté on n'ose y résister, et que de l'autre on est environné de forces qui nous appuient, qu'on se croit fort. Si on étoit dans le parti opposé, on seroit de l'avis contraire par la même foiblesse. Lorsque je vois deux hommes disputer avec chaleur, je me dis souvent : Chacun d'eux soutiendroit une opinion opposée, s'il étoit né à cent lieues d'ici. Que dis-je? il suffit seulement de la traverse d'une rue, pour être à jamais l'ennemi juré d'une opinion, dont on auroit été le plus zélé partisan, si on avoit été élevé dans la maison voisine. Changez l'éducation d'un homme, vous changez son régime, son habit, sa philosophie, sa morale, sa religion, son patriotisme, &c. L'Africain pensera comme l'Européen, et l'Européen comme l'Africain; le républicain aura les sentimens du despote, et le despote ceux du républicain. Certes, c'est une chose bien humiliante pour l'homme, et capable de nous éloigner de la recherche de la vérité, en voyant que non-seulement nos lumières acquises, mais nos sentimens, qui semblent naître avec nous, dépendent presque entièrement de notre éducation.

Nous sommes donc forcés, si nous aimons la vérité et les hommes, de revenir aux loix de la nature, puisque celles des sociétés nous remplissent de préjugés dès la naissance, et nous rendent souvent les ennemis les uns des autres. Or, pour y disposer l'enfance, il faut lui inspirer l'esprit de modération. Cet esprit, que les enthousiastes, les fanatiques et tous les ambitieux regardent comme une foiblesse, est le véritable courage; car il résiste seul aux partis opposés. C'est la royauté de l'ame, qui, comme celle de la nature, tient la balance entre les extrêmes, et maintient l'harmonie des êtres. La vertu tient le milieu : *Stat in medio virtus.*

On dressera donc les enfans à ne jamais perdre le sentiment de leur conscience, et à l'appuyer sur celui de la Divinité, qui n'est pas moins naturel à l'homme. On développera en eux ce sentiment par la lecture simple de l'Evangile : ainsi, au lieu de leur apprendre à se préférer aux autres, par une émulation qui est pour les autres et pour eux une source perpétuelle de troubles, on les laissera se contenter d'abord d'eux-mêmes, afin qu'en y rentrant dans les orages d'une société discordante, ils y trouvent au moins le repos et la paix. Bientôt on les élevera à préférer les autres à eux-mêmes, par la connoissance de leurs propres besoins, auxquels ils ne peuvent pourvoir tout seuls. De là dérivera l'amour de leurs pères, de leurs mères, de leurs parens, de leurs amis, de leur Patrie, de tous les hommes, ainsi que l'exercice de toutes les vertus qui font le bonheur des sociétés. On leur enseignera toutes les sciences convenables à ces principes. On retranchera donc de leur éducation une partie des années employées à la stérile étude de la langue latine, qu'on peut apprendre par l'usage, méthode plus courte, plus sûre et plus agréable que celle de nos grammaires; on y joindra l'usage de la langue grecque, dont l'étude est beaucoup trop négligée parmi nous.

Toute l'éducation de l'Europe porte aujourd'hui sur ces deux langues mortes, qui ne servent en rien à nos besoins. Cependant je ne peux, pour l'honneur des lettres, m'empêcher de faire ici une réflexion; c'est que la gloire des Empires dépend uniquement des gens de lettres. Si on apprend aujourd'hui le grec et le latin, si toute l'éducation européenne est fondée, depuis Charlemagne, sur cette étude; si nous parlons si souvent de la Grèce et de l'Italie, et de leurs anciens habitans, c'est parce que ces pays ont produit une douzaine d'écrivains, tels qu'Homère, Platon, Hippocrate, Plutarque, Xénophon, Démosthène, Cicéron, Virgile, Horace, Ovide, Tacite, Pline, &c. C'est donc pour une douzaine d'hommes de génie de l'antiquité, ou deux douzaines au plus, que sont fondées nos universités, en sorte que s'ils n'avoient pas existé, nous n'aurions point d'éducation publique, et personne ne s'embarrasseroit pas plus en Europe de savoir le grec et le latin, que l'arabe ou le tartare. A la vérité, Rome et la Grèce ont produit beaucoup d'hommes célèbres en différens genres; mais il en est de même de plusieurs pays, comme la Chine, dont nous ne parlons point dans les colléges, parce que nous ne connoissons point d'écrivains fameux qui les aient célébrés. D'ailleurs ceux qui nous ont fait connoître les Grecs et les Romains, n'avoient besoin ni de leurs grands hommes, ni de leurs villes, pour nous laisser de grands monumens; il leur suffisoit de leur génie. C'est celui d'Homère qui a fait errer Ulysse, et créé les dieux et les héros de l'Iliade. Celui de Virgile n'avoit eu besoin, pour venir jusqu'à nous et bien au-delà, que de ses bergers et de ses bergères. Les bords des ruisseaux où il se repose nous plaisent plus que ceux du Gange, et les travaux de ses abeilles nous intéressent autant que la fondation de l'Empire Romain. Les autres ont de même leurs talens particuliers. Certes, ils méritent bien tous qu'on emploie quelques années de l'enfance à les connoître, et plusieurs années de la vie à en jouir; mais ils avoient eux-mêmes trop de bon sens pour ne pas désapprouver, s'ils vivoient parmi nous, que l'éducation des nations européennes portât uniquement sur l'étude de leurs ouvrages. Eux-mêmes n'ont point passé toute leur première jeunesse à apprendre des langues étrangères, mais à étudier la nature, dont ils nous ont laissé des tableaux ravissans. Un étranger, arrivé à Prague, demandoit le plan de cette ville à son hôte, afin, disoit-il, de la connoître. « Le plan de Prague est à Vienne, lui répondit l'hôte: » nous n'en avons pas besoin ici; nous avons la ville ».

Ainsi pouvons-nous dire par rapport aux ouvrages des anciens, même les plus parfaits : « Nous n'avons » pas besoin des Géorgiques, nous avons la nature ». A la vérité, les anciens nous ont laissé de grandes connoissances sur les affaires et les hommes de leurs temps ; mais nous avons nos compatriotes qu'il faut éclairer et rendre plus heureux.

Si les sciences et les lettres influent sur la prospérité d'une nation, comme on n'en peut douter, peut-être conviendroit-il que la nation élût les membres de ses académies, comme ceux de ses autres assemblées. Les lumières doivent être en commun, ainsi que les autres richesses de l'Etat. Lorsque les académies élisent leurs propres membres, elles deviennent des aristocraties très-nuisibles à la république des sciences et des lettres. Comme on ne peut y être admis qu'en faisant la cour à ses chefs, il faut s'astreindre à leurs systêmes. Les erreurs se maintiennent par le crédit des corps, tandis que la vérité isolée ne trouve point de partisans. C'est ainsi que les universités apportèrent de si longs obstacles au progrès des sciences naturelles, en maintenant la doctrine d'Aristote contre le progrès des lumières. Képler se plaint amèrement de celles de son temps. Ce restaurateur de l'astronomie avoit découvert et démontré que les comètes étoient des corps planétaires, et non de simples météores, comme le prétendoient les universités, d'après Aristote. Il dit dans une de ses lettres, que ses livres, qui renfermoient une vérité si neuve et si évidente, restoient sans honneur, tandis que ceux qui contenoient des opinions contraires, étoient prônés et se répandoient par-tout, à cause du crédit des universités dans les librairies. Qu'auroit-il dit de leur influence sur l'opinion publique, si elles avoient eu, comme les académies de notre temps, à leur disposition tous les journaux ? Qu'on se rappelle les persécutions que des corps de théologiens firent éprouver à Galilée, pour avoir démontré le mouvement de la terre. Voyez aujourd'hui dans quelle stupeur les académies maintiennent les sciences et les lettres en Italie. Peut être seroit-il à propos qu'elles fussent assimilées chez nous aux Assemblées nationales, c'est-à-dire, qu'étant permanentes, leurs membres fussent périodiques, et qu'ils fussent élus ou conservés dans leurs offices par la nation, tant qu'ils s'acquitteroient de leurs devoirs. Quoi qu'il en soit, comme les écoles de la Patrie ne seront que sous l'influence de l'Assemblée nationale, il n'est pas à craindre qu'il s'y introduise la tyrannie du régime aristocratique.

On substituera donc à une partie de nos études grammairiennes de l'antiquité, celles des sciences qui nous approchent de Dieu et nous rendent utiles aux hommes, telles que la connoissance du globe, de ses climats, de ses végétaux, des différens peuples qui l'habitent, des relations qu'ils ont avec nous par le commerce, et sur-tout l'étude du nouveau code constitutionnel, qui doit être un code de patriotisme et de morale.

On joindra aux exercices de l'intelligence qui doivent former l'esprit et le cœur des enfans, ceux qui fortifient le corps et le rendent propre à servir la Patrie, comme la natation, la course à pied, les évolutions militaires, usitées chez les anciens que nous étudions si long-temps dans la théorie, et si inutilement dans la pratique. On apprendra à chacun d'eux un art conforme à ses goûts, afin qu'il puisse trouver en lui-même des ressources contre les révolutions de la fortune.

On accoutumera les enfans au régime végétal, comme le plus naturel à l'homme. Les peuples qui vivent de végétaux sont, de tous les hommes, les plus beaux, les plus robustes, les moins exposés aux maladies et aux passions, et ceux dont la vie dure plus long-temps. Tels sont en Europe une grande partie des Suisses. La plupart des paysans, qui sont par tout pays la portion du peuple la plus saine et la plus vigoureuse, mangent fort peu de viande. Les Russes ont des carêmes et des jours d'abstinences multipliés, dont leurs soldats même ne s'exemptent pas; et cependant ils résistent à toutes sortes de fatigues. Les nègres, qui supportent dans nos colonies tant de travaux, ne vivent que de manioc, de patates et de maïs. Les Brames des Indes, qui vivent fréquemment au-delà d'un siècle, ne mangent que des végétaux. C'est de la secte pythagorique que sont sortis Epaminondas, si célèbre par ses vertus; Archytas, par son génie pour les mécaniques; Milon de Crotone, par sa force; et Pythagore lui-même, le plus bel homme de son temps, et sans contredit le plus éclairé, puisqu'il fut le père de la philosophie chez les Grecs. Comme le régime végétal comporte avec lui plusieurs vertus, et qu'il n'en exclut aucune, il sera bon d'y élever les enfans, puisqu'il influe si heureusement sur la beauté du corps et sur la tranquillité de l'ame. Ce régime prolonge l'enfance, et par conséquent la vie humaine. J'en ai vu un exemple dans un jeune Anglais âgé de quinze ans, et qui ne paroissoit pas en avoir douze. Il étoit de la figure la plus intéressante, de la santé la plus robuste, et du caractère le plus doux: il faisoit les plus grandes traites à pied, et ne se fâchoit jamais, quelqu'événement qui lui arrivât. Son père, appelé M. Pigot, me dit qu'il l'avoit élevé entièrement dans le régime pythagorique, dont il avoit reconnu les bons effets par sa propre expérience. Il avoit formé le projet d'employer une partie de sa fortune, qui étoit considérable, à établir dans l'Amérique anglaise une société de pythagoriciens, occupés à élever, sous le même régime, les enfans des colons américains dans tous les arts qui intéressent l'agriculture. Puisse réussir cette éducation, digne des plus beaux jours de l'antiquité ! Elle ne convient pas moins à une nation guerrière qu'à une nation agricole. Les enfans des Perses, du temps de Cyrus, et par son ordre, étoient nourris avec du pain, de l'eau et du cresson : ils se choisissoient entre eux des chefs auxquels ils obéissoient ; ils formoient des assemblées où, comme dans celles de leurs pères, on agitoit toutes les questions qui intéressoient le bien public. Ce fut avec ces enfans, devenus des hommes, que Cyrus fit la conquête de l'Asie. J'observe que Lycurgue introduisit une grande partie du régime physique et moral des enfans des Perses, dans l'éducation de ceux de Lacédémone.

Il est au moins indispensable d'apprendre à nos enfans ce qu'ils doivent pratiquer étant hommes, et de préparer la génération prochaine à goûter notre nouvelle constitution, de peur qu'un jour, par émulation à l'égard de leurs pères, ainsi que nous avons fait souvent à l'égard des nôtres, ils ne viennent à renverser toutes nos loix, uniquement pour avoir la vanité d'en substituer d'autres à leurs places. Il résultera d'une éducation nationale, liée à notre législation future, une constitution appropriée à nos besoins et à ceux de notre postérité. Il arrivera de là que la plupart de nos bons esprits n'étant plus repoussés des emplois publics par leur vénalité, ne s'isoleront plus dans des académies et des universités pour s'y occuper uniquement des affaires de la Grèce et de Rome, où ils nous font admirer leur intelligence, qu'ils n'emploient presque jamais à servir leur pays; semblables à ces vases antiques, qui nous plaisent par la beauté de leurs formes, mais qui ne servent que de parade dans nos cabinets, parce qu'ils n'ont point été taillés pour nos usages.

Après avoir pourvu au bonheur du peuple français, par tous les moyens qui peuvent en perpétuer la durée au-dedans du royaume, il est digne de l'Assemblée nationale de s'occuper de ceux qui peuvent l'assurer au-dehors avec les autres nations.

VŒUX POUR LES NATIONS.

La même politique qui lie, pour leur bonheur, toutes les familles d'une nation les unes avec les autres, doit lier entre elles toutes les nations, qui sont des familles du genre humain. Tous les hommes se communiquent, même sans s'en douter, leurs maux et leurs biens, d'un bout de la terre à l'autre. La plupart de nos guerres, de nos épidémies, de nos préjugés, de nos erreurs, nous sont venus du dehors. Il en est de même de nos arts, de nos sciences et de nos loix. Mais sans s'arrêter qu'aux biens de la nature, voyez nos champs. Nous devons presque tous les végétaux qui les enrichissent, aux Egyptiens, aux Grecs, aux Romains, aux Américains, à des peuples sauvages. Le lin vient des bords du Nil, la vigne de l'Archipel, le blé de la Sicile, le noyer de la Crête, le poirier du mont Ida, la luzerne de la Médie, la pomme-de-terre de l'Amérique, le cerisier du royaume de Pont, &c. Quelle ravissante harmonie forme aujourd'hui l'ensemble de ces végétaux étrangers, au milieu de nos campagnes françaises! vous diriez que la nature, comme un roi, y convoque ses états-généraux. On y distingue différens ordres, comme parmi les citoyens. Ici sont les humbles graminées, qui, semblables aux paysans, portent les utiles moissons : de leur sein s'élèvent des arbres fruitiers, dont les fruits moins nécessaires sont plus agréables, mais qui exigent des greffes et une éducation plus soignée, comme des bourgeois. Sur les hauteurs sont les chênes, les sapins, et les puissances des forêts, qui comme la noblesse, mettent les plaines à l'abri des vents, ou comme le clergé, s'élèvent vers le ciel pour en attirer les rosées. Dans le coin d'un vallon, sont des pépinières comme des écoles où s'élèvent la jeunesse des vergers et des bois. Aucun de ces végétaux ne nuit à l'autre; tous jouissent du sol et du soleil; tous s'entr'aident et se prêtent des graces mutuelles; les plus foibles servent d'ornemens aux plus robustes, et les plus robustes d'appuis aux plus foibles. Le lierre, toujours vert, tapisse l'écorce raboteuse du chêne; le gui doré brille dans le sombre feuillage de l'aulne; le tronc nu de l'érable s'entoure des guirlandes du chèvre-feuille, et le peuplier pyramidal de l'Italie élève vers le ciel les pampres empourprés de la vigne. Chaque classe de végétaux a son oiseau comme son orateur : l'alouette s'élève en chantant du sein des moissons; la tourterelle soupire au haut d'un orme; le rossignol, du milieu d'un buisson, fait entendre ses touchantes doléances. En diverses saisons, des tribus d'hirondelles, de cailles, de pluviers, de loriots, de rouges-gorges, arrivent du nord ou du midi, font leurs nids dans nos campagnes, et se reposent dans les caravanserails que la nature leur a préparés. Chacun d'eux adresse ses pétitions au soleil comme à un roi, et lui demande ses bienfaits pour le district qu'il habite : ils ne s'arrêtent dans nos plaines, nos guérets et nos bocages, que parce qu'ils y reconnoissent les plantes de leurs pays, et qu'ils y trouvent à vivre dans l'abondance. L'homme seul n'a point d'asyle dans les possessions de l'homme s'il lui est étranger. En vain l'Italien soupire à la vue du figuier qui a ombragé son enfance ; en vain l'Anglais admire dans nos champs français les cultures de son pays : l'un et l'autre mourront de faim au milieu de nos récoltes, s'ils n'ont point d'argent, et peut-être en prison, s'ils n'ont point de passeports, et s'ils sont d'une nation ennemie.

Ce n'est point par cette indifférence pour les étrangers, que les Orientaux sont parvenus à ce point de grandeur qui les a rendus le centre des nations. Ils ne voyagent point chez les peuples de l'Europe, mais ils attirent chez eux les hommes de tous les pays, par des établissemens pleins d'humanité. C'est pour leurs princes et leurs citoyens riches, l'objet le plus méritoire de leur religion, de construire, pour l'utilité des voyageurs, des ponts sur les rivières, des réservoirs d'eau fraîche dans des lieux arides, et des caravanserails dans les villes et sur les chemins. Souvent le tombeau du fondateur s'élève auprès du monument de sa bienfaisance, et on y distribue, à certains jours, des vivres à tous les passans. Le voyageur bénit la main qui lui prépare un secours inespéré au milieu d'une solitude, et il conserve à jamais le souvenir de cette terre hospitalière. Les Orientaux permettent à toutes les nations l'exercice de leur religion ; et s'ils en reçoivent des ambassadeurs, ils les défraient pendant tout le temps de leur séjour. Telles sont, à l'égard des étrangers, les mœurs des Turcs, des Perses, des Indiens, des Chinois, de ces peuples que nous osons appeler barbares.

Il n'y a que l'étude de la nature qui puisse nous éclairer sur les droits du genre humain et sur les nôtres. Des corps intolérans les ont usurpés en Europe, pendant des siècles vraiment barbares. Ils détournèrent à leur profit, nos respects, nos richesses, nos lumières et nos devoirs ; mais, en s'emparant de l'empire de l'opinion, ils ne purent se rendre maîtres de celui de la nature. Ce fut le retour des lettres qui nous rappela à ses loix. On vit naître d'abord l'étude de ses harmonies chez les peuples sensibles, et celle de ses élémens chez les peuples pensans. L'Italie eut des peintres et des poètes ; l'Allemagne, des naturalistes ; et l'Angleterre, des philosophes. Bientôt les lumières s'étendirent du règne fossile au végétal. Tournefort parut en France, et Linnæus en Suède. L'étude des végétaux avoit fait, vers le commencement de ce siècle, les plus grands progrès en Angleterre. Des amis des hommes et de la nature, transplantèrent dans leurs jardins les plantes agrestes de nos campagnes, et naturalisèrent dans nos campagnes les plantes étrangères qu'ils cultivoient dans leurs jardins. On se reposa près de sa maison, sur l'herbe des prairies, au pied des arbres des forêts, et on voyagea dans nos plaines à l'ombre des marroniers d'Inde et des acacias de l'Amérique. Quelques philosophes, entre autres Buffon, tentèrent chez nous de naturaliser les animaux étrangers; mais, faute d'avoir connu que le règne animal étoit lié nécessairement au règne végétal, ces tentatives n'eurent presque aucun succès. Le renne et la vigogne refusèrent de vivre dans nos climats, où ils ne trouvoient pas même les plantes de leur pays qui servent à leur nourriture. Cependant, des animaux des contrées les plus chaudes, enfermés dans nos serres avec les végétaux de leurs climats, y firent des petits. On vit en France, avec surprise, naître des titiris, des makis de Madagascar, et des perroquets de Guinée. Sans doute leurs parens, entourés de bananiers, d'ycas, d'aloès, se crurent dans les forêts de l'Afrique, et le sentiment de la Patrie fit renaître en eux celui de leurs amours. Sans doute, chacun d'eux feroit son nid dans nos campagnes, si le végétal qui doit nourrir ses petits y donnoit son fruit.

Oh! qu'il seroit digne d'une nation éclairée, riche et généreuse, d'y naturaliser des hommes étrangers, et de voir dans son sein des familles asiatiques, africaines et américaines, se multiplier au milieu des plantes même dont nous leur sommes redevables! Nos princes élèvent dans leurs ménageries, près de leurs châteaux, des tigres, des hiènes, des ours blancs, des lions et des bêtes féroces de toutes les parties du monde, comme des marques de leur grandeur; il leur seroit bien plus glorieux d'entretenir autour d'eux des infortunés de toutes les nations, comme des témoignages de leur humanité.

A la vérité, l'intérêt de la politique commence à répandre ce sentiment en Europe, et c'est le Nord qui nous en donne l'exemple. La Russie se pique d'avoir sous sa dépendance des hommes de toutes les nations et de toutes les religions. Lors du couronnement de l'impératrice Catherine II à Moscow, son premier peintre m'ayant fait l'honneur de me consulter sur la composition du tableau qu'il en devoit faire, je lui conseillai d'y représenter des députés de toutes les nations qui sont sous l'empire de Russie, des Tartares, des Finlandais, des Cosaques, des Samoïèdes, des Livoniens, des Kamtschadales, des Lapons, des Sibériens, des Chinois, &c. portant chacun en présent quelques productions particulières à son pays. Les physionomies, les costumes et les tributs de tant de peuples différens, auroient, selon moi, mieux figuré dans cette auguste cérémonie, que les diamans et les tapisseries de la couronne. Mais, soit que cette idée simple et populaire ne plût pas à un peintre de Cour, ou qu'elle lui parût d'une trop difficile exécution, il lui substitua les lieux communs et inintelligibles de l'allégorie. Il y avoit de mon temps au service de Russie, des Français, des Anglais, des Hollandais, des Allemands, des Danois, des Suédois, des Polonais, des Espagnols, des Italiens, des Grecs, des Persans..... La Russie doit ces grandes vues à Pierre-le-Grand. Ce prince avoit jusqu'à des Nègres dans son service militaire. Il y éleva au grade de lieutenant-général, un noir de Guinée appelé Annibal, qu'il avoit fait instruire dès l'enfance, et qui l'avoit suivi dans toutes ses campagnes. Il honora cet Africain de sa confiance, au point de lui donner la place de directeur-général du génie; ce que je suis bien aise de rapporter, pour faire voir la mauvaise foi de ceux qui ne supposent pas les Nègres capables d'un certain degré d'intelligence. J'ai vu à Pétersbourg, en 1765, le fils de ce général nègre, qui étoit colonel d'un régiment, et estimé de tout le monde, quoique mulâtre. Pourquoi, nous autres Français, qui nous croyons plus policés que les Russes, n'avons-nous pas encore rendu une pareille justice aux nations? A la vérité, j'ai vu des Turcs au service du roi; mais c'étoit sur les galères. Etant à Toulon en 1763, au moment de m'embarquer pour Malte menacée d'un siége de la part des Turcs, un homme à barbe longue, en turban et en robe, qui étoit assis sur ses talons à la porte du café de la Marine, m'embrassa les genoux comme j'en sortois, et me dit en langue inconnue quelque chose que je n'entendois pas. Un officier de la marine, qui l'avoit compris, me dit que cet homme étoit un Turc esclave, qui, sachant que j'allois à Malte, et ne doutant pas que son sultan ne prît cette île, et ne réduisît tous ceux qui s'y trouveroient à l'esclavage, me plaignoit de tomber, si jeune, dans une destinée semblable à la sienne. Je remerciai ce bon musulman de l'intérêt qu'il prenoit à moi, et je demandai à cet officier pourquoi ce Turc lui-même étoit esclave en France, puisque nous étions en paix avec les Turcs, et qui plus est, leurs alliés? Il me dit « que cet homme avoit » été pris sur un vaisseau barbaresque, mais que » c'étoit seulement par grandeur pour le service du » roi qu'on le tenoit dans l'esclavage, ainsi que quel» ques-uns de ses compatriotes; qu'on avoit, pour » cet usage, déjà bien ancien, une galère appelée la » galère turque; qu'on les y traitoit avec douceur, » en les laissant faire à-peu-près tout ce qu'ils vou» loient, excepté qu'on veilloit soigneusement à ce » qu'ils n'écrivissent point à Constantinople, de » peur qu'ils ne fussent réclamés par la Porte ». Ce mot de grandeur m'est revenu plusieurs fois dans l'esprit, sans que j'aie pu le comprendre. Quel rapport y a-t-il entre la grandeur de nos rois, et l'esclavage de quelques Turcs qui ne leur ont jamais fait de mal ? C'est sans doute aussi pour cette même grandeur qu'on représente des hommes enchaînés au pied de leurs statues. Mais puisque nos rois veulent avoir des Turcs, comme les rois de l'Asie ont des éléphans, il me semble qu'il seroit plus digne de leur grandeur de les mettre dans un bon hospice que sur une galère.

A la vérité, les princes de l'Europe entretiennent des régimens étrangers chez eux, et des consuls, des résidens et des ambassadeurs chez les peuples étrangers ; mais ces ministres de leur politique sont souvent les causes de nos discordes. Les peuples doivent se lier entre eux, non par des traités de guerre ou de commerce, mais par des bienfaits ; non par les intérêts de l'orgueil ou de l'avarice, mais par ceux de l'humanité et de la vertu.

C'est à nous autres Français à en montrer l'exemple aux nations. Nous sommes, de tous les peuples de l'Europe, ceux qui ont le plus de philanthropie, et nous la devons à nos mauvaises institutions. La philanthropie est naturelle au cœur humain, mais la nature l'a divisée en différens degrés, afin que nous en fissions l'apprentissage en parcourant les différens âges de la vie. Nous passons successivement par l'amour de notre famille, de notre tribu, de notre Patrie, avant de nous instruire à aimer le genre humain. Dans l'enfance, nous apprenons à aimer nos parens, qui nous ont donné la naissance et l'éducation; dans la jeunesse, la tribu qui nous assure un état pour subsister, et une compagne pour nous reproduire; dans l'âge viril, la Patrie qui nous associe à ses emplois, et nous donne les moyens d'établir notre famille; enfin, dans la vieillesse, délivrés de la plupart de nos passions, nous étendons nos affections au genre humain. Mais ces degrés que la nature nous fait parcourir dans la carrière de la vie, pour en étendre avec elle les jouissances, sont détruits par nos habitudes sociales. L'amour de la famille s'éteint dès notre enfance, par les nourrices et les pensions hors de la maison paternelle; celui de notre tribu, par les mœurs financières qui confondent tous les rangs; celui de la Patrie, parce que nous n'y pouvons parvenir à rien sans argent: il ne nous reste donc qu'à aimer le genre humain, dont nous n'avons point à nous plaindre. Au reste, cette disposition philanthropique est celle que nous demande en tout temps la nature; car elle a fait les hommes pour s'aimer et s'entre-aider par toute la terre. Il est même très-remarquable que la plupart des peuples qui se sont rendus célèbres dans les premiers degrés de la philanthropie, s'y sont arrêtés, et ne sont point parvenus au dernier. Les Chinois, dont le gouvernement patriarchal est fondé sur l'amour paternel, se sont séquestrés du genre humain encore plus par leurs loix que par leur grande muraille. Les Indiens et les Juifs, si attachés à leurs castes ou tribus, ont méprisé les autres peuples au point de ne jamais s'allier avec eux par des mariages. Les Grecs et les Romains, si fameux par leur patriotisme, ont regardé les autres nations comme des barbares; ils ne les nommoient pas autrement, et ils mirent toute leur gloire à s'emparer de leur pays. On peut dire cependant à la louange des Romains, qu'ils ont réuni souvent à eux les peuples conquis, en leur accordant les droits de citoyen romain; et cette politique humaine fut la véritable cause de leur succès rapide et de leur grandeur. Occupons-nous, nous autres Français, du bonheur des nations; c'est un moyen sûr de faire la conquête du monde. Les Tartares en ont envahi une partie par leur nombre; les Grecs, sous Alexandre, par la discipline; les Romains, par le patriotisme; les Turcs, par la religion; tous, par la terreur. Conquérons-le par l'amour. Leur empire s'est écoulé; le nôtre sera durable. Déjà nous avons subjugué l'Europe par nos arts, nos modes et notre langue; nous régnons sur les esprits, régnons encore sur les cœurs. Montrons à tous les peuples de l'univers une législation qui assure notre bonheur. Invitons-les, par notre exemple, à rétablir chez eux les loix de la nature ; et en attendant, faisons-les jouir de ses premiers droits, en leur offrant chez nous des asyles.

Pour remplir un objet si intéressant, je desirerois que l'on y destinât un vaste emplacement dans le voisinage de Paris, sur le bord de la Seine, du côté de la mer. On le choisiroit dans un terrein inégal, formé de montagnes, de rochers, de ruisseaux, de bruyères, de prairies. On y sèmeroit toutes les plantes exotiques déjà naturalisées dans notre climat, ou celles qui peuvent l'être ; la grande vesce de Sibérie aux fleurs bleues et blanches, qui donne un abondant pâturage ; le trèfle du même pays, qui n'est pas moins fécond ; le chanvre de la Chine, qui s'élève, comme un arbre, à quinze pieds de hauteur ; les différens mils, le gom de la Mingrélie, le blé de Turquie, la rhubarbe de la Tartarie, la garance, &c.... On y planteroit en différens groupes, les arbres et les arbrisseaux étrangers qui ont résisté dans nos jardins à notre dernier hiver, les acacias, les thuyas, les arbres de Judée et de Sainte-Lucie, les sumachs, les sorbiers, les ptéléas, les lilas, les andromédas, les liquidambars, les cyprès, les ébéniers, les amélanchiers, les tulipiers de Virginie, les cèdres du Liban, les peupliers d'Italie et de Hollande, les platanes d'Asie et d'Amérique, &c. Chaque végétal y seroit dans le sol et l'exposition qui lui seroient le plus convenables. On y feroit contraster le bouleau à feuillage mobile et gai, avec le sapin pyramidal et sombre; le catalpa aux larges feuilles en cœur, qui dresse au ciel ses branches roides comme celles d'un candelabre, avec le saule de Babylone, dont les rameaux traînent à terre comme une longue chevelure; l'acacia, dont les ombres légères jouent avec les rayons du soleil, avec l'épais mûrier de la Chine, qui leur interdit tout passage; le thuya, dont les rameaux aplatis ressemblent aux feuillures d'un rocher, avec le mélèze qui porte les siens garnis de pinceaux semblables à des houpes de soie. On peupleroit ces bosquets, de faisans, de canards de Manille, de poules-d'Inde, de paons, de daims, de chevreuils, et de tous les animaux innocens qui peuvent supporter notre climat. On verroit dans leurs clairières le cerf léger se promener auprès de la tortue rampante; et sous leurs ombrages, le brillant pivert grimper sur les écorces du sapin, où l'écureuil de Sibérie, au gris de perle argenté, s'élanceroit de branche en branche. Le long d'un ruisseau, le cygne vogueroit en paix auprès du castor occupé à bâtir une loge sur son rivage. Beaucoup d'oiseaux seroient attirés dans ces lieux par les végétaux de leurs pays, et s'y naturaliseroient comme eux, lorsqu'ils n'auroient rien à redouter des chasseurs.

On diviseroit ce terrein en petites portions suffisantes à l'amusement d'une famille, et on les donneroit en toute propriété à des infortunés de toutes les nations, pour leur servir de retraites. On y bâtiroit aussi des logemens convenables à leurs besoins, et on leur fourniroit, de plus, des vivres et des habits suivant leurs costumes.

Quel spectacle plus grand, plus aimable et plus touchant, que de voir sur des montagnes et dans des vallées françaises, des arbres de toutes les parties de la terre, des animaux de tous les climats, et des familles malheureuses de toutes les nations, se livrant en liberté à leur goût naturel, et rappelées au bonheur par notre hospitalité ! A l'ombre de l'olivier de Bohême, ou plutôt de Syrie, dont l'odeur est aimée des Orientaux, un Turc silencieux, échappé au cordon du sérail, fumeroit gravement sa pipe; tandis que dans son voisinage un Grec de l'Archipel, joyeux de n'être plus sous le bâton des Turcs, cultiveroit, en chantant, l'arbrisseau du laudanum. Un Indien du Mexique effeuilleroit le coca, sans être forcé par un Espagnol d'aller le boire dans les mines du Pérou; et près de là, l'Espagnol méditant, liroit tous les livres propres à l'instruire, sans craindre l'inquisition. Le Paria n'y seroit point voué à l'infamie par le Brame, et de son côté le Brame n'y seroit point opprimé par l'Européen. La justice et l'humanité s'étendroient jusqu'aux animaux. Le sauvage du Canada n'y desireroit point de dépouiller l'ingénieux castor de sa peau, et aucun ennemi ne souhaiteroit à son tour d'enlever au sauvage sa chevelure. Les hommes et les animaux innocens y trouveroient en tout temps des asyles assurés. Un Anglais, dans une île semée de rey-gras, s'exerçant à élever des coursiers, ou à construire des barques encore plus légères à la course, se croiroit dans sa Patrie; tandis qu'un Juif qui n'en a plus, se rappelleroit la sienne et les chants de Jérusalem, sur les bords de la Seine, au pied d'un saule de Babylone. Un bateau attaché à un tilleul, renfermeroit la famille d'un Hollandais, toujours prêt à voguer le long du fleuve pour les besoins de la colonie; et une tente sur des roues, attelée de chameaux, contiendroit celle d'un Tartare errant, qui chercheroit, à chaque saison, l'exposition qui lui conviendroit le mieux. Sur la plus haute montagne, un Lapon, sous un bois de sapins, feroit paître en été son troupeau de rennes auprès d'une glacière; tandis qu'au fond de la vallée, au midi, dans les plus rigoureux hivers, un Nègre du Sénégal cultiveroit dans une serre, des nopals chargés de cochenille. Beaucoup de plantes et d'animaux qui se refusent à nos éducations, aimeroient à se reproduire entre les mains de leurs compatriotes, et beaucoup de familles étrangères, qui meurent de regret hors de leur Patrie, se naturaliseroient dans la nôtre, au milieu des plantes et des animaux de leurs pays.

Il n'y auroit de chaque nation qu'une seule famille, qui la représenteroit, non par son luxe qui excite la cupidité, mais par des infortunes qui sont pour tous les hommes un objet d'intérêt. Ces retraites ne seroient données ni à la naissance, ni à l'argent, ni à l'intrigue, mais au malheur. Parmi les prétendans du même pays, on accorderoit la préférence à celui qui auroit éprouvé le plus d'infortunes, et qui les auroit le moins méritées. Ils n'auroient d'autres arbitres que les autres habitans du lieu, qui, ayant passé par les mêmes épreuves, seroient leurs pairs et leurs juges naturels.

Cet établissement coûteroit peu à l'Etat. Chaque province de France pourroit y fonder un asyle pour une famille de la nation qui a le plus de rapport avec son commerce. Autant en pourroient faire ceux de nos grands seigneurs qui, ayant bien mérité de leurs vassaux, se sentent dignes d'être les protecteurs d'une nation. Enfin les puissances étrangères seroient admises à en établir chez nous de semblables, pour une famille de leurs sujets. Ces puissances ne tarderoient pas à nous imiter chez elles. La plupart ont, comme nous, des soldats étrangers à leur service, et des ambassadeurs nationaux chez les étrangers, le tout pour leur gloire, c'est-à-dire, souvent pour faire du mal aux hommes. Il leur en coûteroit bien moins de faire, pour l'intérêt de l'humanité, ce qu'ils ont fait si long-temps et si vainement pour l'intérêt de leur politique.

Les plus grands avantages en résulteroient pour nos manufactures et notre commerce. On trouveroit dans ces familles de nouvelles industries pour les arts et les cultures, des observations pour les savans et les philosophes, des interprètes pour toutes les langues, et des centres de correspondance pour toutes les parties du monde. Ainsi, comme à Amsterdam, chaque colonne de la bourse, inscrite du nom d'une ville étrangère, est le centre du commerce de la Hollande avec cette ville, chaque famille, échappée au malheur, seroit, dans cet hospice, le centre de l'hospitalité de la France à l'égard d'un peuple étranger. Il ne seroit plus besoin à un Français de voyager hors de son pays, pour connoître la nature et les hommes : on verroit dans ce lieu tout ce qu'il y a de plus intéressant par toute la terre, les plantes et les animaux les plus utiles; et ce qu'il y a de plus touchant pour le cœur humain, des infortunés qui ont cessé de l'être. En rapprochant toutes ces familles, on affoibliroit entre elles les préjugés et les haines qui divisent leurs nations, et causent la plupart de leurs malheurs.

Au milieu de leurs habitations seroit un bois inhabité, formé de tous les arbres étrangers que l'art a naturalisés chez nous, et de ceux qui croissent d'eux-mêmes dans nos forêts, tels que les ormes, les peupliers, les chênes, &c.... Au centre de ce bois seroient des bocages de tous nos arbres fruitiers, de noyers, de vignes, de pommiers, de poiriers, de châtaigniers, d'abricotiers, de pêchers, de cerisiers, entremêlés de champs de blé, de fraisiers et de légumes qui servent à la nourriture des hommes. Au milieu de ces cultures, terminées par un ruisseau assez escarpé pour servir de barrière aux animaux, seroit une vaste pelouse, où paîtroient jour et nuit des troupeaux de vaches, de brebis, de chèvres, et de tous les animaux qui sont utiles à l'homme par leur lait, leur laine, ou leurs services. Du centre de cette pelouse s'éleveroit un temple en rotonde, ouvert aux quatre parties du monde, sans figures, sans ornement, sans inscriptions et sans portes, comme ceux qui furent élevés dans les premiers temps à l'Auteur de la nature. Chaque jour de l'année, chaque famille viendroit tour à tour, au lever et au coucher du soleil, y réciter, dans la langue de ses pères, la prière de l'évangile, qui, s'adressant à Dieu comme au père des hommes, convient aux hommes de toutes les nations. Ainsi, comme la plupart des religions ont consacré à Dieu un jour particulier dans chaque semaine; les Turcs, le vendredi; les Juifs, le samedi; les chrétiens, le dimanche; les peuples de la Nigritie, le mardi; et sans doute d'autres peuples, le lundi, le mercredi et le jeudi, Dieu seroit honoré dans ce temple d'un culte solennel chaque jour de la semaine, et dans une langue différente tous les jours de l'année.

Comme les animaux heureux se rassembleroient sans crainte autour des habitations des hommes, de même les hommes heureux se réuniroient sans intolérance autour du temple de la Divinité. La reconnoissance envers Dieu et envers les hommes y rapprocheroit peu à peu les langues, les costumes et les cultes, qui divisent les habitans par toute la terre. La nature y triompheroit de la politique. Ces habitans y offriroient en commun à Dieu les fruits dont il soutient la vie humaine dans nos climats. Comme l'année est un cercle perpétuel de ses bienfaits, et que chaque lune amène ou des feuillages, ou des fruits, ou des légumes nouveaux, chaque lune nouvelle seroit l'époque de leurs récoltes, de leurs offrandes et de leurs fêtes principales. Dans ces jours sacrés, toutes les familles se rassembleroient autour du temple, pour y prendre en commun des repas innocens avec les racines des plantes, les fruits des arbres, les blés des graminées, et le lait des troupeaux. L'amour les rapprocheroit encore davantage. Les jeunes gens des deux sexes y danseroient sur la pelouse au son des divers instrumens de leur pays. L'Indienne du Gange, un tambour à la main, brune et vive comme une fille de l'Aurore, verroit en riant un enfant de la Tamise, épris de ses charmes, apporter à ses pieds les riches mousselines dont Calcuta dépouille sa Patrie. Les bienfaits de l'amour y répareroient les rapines de la guerre. La timide Indienne du Pérou reposeroit ses yeux sur ceux d'un jeune Espagnol, devenu son amant et son protecteur. La Négresse de Guinée, au collier de corail, aux dents d'ivoire, souriroit au fils de l'Européen qui donna jadis des fers à ses pères, et ne desireroit d'autre vengeance que d'enchaîner le fils à son tour dans ses bras d'ébène.

L'Amour et l'Hyménée y réuniroient des amans de toutes les nations, des Tartares et des Mexicaines, des Siamois et des Laponnes, des Russes et des Algonkines, des Persans et des Moresques, des Kamtschadales et des Géorgiennes. Le bonheur y inviteroit tous les hommes à la tolérance. La Française, en dansant, poseroit d'une main une couronne de fleurs sur la tête de l'Allemand, et de l'autre verseroit du vin dans la coupe du Turc. Elle animeroit, par la liberté et les graces décentes, ces fêtes hospitalières, données dans son pays à tous les peuples de l'univers; et quand le soleil couchant prolongeroit sur la pelouse l'ombre des bois, et en doreroit les cimes de ses derniers rayons, tous les chœurs de danse, réunis autour du temple, chanteroient à l'Auteur de la nature un hymne de reconnoissance, que répéteroient au loin les échos.

Oh! que ne puis-je un jour voir dans cet asyle du genre humain, quelques-uns des infortunés que j'ai rencontrés hors de leur Patrie, sans que personne prît à eux aucun intérêt! Un jour, à l'île de

France, un esclave foible et blanc, dont les épaules étoient écorchées à porter des pierres, se jeta à mes pieds, et me pria d'intercéder pour sa liberté, que, depuis plusieurs années, des Européens lui avoient ravie, contre le droit des gens, puisqu'il étoit Chinois. J'intercédai auprès de l'intendant de l'île, qui, ayant été à la Chine, le reconnut pour Chinois, et le renvoya dans son pays. Mais à quoi sert d'être délivré de l'esclavage, quand il reste à combattre la pauvreté, le mépris et la vieillesse? Une fois, à Paris, un vieux noir tout décharné, fumant sur une borne un petit bout de pipe, et presque nu au milieu de l'hiver, me dit d'une voix mourante : « Ayez pitié d'un misérable Nègre »! Infortuné, me dis-je en moi-même, à quoi te peut servir la pitié d'un homme comme moi? Non-seulement toi, mais ta nation entière, a besoin de la pitié des puissances de l'Europe! Combien de fois des enfans, des femmes, des vieillards qui ne parloient pas français, se sont présentés à moi dans les rues, ne pouvant expliquer leurs malheurs et leurs besoins que par des larmes? Ce n'est point pour eux, mais pour leurs souverains, que les ambassadeurs de leurs nations résident à Paris. S'il y en avoit seulement une famille entretenue par l'Etat, ils trouveroient au moins avec qui pleurer. Que ne puis-je un jour voir dans l'asyle que je leur souhaite, des hommes des nations qui m'ont honoré moi-même de leur hospitalité et de leurs larmes ! J'en ai trouvé en Hollande, en Russie, en Prusse, qui m'ont dit : « Oubliez une Patrie qui vous repousse, et passez » vos jours avec nous ». Quelques-uns m'ont dit, ce que peut-être jamais un homme riche dans mon pays n'a dit à son ami pauvre : « Acceptez la main » de ma sœur, et soyez mon frère ». Mais comment moi-même aurois-je accepté une main qui m'auroit donné une compagne et un frère, quand, loin de ma Patrie, je ne pouvois plus disposer de mon cœur ? Non, ce ne sont ni les climats, ni les langues qui divisent les hommes, ce sont les corps et les Patries. Par-tout j'ai trouvé les corps intolérans et les Cours trompeuses ; mais par-tout j'ai trouvé l'homme bon et le malheureux sensible. Oh ! que la France se couvriroit de gloire, si elle ouvroit dans son sein une retraite aux infortunés de toutes les nations ! Heureux si je pouvois consacrer à ce saint établissement les foibles fruits de mes travaux ! Heureux si j'y pouvois finir mes jours, ne fût-ce que dans une chaumière, sur quelque crête escarpée de montagne, sous des sapins et des genévriers, mais voyant au loin, sur les coteaux et dans leurs vallons, des hommes jadis divisés de langues, de gouvernemens et de religions, réunis au sein de l'abondance et de la liberté par l'hospitalité française !

Je vous adresse ces vœux, ô Louis XVI ! qui, en

convoquant vos Etats-généraux, m'y avez invité, en appelant tous vos sujets au pied de votre trône. Je vous les recommande, ministres d'une religion amie des hommes ; noblesse généreuse, qui ambitionnez une gloire immortelle ; défenseurs du peuple, dont la voix doit se faire entendre à la postérité ; vous tous qui, par la vertu, la naissance, la fortune ou les talens, formez des puissances dans l'Assemblée auguste de la Nation. Je vous y nomme pour mes représentans, femmes opprimées par les loix, enfans rendus misérables par notre éducation, paysans dépouillés par les impôts, citoyens forcés au célibat, serfs du mont Jura, nègres de nos colonies, infortunés de toutes les nations ; si vos chagrins et vos larmes pouvoient se faire entendre au milieu de cette assemblée de citoyens éclairés et justes, les vœux que j'y forme pour vous y deviendroient bientôt des loix.

Puissent ces vœux s'accomplir un jour ! Qu'à la vue d'un clocher ou d'un château qui s'élève au milieu des moissons, la veuve qui chemine seule à pied, et la mère de famille encore plus malheureuse, entourée d'enfans misérables, se réjouissent comme à la vue des asyles destinés à les protéger, à les consoler et à les nourrir. Ou plutôt, ô France ! que dans tes riches campagnes on ne voie désormais aucun indigent ; que les petites propriétés répandent jusque dans tes landes, l'industrie, l'abondance et la joie; que dans tes moindres hameaux chaque fille trouve un amant, et un amant une épouse fidèle; que tes mères y voient multiplier leurs récoltes avec leurs familles; que tes enfans y soient préservés à jamais de cette funeste ambition qui cause tous les maux du genre humain; qu'ils apprennent du cœur maternel à ne vivre que pour aimer, et à n'aimer que pour propager la vie; et que tes vieillards coopérateurs de ta félicité future, finissent leurs jours dans les espérances et la paix, qui ne sont données qu'à ceux qui ont aimé Dieu et les hommes.

O France! puisse ton roi se promener sans garde au milieu de ses enfans, et les voir à leur tour apporter au pied de son trône les tributs de leur reconnoissance! Puissent les nations de l'Europe y rassembler leurs Etats-généraux, et ne faire avec nous qu'une seule famille dont il soit le chef! Puissent enfin tous les peuples du monde, dont nous aurons recueilli les infortunés, y envoyer un jour des députés, bénir Dieu dans toutes les langues, et y servir l'homme dans tous ses besoins!

SUITE

DES VOEUX D'UN SOLITAIRE.

Quelques personnes ont paru surprises de ce qu'ayant parlé, dans mes *Etudes de la Nature*, des causes qui devoient produire la révolution, j'ai refusé d'y prendre aucun emploi. A cela, je répondrai ce que j'ai déjà dit : c'est que depuis plus de vingt ans ma santé ne me permet pas de me trouver dans aucune assemblée, politique, savante, religieuse, et même de plaisir, dès qu'il y a de la foule et que les portes en sont fermées. Des amis prétendent que le desir de sortir, et les agitations spasmodiques que j'éprouve alors, viennent d'un sentiment exquis de la liberté, cela peut être; mais à Dieu ne plaise que je fasse passer mes défauts pour des vertus ! Mes maux sont de véritables maux, ils naissent du désordre de mes nerfs dérangés par les secousses de ma vie (1). Indé-

(1) Ce mal est bien plus ancien qu'on ne pense. Voici ce que je trouve à ce sujet au commencement de la 54e épître de Sénèque à Lucilius :

Longum mihi commeatum dederat mala valetudo; repentè me invasit. Quo genere, inquis? Prorsùs meritò me interrogas : adeò nullum mihi ignotum est. Uni tamen morbo

pendamment des causes physiques qui m'ont éloigné des assemblés, j'en avois de morales. J'avois fait une si longue et si malheureuse expérience des hommes, que depuis long-temps j'étois résolu de n'attendre d'eux aucune portion de mon bonheur. En conséquence, je m'étois retiré depuis plusieurs années dans un des faubourgs de Paris le moins fréquenté. Là, je me consolois des vains efforts que j'avois faits autrefois pour servir ma Patrie en réalité, en m'occupant de sa prospérité en spéculation. J'ai cru dans ma retraite m'acquitter suffisamment de mon devoir de citoyen, en osant, sous

---

quasi assignatus sum : quem quare græco nomine apellem, nescio. Satis enim aptè dici suspirium potest. Brevis autem valdè et procellæ similis, impetus est. Intrà horam ferè desinit. Quis enim diù expirat? Omnia corporis aut incommoda aut pericula per me transierunt: nullum mihi videtur molestius. Quidni? Aliud enim quidquid est ægrotare est; hoc est, *animam agere*. Itaque medici hanc meditationem mortis vocant.

« Mon indisposition m'avoit donné une trève assez longue, » mais elle est venue tout-d'un-coup me reprendre. Quelle » sorte de mal, me dites-vous? certainement vous avez » raison de me le demander, car il n'y en a pas un que je » n'aie senti. Cependant je suis presque entièrement sujet à » un seul : je ne sais si je dois l'appeler du nom que les Grecs » lui donnent; mais, comme eux, on peut bien l'appeler » *soupir*. Sa violence dure peu, mais elle ressemble à celle » d'un orage, elle passe presque dans une heure; car qui

l'ancien régime, publier les désordres qui devoient amener la révolution, et les moyens que je croyois propres à la prévenir en remédiant à nos maux. J'ai attaqué dans mes *Etudes de la Nature*, publiées pour la première fois en 1784, les abus des finances, des grandes propriétés territoriales, de la noblesse, du clergé, des académies, des universités, de l'éducation, &c...; sans santé, sans réputation, sans corporation, sans patron, et sans fortune qui seule équivaut dans le monde à toutes les autres ressources. Il y a plus, c'est que je n'avois pour subsister qu'une médiocre gratification

---

» peut être long-temps à rendre l'esprit? Tous les dangers
» et toutes les incommodités qui peuvent menacer un corps,
» sont passés sur moi; mais je n'en connois point de plus
» insupportable. Comment cela? Parce que dans tout autre
» mal ce n'est enfin qu'être malade, mais dans celui-ci,
» c'est mourir. C'est pourquoi les médecins le nomment
» *méditation à la mort* ».

Ce mal ressemble parfaitement, selon moi, au mal de nerfs. Il fut peut-être pour Sénèque la cause de sa philosophie, et fut aussi le remède de son mal : elle lui apprit à le supporter, ainsi que les méchancetés de Néron. La philosophie est donc nécessaire à tous les hommes, puisqu'on peut être dans la retraite la plus paisible, aussi violemment tourmenté par un *soupir* que par le plus cruel tyran.

Les épîtres de Sénèque à Lucilius sont, à mon avis, son meilleur ouvrage. Il les composa dans sa vieillesse, après avoir été long-temps éprouvé par le malheur.

annuelle qui étoit à la disposition du département dont j'avois le plus combattu la puissance et les désordres, celui des finances. Le bienfait que j'en recevois étoit si casuel, qu'il dépendoit chaque année de la volonté de ses premiers commis, et ensuite de celle du ministre, si dépendant lui-même de la volonté d'autrui, qu'il y en a eu dix successivement dans l'espace de douze ans. Je ne crois pas qu'aucun écrivain, parmi ceux même qui se sont le plus dévoués à la cause publique, se soit trouvé dans ma position. Jean-Jacques étoit lié personnellement avec des grands qui aimoient ses ouvrages; avec des ministres qui en favorisoient la publication, même en les faisant saisir; avec de jolies femmes qui les défendoient contre tous : mais ce qui vaut encore mieux, ses seuls talens en musique pouvoient le faire vivre dans une indépendance absolue de tout le monde. Pour moi, il étoit fort douteux que j'en eusse dans aucun genre; mais il ne l'étoit pas que j'étois sans aucune sorte de prôneurs; car j'étois brouillé, à cause de mes principes même, avec les philosophes qui avoient à leur disposition les principaux journaux, ces trompettes de la renommée.

On jugera des difficultés que j'ai eues à surmonter, par celles que j'ai rencontrées pour faire approuver, imprimer et publier mes *Etudes de la Nature*. J'en ai d'abord composé la meilleure partie dans un hôtel garni de la rue de la Magdeleine, et je les ai rassemblées dans un petit donjon de la rue neuve S. Etienne-du-Mont, où j'ai habité quatre ans au milieu des inquiétudes physiques et domestiques d'une espèce rare. C'est là aussi où j'ai éprouvé les plus douces jouissances de ma vie, au milieu d'une solitude profonde et d'un horizon enchanteur. J'y serois peut-être encore si par caprice on ne m'avoit obligé d'en sortir, pour le détruire; ce fut là où je mis la dernière main à mes Etudes de la Nature, et où je les ai publiées. Je fus d'abord demander un censeur à la chancellerie; mais une espèce de secrétaire de la librairie voulut m'obliger d'y laisser mon manuscrit. Comme il étoit rempli d'idées qui m'étoient particulières, il ne convenoit pas que je l'abandonnasse à l'indiscrétion ou à l'insouciance des bureaux. Après plusieurs sollicitations, j'obtins de le confier au censeur que j'avois demandé. C'étoit un savant distingué par ses lumières : il l'approuva tout entier; mais d'après les règlemens, il fut obligé de me renvoyer à un théologien, parce qu'il y avoit de la morale. Celui-ci trouva mauvais que je ne me fusse pas d'abord adressé à lui. Il me disputa chaque page de mon manuscrit. Il attachoit des idées dangereuses aux mots les plus innocens; il trouvoit mauvais, par exemple, que j'eusse dit que Louis XVI avoit appelé les Anglo-Américains à la liberté : il vouloit me retrancher ce mot de *liberté*, condamné, disoit-il, par M. le Garde-des-sceaux, comme un signe de ralliement des philosophes. J'eus bien de la peine à lui faire comprendre que je n'entendois point parler de la liberté de penser des Anglo-Américains, mais de leur liberté politique, à laquelle Louis XVI avoit coopéré, au su de toute la terre. Il ne vouloit point que je parlasse de l'abus des corps, excepté cependant de ceux de l'université, parce qu'il étoit professeur du collége royal qui rivalise avec elle pour l'éducation. J'admirois comme plusieurs de mes meilleures preuves sur la Providence me coûtoient des disputes avec un théologien. Plusieurs fois j'ai été au moment de lui retirer mon manuscrit, lui disant que j'allois me plaindre au Garde-des-sceaux, et lui demander un autre censeur. Mais le remède auroit été pire que le mal. Plus on changeoit de censeurs, plus ils devenoient difficiles. Les derniers nommés, par esprit de corps, ou pour faire valoir leur exactitude comme le premier, alloient, mettant de plus en plus l'ouvrage en discussion au rabais, comme des fripiers qui vont toujours en mésoffrant au-dessous du prix que le premier venu d'entre eux a fixé à un habit. Il me fallut donc, malgré moi, consentir à quelques retranchemens, notamment sur le clergé. Je supprimai un article, selon moi, très-important. J'y proposois, comme une étude également utile à l'humanité et à la religion, de faire faire aux jeunes ecclésiastiques destinés à être ministres de charité, une partie de leur séminaire dans les prisons et les hôpitaux, afin de leur apprendre à remédier aux maladies de l'ame, comme on apprend dans les mêmes lieux aux jeunes médecins à remédier à celles du corps. Moyennant quelques autres sacrifices, mon censeur théologien me rendit mon manuscrit au bout de trois mois. Il n'y mit pour toute approbation que son nom; mais il m'en fit voir en même temps une de douze lignes, remplie des plus grands éloges, en me disant : « Voilà les approba-» tions que je donne aux ouvrages dont je suis con-» tent »; c'étoit pour une nouvelle traduction de l'Odyssée d'Homère, dont personne n'a parlé.

Je retirai donc mes *Études de la Nature*, de cette inquisition. Mais je n'étois pas au terme de ma peine; il falloit les faire imprimer. Il étoit bien juste aussi, dans ma position, que je recueillisse quelqu'argent de mes longs travaux. Je m'adressai donc à une veuve libraire de la cour, qu'un de mes amis qui y avoit des emplois considérables, m'avoit vantée comme une personne bien loyale, et à laquelle il m'avoit recommandé. Elle me reçut d'abord très-froidement, sur la proposition que je lui fis de faire les avances de l'impression de mon livre et de la rembourser ensuite sur sa vente; mais dès que j'eus nommé mon nom et celui de mon ami, elle prit un air riant, et se félicita de ce qu'il avoit pensé à elle pour lui faire avoir de bons ouvrages. Je lui montrai mon manuscrit, et je la priai de me dire ce qu'en coûteroient les frais d'impression. Elle jugea qu'il en falloit faire six petits volumes in-12, et les tirer à 1500 exemplaires. Ensuite elle me donna un état des frais de composition, de tirage, de papier, d'assemblage, de magasinage, de brochure, de remise pour sa vente et pour les libraires de province. J'en pris une note sous sa dictée, et l'ayant examinée chez moi, je trouvai que je lui resterois encore redevable de quelque chose, en supposant que mon édition se vendît bien. Je songeai alors à la faire à mes dépens en trois volumes, pour diminuer de la moitié les frais de brochure et de remise aux libraires, évalués par la note à 15 sols par volume, ce qui faisoit pour la seule vente une dépense de trente-quatre pour cent. Je n'avois pour tout argent que 600 liv.; j'en trouvai avec bien de la peine 1200 autres à emprunter de quelques amis riches, et je ne doutai pas qu'avec ces avances en argent comptant, qui alloient alors à plus du tiers des frais de l'édition, je ne pusse traiter directement avec un imprimeur, d'autant que je devois lui abandonner l'édition entière jusqu'à ce qu'il se fût remboursé de tous ses frais. Ces conditions étoient encore plus avantageuses que celles des libraires qui ne payent et ne s'acquittent de leurs impressions qu'avec des billets à un an et un an et demi de terme; mais j'oublois que je n'étois qu'un auteur. Je fus donc chez un des plus fameux imprimeurs de Paris, croyant que j'éprouverois moins de difficultés avec un artiste riche et éclairé. Il me reçut d'abord fort révérencieusement, et me présenta un exemplaire de ses belles éditions, croyant que je venois pour en acheter ; mais lorsque je lui eus fait part de mon projet et que je lui eus demandé le prix de son impression, il changea de visage. Il refusa de me satisfaire; il me dit qu'il n'imprimoit que pour son compte, et qu'il n'employoit son imprimerie que pour des ouvrages dont les succès étoient décidés. Un ami m'indiqua un autre imprimeur, qu'on avoit prévenu en ma faveur et qui ne demandoit pas mieux que de traiter avec moi. Cet imprimeur accepta toutes mes conditions, et me pria de lui confier mon manuscrit, pour juger, me dit-il, combien il contiendroit de feuilles d'impression. Il me le rendit au bout de quelques jours, en me disant qu'il ne pouvoit pas s'en charger, parce qu'il lui étoit survenu des affaires. La même chose m'arriva successivement avec trois ou quatre autres qui ne sont pas des moins renommés de Paris. Dès qu'ils avoient mon manuscrit, ils en différoient l'impression sous divers prétextes ; tantôt ils en vouloient augmenter le prix, tantôt celui du papier, et quand je consentois à leurs demandes, ils me le rendoient, en me disant que mon ouvrage n'étoit point à la mode, qu'ils l'avoient communiqué à des connoisseurs, qu'il n'auroit point de succès. Quand ils l'ont vu prospérer, ils m'ont calomnié, en disant que j'avois manqué de confiance en eux.

Ces différens obstacles dont j'abrège le récit, en retardèrent la publication encore près de trois mois. Enfin résolu de ne me plus fier aux réputations si fausses et aux recommandations qui m'ont toujours porté malheur, je m'en rapportai à cette Providence qui ne m'a jamais trompé. Je fus de mon propre mouvement dans une imprimerie, et m'étant adressé à un prote fort honnête et fort instruit, appelé M. Bailly, je conclus sur-le-champ avec lui et avec son imprimeur M. Didot le jeune, dans lequel je trouvai des facilités et une probité dont j'ai eu à me louer de toute manière.

Mon ouvrage imprimé, j'éprouvai d'autres difficultés pour le faire annoncer. J'en envoyai des exemplaires aux principaux journaux, mais comme ils attendent, selon leur coutume, le jugement du public pour y conformer le leur, les premiers n'en rendirent compte qu'au bout de quatre mois. Ils en insérèrent d'abord quelques satires anonymes, et ils en rejetèrent les éloges qu'on leur en adressoit; ils gardèrent ensuite le silence sur le fond qui déplaisoit aux académies, et ils n'en louèrent que le style, auquel ils attribuèrent tout son succès. Il étoit plus grand que je n'aurois osé l'attendre. On le contrefaisoit de toutes parts. On me manda de Marseille que toutes les provinces méridionales étoient remplies de ses contrefaçons, mais qu'on étoit bien surpris de n'y pas trouver un exemplaire de l'édition originale. Il sembloit que non-seulement tous les libraires de provinces se fussent ligués pour la ruine d'un auteur qui avoit osé faire imprimer son ouvrage à ses dépens, mais que les inspecteurs, et même le chef suprême de la librairie y prêtassent la main. L'inspecteur de la librairie de Lyon, ayant reçu ordre plusieurs fois de faire des visites chez des contrefacteurs bien connus, loin de les trouver en contravention ; il les plaignit au contraire, de ce que mon libraire ne leur faisoit pas des remises assez fortes. Il est certain cependant qu'il y a eu une multitude de contrefaçons de mes Études faites par des libraires de cette ville, et qu'un d'entre eux, que j'ai nommé ailleurs, a porté l'impudence jusqu'à les faire annoncer chez lui dans le catalogue de la foire de Leipsick. Toutes mes réquisitions à cette occasion ont été vaines. A qui me serois-je adressé pour avoir justice? Un des principaux libraires de Marseille fit entrer dans cette ville une balle de contrefaçons de mon ouvrage, qui fut saisie ; le garde-des-sceaux ordonna qu'elle seroit confisquée au profit de la librairie de Marseille, c'est-à-dire, des contrefacteurs même. Je savois bien qu'un homme isolé ne peut obtenir de justice d'un homme qui tient à un corps ; je songeai donc à opposer le corps des gens de lettres à celui des libraires. Mais la vanité divise les premiers, et l'intérêt réunit les derniers. Un jeune poète, membre de plusieurs lycées et académies, m'étant venu voir, je lui parlai de l'utilité que retireroient les gens de lettres répandus en sociétés accréditées dans tout le royaume, s'ils veilloient mutuellement aux intérêts les uns des autres, en s'opposant aux contrefaçons. Cet enfant d'Apollon reçut ma proposition avec le plus grand mépris. Jamais je ne pus lui faire comprendre qu'il étoit plus honnête de vivre des fruits de son travail que de mendier des pensions auprès des grands, et de donner des honoraires aux libraires que d'en recevoir.

Cependant, au milieu de tant d'épines, je cueillis beaucoup de fleurs et quelques fruits. On m'adressa de toutes parts des lettres de félicitation. Mes anciens services me valurent à l'occasion de la faveur publique, une petite gratification annuelle que le roi me donna de son propre mouvement. Ces premiers dons de la fortune, joints à quelques autres qui avoient quelque apparence de solidité, et surtout un produit de deux éditions, me firent songer à réaliser un desir que je formois depuis long-temps. C'étoit d'aller continuer mes Études de la Nature, au sein de la nature même. Je voulois acquérir quelque petite métairie, où loin des hommes injustes et jaloux, je pusse m'occuper encore de la cause des marées, et des courans de la mer, qui fluent alternativement des glaces de chaque pôle par l'action semi-journalière et semi-annuelle du soleil. J'avois démontré cette importante vérité jusqu'à l'évidence, mais je m'étonnois de l'indifférence de notre marine et de nos académies sur un objet si utile à la navigation et au commerce mutuel des hommes, elles qui ont fait tant d'entreprises dispendieuses et souvent inutiles pour la nation et pour le genre humain. Je voulois encore rassembler quelques nouvelles harmonies dans l'étude ravissante des plantes et sur-tout continuer l'*Arcadie* dont j'avois publié le premier livre ; à ces idées de félicité publique, se joignoient des projets de bonheur personnel. Le sentiment m'en étoit doux comme celui d'une convalescence. J'étois au moment de les réaliser lorsque la révolution arriva.

Sollicité avec instance par le peuple de mon quartier, qui avoit de moi une grande opinion parce que j'avois fait un livre, je fis un effort sur ma santé pour assister à la première assemblée de mon district. J'y éprouvai que mes Études n'avoient pas diminué mes infirmités, ni la révolution assagi les citoyens. Ils parloient tous à la fois. Je leur présentai trois propositions. La première, qu'on ne délibéreroit sur aucun objet que trois jours après qu'il auroit été proposé, afin de conserver la liberté de son jugement. La seconde, que les votes se feroient non de vive voix, mais au scrutin, afin de conserver la liberté de son suffrage. La troisième, que l'Assemblée nationale seroit permanente, et ses membres amovibles tous les trois ans, en les renouvelant par tiers chaque année. On ne se donna pas seulement la peine de discuter mes propositions, excepté un maître de pension qui combattit la permanence de l'Assemblée, et qui fut ensuite nommé électeur. On m'avoit déjà fait le même honneur, mais j'en donnai la démission le lendemain, à cause de ma santé physique et morale. Je venois d'éprouver ce que je savois déjà, que le peuple desiroit le bien public, mais que les corps ne vouloient que leur bien particulier. D'ailleurs, quand mes indispositions me l'auroient permis, il m'auroit été bien difficile de prendre un parti. J'étois lié au peuple par devoir, et par reconnoissance au roi, dont les bienfaits me soutenoient depuis douze ans. J'avois combattu le despotisme aristocratique, je ne voulois pas flatter l'anarchie populaire. Je voyois parmi les chefs du peuple, des hommes qui avoient le plus profité des faveurs de la Cour, et dans le parti de la Cour ceux qui avoient le plus flatté le peuple. Je les connoissois les uns et les autres pour des ambitieux, c'est-à-dire, pour des hommes de la plus dangereuse espèce, selon moi. Ils ne connoissent ni l'amitié ni l'égalité, quoiqu'ils en parlent sans cesse : quand on marche à côté d'eux, on devient leur ennemi, et derrière eux, leur esclave. On est forcé d'être dans leur société hypocrite ou méchant. Je ne voulois pas m'empirer en travaillant à améliorer les autres. Il y avoit aussi, à la vérité, à la tête de la révolution, des hommes vertueux, désintéressés, sages, éclairés, qui, dans tous les temps de leur vie, n'avoient jamais changé de principes; mais il étoit difficile de deviner où ce nouvel ordre de choses, dont le plan n'existoit pas encore, les conduiroit eux-mêmes.

Tous ces changemens ne me faisoient pas plus d'illusion que celui du théâtre, où les mêmes acteurs ne font que changer d'habits et de noms. Je retrouvois dans notre nouvel ordre politique nos anciens citoyens, comme dans notre nouvelle géographie de la France nos anciens fleuves. Les hommes se succèdent comme les eaux courantes, mais ils ne changent pas plus de passions que les fleuves de canal; c'étoient toujours les mêmes ambitions, avec cette différence que celles des petits avoient surmonté celles des grands; toutes avoient lutté sans respect pour les loix anciennes et modernes. J'en ai été moi-même la victime en plus d'un genre, d'abord à l'occasion d'un cimetière au bout de mon jardin, interdit depuis huit ans, et envahi par la commune qui en a fait un foyer de méphitisme par des enterremens journaliers : ensuite au sujet de mes ouvrages devenus la proie des contrefacteurs. En vain je me suis plaint au juge-de-paix, à la section, à la municipalité, au département; ce qu'il y a de pis, c'est qu'on a fait semblant de me rendre justice, et on a laissé les abus sans réforme, quoiqu'ils intéressassent directement les loix municipales et les propriétés personnelles. La loi peut paroître sourde aux réclamations d'un particulier parce qu'on peut la croire distraite, mais dès qu'elle les écoute, les trouve justes et n'y satisfait pas, on la méprise parce qu'on la juge impuissante. J'ai aidé moi-même en ne publiant pas mes peines, à couvrir sa foiblesse. Je la regardois comme une mère malheureuse au milieu d'enfans ingrats et désobéissans. Mais comment aurois-je pu en augmenter le nombre? Quelque emploi que j'eusse pris, il m'eût fallu épouser les intérêts d'un parti, promettre et tromper, voir des abus et les favoriser, et en tout obéir au peuple, afin de paroître le gouverner. Avec tant de raisons pour m'éloigner de nos assemblées tumultueuses, je n'en avois pas moins pour renoncer à mes projets de retraite. Nos campagnes étoient encore plus agitées que nos villes. On ne doit jamais compter sur un bonheur hors de soi, et s'il est pour un homme quelque asyle impénétrable, ce ne peut être que dans sa conscience. On m'en avoit offert d'agréables et de paisibles hors du royaume, mais je me serois reproché d'abandonner ma Patrie dans son état de crise. Encore que je ne pusse calmer l'esprit d'anarchie qui la bouleversoit, je pouvois influer sur celui de quelques particuliers, modérer l'un, encourager l'autre, consoler celui-là. On attache trop de prix aux vertus publiques, et trop peu aux vertus privées. Dans une tempête, il ne faut pas moins d'art pour gouverner une gondole que le Bucentaure. On ne doit pas juger de la bonté des machines par la grandeur de leurs mouvemens : si les grandes produisent de plus grands effets que les petites, c'est qu'elles ont de plus grands leviers. Il en est de même des vertus. Il est certain que si, dans un temps de trouble, chaque citoyen rétablissoit l'ordre seulement dans sa maison, l'ordre général résulteroit bientôt de chaque ordre domestique. Je me consolai donc de rester dans ma solitude physique et morale, persuadé que n'étant point livré à l'intérêt des partis, j'étois plus en état de connoître l'intérêt national, et que si j'étois capable de le servir, je pouvois le faire d'une manière plus durable par la voie de l'impression où j'avois eu des succès, que par celle de la parole où je n'étois point exercé.

En conséquence, quoique mes Études de la Nature eussent pour moi un charme inexprimable, je les abandonnai pour m'occuper de celles de la société. J'écrivis les *Vœux d'un Solitaire*. C'est celui de tous mes ouvrages qui m'a le plus coûté, et dont je suis le moins content. J'y ai voulu concilier les intérêts d'un prince qui m'avoit obligé; d'un clergé qui m'avoit témoigné plus que de l'indifférence, parce que j'avois refusé de solliciter ses bienfaits; des grands qui m'avoient repoussé ; des ministres qui m'avoient trompé ; de leurs flatteurs qui m'avoient calomnié ; des académies qui m'avoient traversé. Le temps des vengeances publiques étoit arrivé, je pouvois y associer les miennes ; mais fidèle à ma devise, je ne voulus pas même rétablir dans mes Vœux, les articles que le censeur avoit retranchés dans mes Études. Les hommes dont j'avois à me plaindre étoient trop malheureux ; j'aimai mieux oublier quelques objets de l'intérêt national, que de satisfaire mes ressentimens particuliers. Je me proposai donc de conserver l'ancienne commune de la Patrie, en émondant seulement ses grands arbres pour donner de l'air et du soleil aux petits. On a été au-delà de mes vœux. On a étêté, arraché, et replanté sans doute sur un très-beau plan ; mais ce sont toujours les mêmes arbres. Les vieux ne pourront reprendre, parce qu'ils sont vieux ; les jeunes s'étoufferont parce qu'ils ne sont pas bien alignés ; il n'y a donc d'espérance que dans les pépinières. Ce n'est que sur une éducation nationale qu'on peut fonder une bonne constitution. Malgré mes anciens travaux, j'ai osé entreprendre celui-ci, en suivant la chaîne des loix naturelles dont j'ai montré quelques anneaux dans mes Études. Les droits de l'homme n'en sont que des résultats. Ce grand ouvrage demande du temps, du repos, de la santé et des talens, tous biens qui ne sont pas dans ma dépendance ; mais au moins j'ai tâché de remplir mes devoirs de citoyen. Je n'ai pas même perdu de vue les circonstances passagères où j'ai cru être de quelque utilité. Lorsqu'après le retour du roi de la frontière, le royaume se divisoit en deux partis, dont l'un vouloit faire une république de la France, et l'autre conserver la monarchie, et que tous invoquoient la guerre civile et étrangère, je me suis hâté de rappeler au peuple les anciennes obligations qu'il avoit à son monarque, et au monarque ses devoirs envers son peuple. J'envoyai mes observations bien recommandées à l'entrepreneur du Mercure et du Moniteur, mais il ne jugea pas à propos de les publier (1). Elles ne furent pas mieux

(1) J'ignorois alors que cet entrepreneur n'eût aucune influence sur ces journaux, comme il l'a imprimé depuis. Cependant il a publié lui-même, dans une pétition aux électeurs de Paris, qu'il en avoit beaucoup sur les gens de lettres, et qu'il avoit même donné des honoraires à M. de Buffon.

Dans ce même opuscule, il a eu la bonté de me plaindre, comme victime des contrefaçons des libraires, dont à la vérité je n'ai jamais voulu recevoir d'honoraires. Mais ce qui m'a paru bien étrange, c'est qu'il y propose de faire la fortune des auteurs, en leur assurant pendant quatorze ans la propriété de leurs ouvrages, « à condition qu'au bout de » ce terme, il seroit libre à tout libraire de les imprimer ». Il m'avoit déjà fait l'honneur de me communiquer ce projet de vive voix; je lui dis : « C'est comme si les jardiniers de

accueillies d'un autre journal fort répandu. J'éprouvai alors ce que je savois déjà par expérience, c'est qu'il y a fort peu de papiers publics au service d'un homme qui ne tient à aucun corps particulier. Cependant, ayant adressé mes observations au rédacteur des petites Affiches de Paris, elles furent publiées assez à temps pour produire un bon effet, même dans l'Assemblée nationale. Je les ai insérées depuis au commencement de l'avis en tête de ma quatrième

---

» Boulogne demandoient que le beau jardin que vous y » avez, rentrât dans leur commune, parce que vous en » jouissez depuis plus de quatorze ans. La propriété d'un » ouvrage est encore plus sacrée que celle d'un jardin ». Il me répondit que cette loi existoit en Angleterre, et qu'il comptoit la solliciter auprès de l'Assemblée nationale. J'ignore si cette loi existe; mais après tout, il faut chercher de bonnes loix chez ses voisins, et non pas des abus. Les Anglais, renfermés dans une île, ont sans doute des moyens d'empêcher les contre-façons d'y pénétrer; mais il n'en est pas de même en France : il est certain que notre ancienne administration, avec ses espions, ses gardes, ses inspecteurs et tout son despotisme, n'a jamais pu les arrêter. Comment donc la nouvelle en viendroit-elle à bout sous le régime de la liberté. aujourd'hui que les villes n'ont ni portes, ni barrières, ni commis? Ainsi donc un auteur, après avoir été pendant quatorze ans la proie des contrefacteurs, finiroit par être celle des libraires. Ainsi un marchand, un agriculteur, un fabricant pourront acquérir, par leurs travaux, des propriétés qui passeront à perpétuité à leurs enfans, et

édition des Études de la Nature. Elles n'ont rien de bien remarquable que la circonstance pour laquelle je les avois destinées, et l'autorité de Fénélon et des antiques loix de Minos sur les devoirs des rois, parfaitement conforme aux décrets de l'Assemblée nationale constituante.

Depuis cette époque, je me suis occupé du soin de recueillir quelques idées relatives à notre constitution ; elles sont une suite naturelle des *Vœux d'un Solitaire*. J'ai été d'autant plus encouragé à y

---

un homme de lettres, qui a souvent mieux mérité de sa Patrie, ne jouiroit pas des mêmes droits : il se verroit lui-même dépouillé de la propriété de ses ouvrages au bout de quatorze ans : les études de sa jeunesse ne lui appartiendroient plus dans sa vieillesse : malgré les loix, des fripons lui en enleveroient les premiers fruits par de misérables contrefaçons, et à la faveur des loix, de riches libraires acheveroient de le dépouiller par des éditions fastueuses. L'Assemblée est trop sage pour ne pas rejeter le projet captieux dont je viens de démontrer l'injustice : elle doit sévir, au contraire, contre ceux qui emploient tant d'artifices pour enlever aux gens de lettres les fruits tardifs de leurs longs travaux. Les chefs de l'administration ont feint jusqu'à présent de ne pas trouver de moyens pour arrêter les contrefaçons. Il y en a un bien simple, c'est de punir ceux qui les vendent. En vain les libraires s'excusent sur leur ignorance : tout libraire doit savoir distinguer une contrefaçon d'avec une édition originale, comme tout orfèvre doit savoir distinguer le cuivre de l'or.

joindre les seconds, que plusieurs des premiers ont été remplis par l'Assemblée. Quelques-uns de ceux-ci même n'en paroissent avoir été négligés qu'à cause des circonstances embarrassantes où elle se trouvoit. Tel est celui de l'impôt de censure sur les grandes propriétés territoriales, qui seroit devenu un obstacle à la vente des biens nationaux. Cet objet mérite toute l'attention de la présente législature, si elle veut s'opposer aux progrès d'une aristocratie qui a renversé autrefois la Grèce et l'Empire Romain.

Lorsque mes *Vœux d'un Solitaire* parurent, ils ne plurent qu'à un petit nombre de personnes. Ils ne furent point agréables au clergé et à la noblesse, parce qu'il leur sembla que j'étendois trop loin les droits du peuple. Ils auroient pu plaire au peuple dont je réclamois les droits, si, alors occupé à vaincre la résistance des corps qui l'opprimoient, il n'avoit appris à les étendre aussi loin que sa puissance. L'Assemblée constituante, soutenue de sa faveur, a été dans ses décrets beaucoup plus loin que moi dans mes Vœux. Ceux qui les trouvoient alors trop hardis, les ont trouvés depuis bien modérés. D'un autre côté, nos législateurs se sont trouvés fort embarrassés. Ils ont été vis-à-vis de l'État tombant en ruine, comme des architectes devant un vieux batiment à réparer. Une fois le marteau mis dans ses murs, il a fallu le démolir jusques dans ses fondemens. Il eût été sans doute à desirer qu'un seul architecte eût tracé seul tout le plan de la reconstruction pour y mettre plus d'ensemble. Malgré les vues différentes de nos législateurs et les obstacles en tout genre qu'ils ont éprouvés, il y a de si belles parties dans notre constitution, qu'on peut dire que c'est la plus convenable au bonheur des peuples, qui ait encore paru en Europe.

Il en est des premiers plans des empires comme de ceux de nos anciennes villes ; la plupart des rues y font de longs détours. Je n'ai vu même aucun chemin en pleine campagne, tracé en ligne droite, par l'allure naturelle des hommes : ils vont tous en serpentant. Cela prouve qu'il n'est pas aisé d'aller droit même à ceux qui en ont l'intention, et que pour aligner sa route, on a besoin de points invariables dans son horizon. Ceux de la terre ne se rencontrent que dans le ciel, comme le savent ceux qui ont fait le tour du monde.

Il y a lieu de croire que notre nouvelle constitution sera durable, parce qu'elle est fondée en grande partie sur les droits de l'homme, qui dérivent eux-mêmes des loix célestes et immuables de la nature.

Tous les maux dont l'Etat étoit accablé chez nous, provenoient uniquement de l'ambition particulière des corps. Les capitalistes s'étoient emparés de ses finances ; les parlemens, de sa justice ; la noblesse, de son honneur ; le clergé, de sa concience ; les académies, de sa raison. Tous tenoient le corps national lié, sans qu'il pût faire le moindre mouvement que pour leurs intérêts particuliers.

Heureusement ils n'étoient pas d'accord. Pendant qu'ils se querelloient, la nation a dégagé ses mains et a brisé une partie de ses chaînes. La principale reste à rompre, c'est celle de l'or; l'or seul donnant aujourd'hui les moyens de satisfaire toutes les ambitions, toutes les ambitions se réduisent à celle d'avoir de l'or. C'est pour avoir de l'or qu'on laboure et qu'on navigue, qu'on est artiste, magistrat, prêtre, militaire, docteur, que les nations font la paix ou la guerre, et que nos Etats-généraux même se sont assemblés. L'or est le premier mobile du corps social, comme le soleil dont il est l'emblême, et peut-être la production, est celui du monde. Mais comme le soleil lui-même détruiroit ce monde si la sagesse divine ne gouvernoit ses effets, l'or détruiroit la société si une bonne politique ne dirigeoit son influence. J'appelle politique, non l'art moderne de tromper les peuples, qui est un grand vice, mais, suivant son étymologie même, l'art antique de les gouverner, qui est une grande vertu, et qui est une émanation de la sagesse divine.

Le plus grand mal que l'or puisse produire dans un Etat, c'est lorsqu'il s'accumule dans un petit nombre de mains: c'est comme si les rayons du soleil se fixoient dans la seule zône torride, et abandonnoient le reste du globe aux glaces. Il est donc nécessaire de surveiller les hommes qui ont des moyens d'attirer à eux tout l'or du royaume. Ce sont les ministres, les capitalistes, la noblesse et le clergé; les ministres, par l'influence royale; les capitalistes, par celle de leur argent; les nobles, par celle des armes; le clergé, par celle des consciences. Nous avons à opposer aux ministres, l'Assemblée nationale; aux capitalistes, les départemens; à la noblesse, les gardes nationales; au clergé, les municipalités. C'est sans doute pour balancer les quarante-quatre mille seigneuries et cures du royaume qui étoient à la tête de la puissance militaire et spirituelle de la France, qu'on a créé quarante-quatre mille municipalités. Un jour viendra sans doute où les puissances anciennes et modernes s'amalgameront ensemble et n'auront qu'un seul but, le bonheur de l'homme; mais, en attendant que tous les ressentimens soient éteints et que l'intérêt national ait remplacé les intérêts des corps, nous allons nous livrer à quelques considérations sur les dangers que nous avons à craindre, et sur les remèdes que nous pouvons y apporter. Elles sont des conséquences des décrets même de l'Assemblée constituante, qui n'a pas eu le temps de tout prévoir. Plus sa moisson a été abondante, plus elle nous a laissé à glaner.

Des Ministres et de l'Assemblée nationale.

Un des décrets les plus sages de l'Assemblée nationale constituante, est celui qui déclare la personne du roi inviolable, et les ministres seuls responsables de ses fautes. Je ne répéterai pas ici ce que j'ai dit ailleurs sur le caractère personnel du roi : il suffit de dire qu'il a été le premier mobile de notre liberté. Il méritoit donc, à plusieurs titres, l'honorable prérogative qui rend sa personne sacrée comme la loi même qu'il est chargé de faire exécuter. Mais elle lui appartenoit encore comme roi; les rois ne sont trompés que par ceux qui les environnent. Néron lui-même eût été forcé d'être vertueux, si le sénat romain avoit puni ses crimes dans ses ministres.

Ce sont donc les ministres seuls qui peuvent lutter avec l'Assemblée, en lui opposant une partie des forces nationales dont le nerf principal est l'argent. 1°. Par une disposition dangereuse des revenus de la liste civile, qui monte à trente millions. 2°. Par la distribution de beaucoup d'emplois lucratifs qui peuvent leur donner quantité de créatures au-dedans et au-dehors du royaume. 3°. Parce que la durée de leur ministère n'étant point fixée, ils ont un grand avantage sur les membres de l'Assemblée, qui changent tous les deux ans. Ainsi ils ont au-dessus de l'Assemblée nationale une pondération d'argent, de crédit et de temps, qui seul amène beaucoup de révolutions.

Il est donc nécessaire : 1°. que l'Assemblée nationale veille sur l'emploi des revenus de la liste civile, dans le cas où ils serviroient à corrompre ses propres membres, ou même ceux des assemblées de département, municipales ou primaires. Ce délit est un crime de lèze-nation ; un ministre corrupteur doit être déclaré encore plus coupable qu'un député corrompu.

2°. L'Assemblée nationale doit aussi porter une attention particulière sur le caractère patriotique des hommes qui sont employés par les ministres comme fonctionnaires publics. Elle doit observer sur-tout, si, conformément à la constitution, on a eu égard dans leur choix, au mérite et non à la naissance. Faute de cette surveillance, il peut arriver en peu de temps que la plupart des employés dans les travaux de l'Etat, les officiers de guerre et de marine, ainsi que les consuls, ministres et ambassadeurs hors du royaume, choisis par des ministres mal intentionnés, se trouvent tous préparés pour opérer de concert une contre-révolution au-dedans et au-dehors du royaume. Il leur seroit facile de la faire desirer au peuple, en opérant des chertés de blé, en suscitant des brigandages, ou des querelles religieuses ; car le peuple fatigué des anciennes secousses de la révolution, et voyant augmenter ses maux, ne manqueroit pas d'en accuser l'Assemblée qu'il a chargée du soin de l'en garantir. Il s'y porteroit d'autant plus volontiers qu'il aime le changement, et que vivant, sur-tout dans la capitale, du luxe des grands qui ont y fixé leur demeure, il est à leur égard dans une dépendance naturelle qui naît de leurs richesses et de ses besoins, et qu'il n'éprouve pas de la part des membres peu riches et passagers de l'Assemblée nationale. Cette disposition au mécontentement général peut encore être puissamment secondée par des journalistes factieux et soudoyés. Avant que la constitution fût achevée, sans doute il a été libre à tout écrivain de la discuter; mais aujourd'hui qu'elle est sanctionnée par le roi, reçue par la nation, confirmée par une seconde assemblée de ses députés élus avec une pleine liberté, il ne doit plus être permis d'écrire que pour l'améliorer. Enfin la constitution peut être renversée par une multitude d'indigens sans morale, et dont la plupart donneroient leur part à la liberté publique pour un écu : ils peuvent d'autant plus aisément être les principaux instrumens d'une contre-révolution, qu'ils se souviennent d'avoir été ceux de la révolution. Toutes ces considérations doivent paroître de la plus grande importance à l'Assemblée. Elle préviendra ces maux en les arrêtant dès leur source. Elle doit décréter que les ministres seront responsables de la conduite des fonctionnaires publics qui sont à leur nomination, comme ils le sont des ordres du souverain. Ils doivent répondre de l'émanation de ces ordres et de leur exécution.

3°. Il me semble que nos députés restent trop peu de temps en place. J'aurois desiré qu'au lieu de deux ans, ils y eussent été au moins trois. En effet, beaucoup d'entre eux quittent des états solides et lucratifs, pour un état passager qui les dédommage à peine de leurs sacrifices. Tels sont, entr'autres, les gens de loi qui ont fourni tant de défenseurs à la liberté publique. J'aurois souhaité aussi qu'on eût renouvelé un tiers de l'Assemblée tous les trois ans. On a craint, dit-on, qu'elle ne se perpétuât en aristocratie. Mais sa révolution totale ne peut-elle pas amener celle de la constitution? Une nouvelle Assemblée perd beaucoup de temps avant de se mettre au fait des affaires. Dans un temps de troubles, son renouvellement total peut être fort dangereux. Le vaisseau de l'Etat, en changeant son équipage au milieu d'une tempête, peut sombrer sous voile ou changer de route. Tout grand mouvement est à craindre dans les grandes crises. Un Etat renouvelleroit-il toute son armée en présence de l'ennemi, pour lui substituer des troupes sans expérience? Comment donc ose-t-il, en présence de tant d'ennemis de ses intérêts, substituer à une Assemblée qui les a défendus, une Assemblée nouvelle dont la plupart des membres ne connoissent que ceux des départemens qui les ont choisis ? Il leur faut plusieurs mois avant de se mettre au niveau des affaires publiques et d'en rétablir le cours. On peut, ce me semble, éviter d'une part les dangers d'une aristocratie permanente, et de l'autre ceux d'une révolution subite et totale, en renouvelant les membres de l'Assemblée par tiers tous les ans, c'est-à-dire, que chaque département destitueroît tous les ans un tiers des anciens députés, et en institueroit un tiers de nouveaux. Il résulteroit de là deux grands avantages pour la nation, c'est qu'elle supprimeroit ceux de ses députés suspects de corruption sans les entacher, puisque leur réforme seroit un résultat de la loi même qui les auroit élus, et qu'elle se conserveroit perpétuellement le droit de surveiller son Assemblée et d'y maintenir l'esprit public : alors on pourroit sans risque prolonger la durée même de l'Assemblée à cinq ans, en en renouvelant tous les ans la cinquième partie.

Telles sont les précautions que je crois nécessaires à la durée de la constitution, et pour donner à l'Assemblée nationale une prépondérance qui la rende respectable au peuple, et qui la mette à même de lutter avec avantage contre les ministres. Il faut espérer cependant qu'elles seront un jour superflues. Plusieurs de nos ministres choisis par le roi se pénètrent de son patriotisme, et ils sentent que leur gloire comme la sienne est dans le bonheur national.

Il y a un moyen, ce me semble, de les y diriger. On a fait plusieurs décrets contre leurs mauvaises intentions, et aucun en faveur de leurs bons offices. C'est les désigner à la nation comme ses ennemis, et les engager à le devenir. Ils sont trop à plaindre d'avoir tout à craindre du côté d'une nation qui se méfie d'eux, et peu à espérer du côté du roi, qui ne peut plus leur donner ni cordons bleus, ni duchés. Je voudrois donc que la nation se chargeât de les récompenser d'une manière digne d'elle. Ainsi, après dix ans de services, l'Assemblée examineroit leur conduite, et après l'avoir jugée constitutionnelle et irréprochable, elle leur décerneroit une statue. On pourroit la poser à la base de celle du roi, élevée sous la coupole d'un temple de mémoire et décrétée de la même manière. Ainsi au lieu de voir nos rois à cheval, sur le bord d'un piédestal, flanqué de nations enchaînées, ou de figures allégoriques des vertus, on les verroit debout, entourés de leurs bons ministres, dont les uns tiendroient le trident de Neptune, d'autres le caducée de Mercure, d'autres la foudre de Jupiter, ou, ce qui vaut encore mieux, sa corne d'abondance. On pourroit ajouter à ces symboles, des inscriptions et des bas-reliefs qui rappelleroient les actions principales de leur ministère. Ce monument accessible de toutes parts, figureroit à merveille au milieu d'une place publique, ou même sur les bords de la Seine, suivant l'inclination dominante du Prince. Le peuple juge assez bien des caractères de plusieurs rois par l'emplacement de leurs statues; il croit que Louis XV n'aimoit que la chasse, parce que la sienne est hors la ville; Louis XIV, la grandeur, parce qu'il s'est entouré des grands hôtels de la place de Vendôme et de celle des Victoires; Louis XIII, la noblesse, parce qu'il est à la place royale, dans le Marais, l'ancien séjour de la cour; Henri IV, le peuple, parce qu'il est au centre de la promenade populaire, le Pont-Neuf. Je trouverois cependant Henri bien plus respectable, si on voyoit aux quatre coins de son piédestal, au lieu d'esclaves enchaînés, le sage Duplessis Mornay, le véridique Sully, le vertueux la Noue, et quelques autres des amis du roi, qui, comme lui, ont aimé le peuple. Notre capitale ne manque pas de nouveaux emplacemens. Ses marchés en offriront de bien intéressans à ceux de nos rois qui se plairont au milieu de l'abondance de leurs sujets.

Des Capitalistes et des Départemens.

L'or est le seul mobile de notre politique; pour en avoir, les puissances oublient les premiers principes de la morale et de la justice. Quelque difficile qu'il soit aujourd'hui de réfuter des erreurs accréditées par l'opinion publique et mises en exécution, je commencerai ce paragraphe par quelques réflexions qui pourront servir à nous en preserver au moins pour l'avenir. C'est au sujet de l'invitation que le ministère des finances a faite aux citoyens, de donner le quart de leur revenu pour leur contribution patriotique. 1°. Cette invitation étoit subreptice, puisqu'on a fait une obligation civile, d'une offre purement volontaire. 2°. La loi promulguée à cette occasion est impolitique, parce qu'il ne faut jamais faire balancer les hommes entre leurs intérêts et leur conscience; en effet, elle a produit quantité de fausses déclarations. L'Assemblée a été très-sage en ne permettant pas qu'on y joignît de faux sermens. 3°. Cette loi est inquisitoriale; elle oblige les citoyens de révéler publiquement les secrets de leurs fortunes, après que le fisc a abusé de leur confiance pendant tant de siècles, et lorsqu'il en abuse encore en faisant un devoir obligatoire d'un acte de bonne volonté; elle met ceux d'entre eux qui, au-dehors, paroissent à leur aise, mais qui au fond sont hors d'état de contribuer, dans l'alternative cruelle de publier leur indigence ou de passer pour mauvais citoyens. Ces considérations si morales, empêchèrent Louis XIV de faire exécuter un projet semblable. Malgré son despotisme, il n'osa pénétrer dans le secret des familles. Il eut des remords de conscience, dit le duc de Saint-Simon. 4°. Cette loi n'est pas équitable, car elle ne proportionne pas la contribution à la fortune des contribuables. Un homme qui a du superflu est plus en état de payer le quart de son revenu que celui qui n'a que le simple nécessaire. Il y a plus, le rentier qui a mille livres de rentes foncières, est une fois plus riche que celui qui a un pareil revenu en rentes viagères, et celui-ci l'est encore plus que celui qui les tient d'un emploi qu'il peut perdre immédiatement après avoir payé sa contribution. Cependant tous les trois, quoique d'une fortune très-inégale, paient également, ce qui est contraire à l'esprit même de la loi. 5°. Enfin il est résulté de toutes ces inconséquences, que les plus riches capitalistes qui ont la meilleure partie de leur fortune cachée dans leur portefeuille, ont le moins payé, comme on en peut juger par leurs déclarations. C'étoit cependant en partie pour acquitter les intérêts de leurs papiers, qu'on a décrété la contribution patriotique. Sans doute le ministre patriote qui en a proposé la loi, et l'Assemblée qui l'a décrétée, ont eu de bonnes intentions, mais au milieu des troubles où ils se trouvoient, ils n'en ont pas prévu les inconvéniens. Ils pouvoient l'établir sur les mêmes bases que celles des impositions municipales. A Dieu ne plaise que je veuille donner aux mauvaises consciences des argumens pour l'éluder ! Tout bon citoyen doit obéir aux loix, même injustes. J'ai desiré seulement que nos fautes passées nous servissent de leçons pour l'avenir. L'Assemblée constituante y a été plus d'une fois entraînée par l'influence des capitalistes. Telle étoit celle qui obligeoit tout citoyen de payer l'impôt direct d'un marc d'argent pour pouvoir être élu parmi ses membres. En l'abolissant, elle a fait voir qu'elle avoit un autre tarif que celui de l'argent pour apprécier le mérite, et qu'il falloit à sa constitution d'autres mobiles que ceux de la fortune.

Maintenant qu'on a ôté aux capitalistes les moyens de faire valoir leur argent, par la suppression des charges vénales, des emprunts publics, et bientôt de l'agiot des grands assignats par l'émission des petits, il est à craindre que leur avidité n'engloutisse toutes les terres du royaume. Je n'y connois d'autre empêchement qu'un impôt de censure qui croisse avec les propriétés territoriales. J'ai proposé ce moyen dans la première partie de cet ouvrage, et il n'a pas plu aux riches, quoiqu'il y aille même de leurs intérêts particuliers : mais le salut de l'Etat en dépend. J'ai démontré en plusieurs endroits de mes Etudes mêmes, que les grandes propriétés territoriales avoient causé la ruine de la Grèce, de l'Empire Romain et de plusieurs royaumes de l'Afrique, suivant les témoignages de Pline et de Plutarque. J'y ai observé qu'elles avoient contribué en grande partie à celle de la Pologne, et j'ai parlé des maux qu'elles avoient produits en France. Ces maux ne feront qu'augmenter maintenant que beaucoup de personnes qui étoient déjà riches en terres, acquièrent, avec le remboursement de leurs charges, des biens nationaux. A la vérité, l'abolition du droit d'aînesse divisera un jour les héritages en portions égales parmi les parens ; mais les familles n'en seront pas moins riches, et leur aristocratie est aussi dangereuse que celle des corps. Chez les Romains, les héritages se partageoient également, ils n'en furent pas moins ruinés par les grands propriétaires en terres.

Il y a au sujet de la vente des biens nationaux un autre grand abus à réformer, c'est celui des capitalistes monopoleurs, qui les achètent en gros pour les revendre en détail. Souvent ils bénéficient quinze et vingt pour cent, sans bourse délier, ainsi que j'ai entendu un d'entre eux s'en vanter. Je sais bien que les départemens tolèrent ces abus pour faciliter la vente des grandes terres, mais on parviendroit au même but en les divisant en petites propriétés de vingt ou trente arpens. Elles trouveroient plus d'acquéreurs, et se vendroient plus cher au profit de la nation. On en écarteroit à coup sûr les monopoleurs, en établissant un impôt de censure qui iroit toujours en croissant, suivant le nombre de ces petites propriétés accumulées sur la même tête.

C'est l'avidité des grands propriétaires qui a introduit et maintenu si long-temps en Europe l'esclavage dans l'agriculture. Où trouver en effet des hommes libres qui veulent cultiver une terre uniquement pour le profit d'autrui ? En Russie, les terres n'ont de valeur que par le nombre de leurs serfs. Il y a dans ces pays des propriétaires qui ont des domaines aussi grands que des provinces, et dont ils ne tirent presque rien, faute d'esclaves. Ce sont les grands propriétaires qui ont introduit l'esclavage des noirs en Amérique. Les premiers Espagnols qui firent la conquête des Antilles, du Mexique et du Pérou, s'en partagérent les terres, et en réduisirent les habitans à la servitude pour les cultiver, mais sur-tout pour en exploiter les mines d'or et d'argent. Malgré les modifications politiques du roi d'Espagne en faveur des malheureux Indiens, ses soldats en agirent envers eux comme il en avoit agi lui-même envers leurs princes. Ils les dépouillèrent et les détruisirent pour la plupart; ils suppléèrent ensuite à leurs services par des esclaves tirés de l'Afrique. Les Français ne les employèrent aux Antilles qu'en 1635, après le renouvellement de la compagnie des Indes. Ainsi les Espagnols ont à se reprocher d'avoir été les premiers Européens qui ont versé le sang des Américains, et ont introduit l'esclavage des noirs en Amérique. Un crime produit toujours un autre crime. Il en est résulté trois peuplades malheureuses, d'Indiens asservis, de Noirs esclaves, de Blancs tyrans. Les Blancs sont sans doute les plus misérables : par une réaction bien remarquable de la justice divine, ils ont trouvé leur punition dans cet or même qu'ils ont tant désiré. Ils vivent d'abord au milieu de leurs frères, cuivrés et noirs, dans une crainte perpétuelle qu'ils ne se réunissent pour les piller et les exterminer. Ils s'efforcent de les attacher à leur joug par tous les liens de la superstition, mais ce sont eux qui en portent les chaînes à leur cou. Ils sont gouvernés par des moines qui sont aussi avides qu'eux de leurs richesses, et qui les en dépouillent par la crainte des satellites de l'inquisition dans ce monde, et des démons dans l'autre. L'or et l'argent arrosés des pleurs des hommes, ne sortent de leurs mines que pour enrichir des monastères.

D'un autre côté, les sabres des flibustiers ne leur sont pas moins redoutables que les légendes des missionnaires. Des poignées d'aventuriers, attirés par ce même or, ont répandu souvent la terreur dans ces riches contrées, dont les habitans misérables sont sans patriotisme. Nos colonies n'éprouvent pas de si grands maux, parce qu'elles sont plus pauvres. L'Assemblée nationale s'est occupée de leur bonheur, en voulant rendre aux mulâtres et aux noirs libres, l'initiative aux assemblées coloniales, que Louis XIV leur avoit accordée, et qui leur appartenoit de droit naturel. N'est-il pas juste donc que des hommes libres qui cultivent la terre, qui en paient les impositions et qui la défendent en temps de guerre, aient quelque part à son administration ? Quelle que soit leur couleur, ne sont-ils pas citoyens ? Les habitans blancs leur en avoient ôté les prérogatives, sans doute par une suite de leurs alliances orgueilleuses avec nos grands seigneurs, mais elles subsistoient dans les colonies portugaises. Je les en ai vu jouir dans notre île de Bourbon, dont les premiers habitans épousèrent des négresses de Madagascar, faute de femmes blanches, et laissèrent à leurs enfans mulâtres leurs héritages avec tous les droits de citoyen. Les familles françaises qui s'y sont établies depuis, et parmi lesquelles il y en a plusieurs de nobles, n'ont point dédaigné de s'allier avec eux. Il est fort commun d'y voir des neveux et des nièces, des cousins et des cousines, des frères et des sœurs, des pères et des mères de différentes couleurs. Rien ne m'a paru plus intéressant que cette diversité. J'y ai reconnu le pouvoir de l'amour, qui rapproche ce que les mers et les zônes du monde avoient séparé. Ces familles, à la fois blanches, mulâtres et noires, unies par les liens du sang, me représentoient l'union de l'Europe et de l'Afrique bien mieux que ces terres fortunées, où le sapin et le palmier confondent leurs ombrages. Il est bien fâcheux que, sur de vaines terreurs, l'Assemblée constituante ait aboli, par son décret du mois de septembre 1791, la justice qu'elle avoit rendue aux hommes de couleur des Antilles, et qu'elle ait abandonné aux seuls blancs le droit de se constituer eux-mêmes ; c'est les regarder en quelque sorte comme étrangers au royaume. Ils sentiront un jour la nécessité d'y être intimement unis, par l'impossibilité de se suffire à eux-mêmes en aucune manière ; mais avant tout, ils doivent se rapprocher des hommes de couleur : il y va de leur sûreté et de leur prospérité. Il est nécessaire, par la même raison qu'ils y adoucissent le sort de leurs malheureux esclaves, en attendant qu'ils trouvent eux-mêmes des moyens sages de leur rendre la liberté. J'en ai indiqué quelques-uns : cette grande révolution ne doit se faire que peu à peu, et en dédommageant convenablement les maîtres.

Mais ce n'est pas assez de peupler nos îles de noirs libres et heureux ; il faut y introduire des cultivateurs blancs, qui sont plus industrieux. Il y va également des intérêts de nos colonies, et de ceux de la métropole. Il y a plus ; l'introduction des cultivateurs blancs en Amérique est une suite nécessaire de notre nouvelle constitution. L'agriculture et le commerce ayant été délivrés en France de leurs entraves, il s'ensuit que la population doit y augmenter considérablement. D'un autre côté, les gouffres qui l'absorboient étant comblés, tels que les communautés célibataires d'hommes et de femmes, et les guerres fréquentes suscitées par l'ambition de la noblesse et de la monarchie, dont on a détruit les préjugés, il est de toute nécessité que le nombre des habitans y croisse rapidement, d'autant plus que l'amour y a un grand empire par la température du ciel, la fécondité du sol, les spectacles, l'usage du vin et les agrémens des femmes. Il faut joindre à ces causes anciennes et modernes de population, celle des étrangers qui viennent déjà s'y établir, attirés par notre nouvelle constitution, qui leur assure la liberté de conscience. Il est donc urgent de lui trouver des débouchés hors du royaume, et il n'y en a point de plus commode et de plus à notre portée que nos colonies. Il faut donc y introduire la culture par les blancs; si on n'emploie pas ce moyen, la France, avant un demi-siècle, ne pourra nourrir ses habitans. On y verra, comme dans la Chine, circonscrite par ses loix, les mères exposer leurs enfans, et tous les crimes qui naissent de l'excès d'une population indigente. L'abolition de l'esclavage des noirs, et l'introduction de la culture des blancs en Amérique, dérivent donc de l'intérêt des blancs en France, quand elles ne seroient pas des conséquences des droits de l'homme qui font les bases de notre constitution.

Des hommes de mauvaise foi ont prétendu que les Européens ne pouvoient cultiver les terres brûlantes de l'Amérique. Il est fort aisé de leur répondre par des faits. L'espagnol Barthelemi de Las Casas avoit amené à Saint-Domingue même des laboureurs de son pays, qui y auroient réussi, s'ils n'eussent été détruits par les Caraïbes irrités des brigandages des soldats espagnols, qui n'avoient fait la conquête de cette île que pour la ravager. On voit tous les jours sur les ports de nos colonies, où la chaleur est bien plus forte que dans l'intérieur des terres, nos matelots, nos charpentiers, nos tailleurs de pierre occupés à des travaux bien plus rudes que ceux de la culture du café, du coton et du cacao, que des femmes et des enfans peuvent exercer. J'ai vu à l'île de France, des blancs abattre eux-mêmes des portions de forêts, et les défricher. Cependant ils n'avoient pas été élevés à des métiers aussi pénibles, et quelques-uns d'entre eux même avoient été officiers de la compagnie des Indes. A la vérité, le climat de Saint-Domingue est plus chaud; mais les anciens flibustiers et boucaniers de cette île étoient blancs; malgré leurs fatigues excessives, ils se portoient très-bien, et vivoient long-temps. Au lieu de nos esclaves, ils avoient de jeunes serviteurs ou engagés, blancs, quelquefois de bonne famille, qui étoient tenus de les servir pendant trente-six mois, ce qui leur en avoit donné le nom. Ces jeunes gens résistoient à des travaux sans comparaison plus rudes que ceux de nos esclaves, comme on peut s'en assurer par les relations qui en existent. Les anciens Indiens qui cultivoient les Antilles, ains que les terres du Pérou et du Mexique, étoient d'un tempérament bien plus foible que les Européens qui les ont détruits. Enfin ne voit-on pas, par une juste réaction de la vengeance divine, les Européens supporter à Maroc un esclavage plus cruel que celui des noirs, sous le ciel de l'Afrique, plus brûlant que celui de l'Amérique ? J'ai fait sur ce sujet un petit drame, dans l'intention de ramener à l'humanité, par le sentiment, des hommes que la cupidité empêche d'y revenir par la raison; mais je suis convaincu qu'il me seroit plus aisé de le faire représenter à Maroc qu'à Paris.

Il est donc de notre intérêt, et même de celui des créoles, d'introduire dans nos îles des cultivateurs blancs, afin de donner d'abord des moyens de subsister à nos compatriotes, et ensuite de s'étendre dans les vastes solitudes de l'Amérique, qui sont dans le voisinage. Je sais bien que plusieurs puissances de l'Europe s'en sont emparées. Je n'examinerai pas si leur possession est légitime, et si le même droit dont elles se sont autorisées pour les enlever à leurs anciens propriétaires, ne peut pas servir à son tour à les priver de leurs usurpations. On ne doit pas fonder de mauvais principes sur de mauvais exemples. Mais, quelque respecté que soit le droit de conquête en Europe, il est certain que le droit de la nature est plus ancien. Pour qu'un prince européen prenne possession d'un pays étranger, où des hommes sans méfiance ont reçu ses vaisseaux avec hospitalité, il ne lui suffit pas d'y faire enterrer furtivement une planche gravée de son nom, ou d'y faire élever une croix armoriée de son écusson, par un missionnaire qui l'adore en chantant un *Te Deum*, en faisant accroire aux bons sauvages étonnés de cette cérémonie, que cette croix les préservera de toutes sortes de maux. Il ne lui suffit pas encore de construire le long d'une côte, toutes les cinquante lieues, une batterie de canons, entourée de fossés et de palissades, pour dire : Tout le continent est à moi. La terre appartient, non à celui qui s'en empare, mais à celui qui la cultive. Les loix de la nature sont vraies en général comme en particulier. Un jour, je vis hors de la grille de Chaillot, un paysan semer des pois dans un terrein qui depuis long-temps étoit en friche : je lui demandai s'il étoit à lui. « Non, me dit-il ; mais il est permis à tout homme d'ensemencer une terre qui est plus de trois ans sans être cultivée ». Je ne sais si cette loi est du droit civil ou du droit romain ; mais il est certain qu'elle est de droit naturel. Dieu n'a fait la terre que pour être cultivée ; tout homme a donc droit de s'établir dans des déserts. Il est d'ailleurs de l'intérêt des rois d'Espagne et de Portugal d'appeler dans leurs immenses et solitaires domaines de l'Amérique, les hommes qui surabondent en Europe, pour en accroître le nombre de leurs sujets. S'ils ne les y attirent pas aujourd'hui comme cultivateurs, ils les y verront arriver un jour comme conquérans.

En attendant que le peuple français trouve des débouchés à sa population future dans ses colonies et au-delà, il faut empêcher les colonies elles-mêmes d'enlever au peuple français les moyens de subsister. Il tire aujourd'hui de l'Amérique la plus grande partie des objets qui sont de sa consommation journalière ; les principales sont le sucre, le café, le tabac et le coton. Il n'y a guère de blanchisseuse qui ne dépense sur ces divers articles au moins la moitié de ce qu'elle gagne. Les capitalistes les monopolent à leur arrivée dans nos ports, pour en augmenter le prix. Les départemens doivent veiller sur ces abus, et en détruire, s'il est possible, les causes. C'est une grande faute en politique de mettre une métropole dans la dépendance de ses colonies.

Les départemens doivent donc encourager la culture des ruches, afin de remplacer l'usage du sucre par celui du miel, si aimé des anciens par ses qualités salutaires, mais rejeté des modernes par le préjugé où ils sont qu'il a un goût médicinal. C'est la quintessence des fleurs. Il résulteroit de sa consommation une grande richesse pour nos campagnes, où tant de plantes produisent en vain leurs huiles éthérées. Nos paysans s'occuperoient de l'éducation facile et innocente des abeilles, dont les ateliers toujours libres ne sont jamais forcés, pour faire du sucre, de travailler à coups de fouet, comme les malheureux noirs.

On pourroit peut-être aussi remplacer le café par quelque substance végétale de nos climats. J'ai souvent admiré qu'une graine d'une espèce de jasmin, sèche, coriace, d'une saveur très-amère, dont aucun insecte ne veut goûter, qui s'est perdue pendant des siècles dans les forêts de l'Arabie, soit devenue par la torréfaction, et sa combinaison avec le sucre et l'eau, une boisson d'un usage si universel en Europe, que sans elle des peuples entiers, jusqu'aux extrémités du nord, ne croiroient pas pouvoir déjeuner ou digérer leur dîner; qu'à son occasion on ait construit dans toutes les villes une infinité de salles, où les citoyens se rassemblent, et décident, en le buvant, du sort des empires; que de grandes villes fleurissent par son commerce, et des colonies populeuses par sa culture. Certes, les Grecs reconnoissans auroient consacré un temple au Derviche qui, le premier, en trouva l'usage, comme ils en avoient élevé à Cérès, à Bacchus et à Minerve, qui leur apprirent à tirer de la farine d'une graminée, du vin du fruit de la vigne, et de l'huile douce de l'olive amère. Il y a peut-être telle baie qui se perd dans nos bois, méprisée même des animaux, qui servira un jour aux voluptés des hommes.

C'est aux départemens à encourager, par des prix, les expériences de celles qui pourroient remplacer le café. Ce fruit du luxe étant devenu un aliment de nécessité pour le peuple, il seroit bon au moins qu'on en trouvât un équivalent plus substantiel dans son territoire. Quand un jeune homme perd son argent et son temps à courir après une maîtresse, on le ramène à l'économie et à sa maison, en le mariant avec une honnête femme. Mais les peuples sont toujours assez jeunes pour courir après les nouveautés, et ils sont souvent trop vieux pour renoncer à leurs habitudes.

Une des plus étranges et des plus difficiles à détruire, est celle du tabac. Il n'y en a point d'aussi répandue sur toute la terre. Le tabac vient originairement de l'Amérique, et ce sont les sauvages qui nous ont appris à le fumer; mais on en fume aujourd'hui depuis la Norwége jusqu'à la Chine, et depuis Archangel jusques chez les Hottentots. On en prend beaucoup en poudre en Europe. C'étoit une poudre d'or pour nos capitalistes de France, qui l'avoient mis en parti. Ils en vendoient plus cher l'once que la livre ne leur coûtoit en feuilles. J'ai vu de pauvres ouvriers dépenser chaque jour en tabac le quart de leur paye. Depuis la révolution, son commerce et sa culture sont libres en France, où il croît d'une excellente qualité: il y deviendra donc à bon marché, et sa consommation y tournera au profit de notre agriculture. Il seroit à souhaiter qu'on pût y naturaliser de même la canne à sucre et le café. La Sicile et quelques portions de l'Italie en seroient susceptibles, mais le climat s'y oppose en France. J'ai remarqué dans mes Études, que la nature avoit rendu toute la terre capable de produire par-tout les mêmes substances, avec cette différence, qu'elle varie les végétaux qui les portent suivant les latitudes. Les sauvages du Canada font du sucre avec la sève des érables, et les noirs d'Afrique, du vin avec celle de leurs palmiers. La saveur de la noisette se retrouve dans la grosse noix du cocotier, et celle de plusieurs herbes aromatiques de nos campagnes, dans les arbres à épices des Moluques. En général, la nature place les consonnances des arbres de la Zone torride dans les buissons et les herbes des zones tempérées, et même jusques dans les mousses et les champignons de la Zone glaciale. Elle a mis au midi les fruits à l'abri de la chaleur, en les élevant sur des arbres; et en allant vers le nord, elle les met à l'abri du froid, en les abaissant sur des herbes, qui d'ailleurs ne vivant qu'un été, ne craignent point l'hiver. C'est donc dans les classes humbles de nos plantes annuelles et spontanées, que nous pourrions trouver des productions équivalentes à celles des grands végétaux du midi.

Le coton, d'un usage si répandu parmi le peuple,

fournit une nouvelle preuve de ces compensations. Il croît dans les forêts de l'Afrique et de l'Amérique torridienne, sur de grands arbres épineux ; aux Indes, sur de grands arbrisseaux ; et à Malte et dans les îles de l'Archipel, sur une plante herbacée. Nous pouvons suppléer à son usage par celui du lin, herbe annuelle qui vient originairement d'Egypte. Il a suffi long-temps, avec la laine de nos troupeaux, à nous vêtir, même avec luxe. Nos femmes sont encore plus adroites à le filer, que celles des Indes le coton. Elles en font des toiles qui surpassent en finesse les mousselines. Il y eut à ce sujet un pari considérable fait au Bengale, entre le directeur de la compagnie des Indes de Hollande, et celui de la compagnie des Indes d'Angleterre. Le directeur hollandais soutenoit l'affirmative, et l'anglais la nioit. Celui-ci produisoit à l'appui de son sentiment, une pièce de mousseline d'une finesse inexprimable : mais l'autre gagna ; il fit venir de son pays une pièce de batiste, qui, par pouce carré, contenoit plus de fils, qu'une pareille étendue en mousseline. Les fils de lin de nos dentelles surpassent en finesse ceux de coton. On en peut faire des toiles damassées, satinées, transparentes, peintes de toutes les couleurs. Cependant les femmes riches et les pauvres leur préfèrent celles de coton. Les femmes riches font tort aux travaux du peuple, en faisant venir leurs étoffes des Indes ; et celles du peuple qui les imitent, font tort à elles-mêmes, en prenant dans un pays étranger la matière première de leurs habits.

Le gouvernement a d'abord cherché à favoriser la culture du coton dans nos colonies, ainsi que son importation en France. Bientôt nos capitalistes en ont tiré un si grand parti par l'établissement de quantité de manufactures, que la plupart des femmes du peuple sont vêtues en tout temps de ces toiles, ainsi que leurs enfans. Leur usage n'est pas salubre : elles conviennent à merveille aux hivers des pays dont les habitans vont presque nus le reste de l'année ; mais elles sont trop chaudes pour nos étés, et trop froides pour nos hivers. Leur usage sur-tout est fort dangereux l'hiver. Elles sont très-faciles à s'enflammer ; elles sont une des causes les plus fréquentes de nos incendies, qui commencent souvent par une étincelle qui tombe sur une couverture ouatée, ou sur un rideau de coton. Le feu s'y propage avec la plus grande rapidité. A ma connoissance, plusieurs enfans et vieillards ont été brûlés vifs, pour s'être endormis, vêtus de ces toiles, près de leurs foyers. On sait que ce fut ainsi que périt le vieux roi de Pologne, Stanislas. La laine n'a aucun de ces inconvéniens : on en peut faire des étoffes très-légères pour l'été. Les femmes grecques et romaines, qui se mettoient de si bonne grace, en portoient des robes en tout temps. Je souhaiterois que la révolution qui a opéré tant de changemens dans nos loix, en produisît dans nos mœurs et même dans nos habits. Ceux des hommes, parmi nous, sont ouverts de toutes parts et écourtés. Il n'y a rien au contraire à la fois de si chaud et de si léger, de si commode et de si noble, que ceux des anciens. Si nos femmes veulent engager les hommes à les adopter, elles n'ont qu'à imiter elles-mêmes le costume des femmes grecques, qui ne s'habilloient que de lin et de laine. Il en résultera un grand avantage pour la santé et la bonne mine de tout un peuple. Notre agriculture, notre commerce et nos manufactures en profiteront immédiatement. Les chiffons de toiles de lin se multiplieront, et serviront à nos fabriques de papier, qui commencent à manquer de matière première. On ne peut les remplacer par ceux de toiles de coton, quoique cependant les Indiens en fassent de très-beau papier, quand il n'est pas teint. Je n'examinerai pas ce que notre métropole peut gagner dans la balance de son commerce avec ses colonies, mais je la vois totalement à leur avantage. Nous leur fournissons du vin, du fer, des farines et des salaisons; mais nous en recevons le café, le sucre, l'indigo, le tabac, le coton, le cacao, dont les consommations sont incomparablement plus grandes; d'ailleurs, elles ne veulent ni de nos modes, ni de nos arts libéraux. Les femmes créoles ont leur costume particulier, et elles font venir la plupart de leurs étoffes des Indes. Je n'ai pas vu à l'île de France une maison où il y eût un tableau, ni même une estampe ; je n'y ai trouvé de livres que chez quelques Européens, et en bien petit nombre. Cependant les arts et les lettres donnent des jouissances aux riches et des consolations aux pauvres. La nature les enseigne à l'homme, et ils ramènent l'homme à la nature. Nos colonies ne s'occupent qu'à gagner de l'argent ; et on peut juger qu'elles en tirent de nous une quantité prodigieuse, par les fortunes énormes qui s'y font rapidement. Qu'elles le gardent ! Le bonheur d'un peuple ne se calcule pas par les piastres de ses négocians, mais par les moyens qu'il a de se nourrir et de se vêtir. Or, je le répète, c'est une grande faute contre la politique, que la matière première de l'habillement du peuple français soit aujourd'hui dans ses colonies de l'Amérique, ainsi que le sucre et le café de son déjeuner, et le tabac dont il fait un usage perpétuel : il ne manque plus que d'y faire croître son blé, pour le mettre entièrement dans leur dépendance. Aussi avons-nous vu, par les réclamations violentes de nos négocians en faveur de la traite inhumaine des noirs contre les décrets de l'Assemblée, que nos ports de mer marchands avoient cessé d'être français pour se faire américains.

Sauvons au moins la partie saine de la Nation, en mettant sa principale subsistance à l'abri de l'avidité des capitalistes. La seule cause des séditions populaires est la disette du pain, même dans les querelles politiques et religieuses. Le peuple ne se mêle de la conduite des dieux, que quand il est abandonné par Cérès. Il n'y a qu'un seul moyen de le maintenir en paix, c'est de lui donner toujours le pain au même prix, et d'avoir pour cet effet, dans chaque municipalité, des magasins de blé qui en contiennent des provisions au moins pour deux ans; il sera facile alors à chaque département d'en faire le commerce, en vendant à ses voisins, et même hors du royaume, le surplus de ses approvisionnemens. Le peuple en verra la circulation sans inquiétude, lorsqu'il sera assuré qu'on a pourvu à ses besoins. J'ai déjà mis ailleurs ce conseil en avant, mais je le répète ici à cause de son importance; il n'y a pas d'autres moyens de prévenir les séditions. Le pain est nécessaire au peuple comme l'air. Que diroient les riches, si l'air qu'ils respirent étoit quelquefois au moment de leur être supprimé tout-à-fait? Dans quelle terrible inquiétude vivroient-ils, s'il y avoit des physiciens qui, avec des machines pneumatiques, pussent le rendre plus ou moins rare, à leur volonté? Ne les regarderoient-ils pas comme les plus dangereux des tyrans, de les faire vivre sans cesse dans l'alternative de la mort ou de la vie? Ainsi le peuple considère ceux qui font le commerce des blés.

En vain on lui parle des besoins des provinces voisines et de ceux de la capitale, y prendra-t-il plus d'intérêt qu'à ceux de ses enfans? Il ne se fie plus d'ailleurs à cette prétendue humanité, qui a servi tant de fois de prétexte au commerce dangereux du blé. Quand on l'exporte de ses marchés, il croit, non sans raison, que c'est pour le faire renchérir. C'est donc une négligence bien coupable de notre administration, pendant plusieurs siècles, de n'avoir pas établi des magasins de blé dans les provinces, et assuré un prix fixe au pain. Elle vouloit disposer de la nourriture du peuple, pour le gouverner par la faim, ainsi que de sa fortune par les impôts; de sa vie, par les guerres étrangères; et de sa conscience, par les opinions religieuses. Tels ont été les longs abus de notre odieuse politique, dont on doit se hâter de réformer le principal. S'il est quelque motif qui puisse engager le peuple à opérer une contre-révolution, c'est la cherté du pain; c'est elle seule qui a exécuté la révolution contre ceux même qui avoient cru stupidement l'empêcher en affamant le peuple.

J'ajouterai ici quelques réflexions sur l'usage du pain, devenu d'une nécessité si absolue en Europe. Qui croiroit que c'est un aliment de luxe? De tous ceux qu'on sert sur la table de l'homme, quoiqu'il soit le plus commun et à meilleur marché, il n'y en a point qui coûte aussi cher. Le blé dont on le fait est, de toutes les productions végétales, celle qui demande le plus de culture, de machines et de manipulations. Avant de le semer, il faut des charrues pour labourer la terre, des herses pour en briser les mottes, des engrais pour la fumer. Quand il commence à croître, il faut le sarcler; quand il est mûr, il faut des faucilles pour le moissonner; des fléaux, des vans, des sacs, des granges pour le battre, le vanner et le serrer; des moulins pour le réduire en farine, le blutter et le sasser; des boulangeries pour le pétrir, le faire lever, le cuire et en faire du pain. Certes, l'homme n'auroit jamais pu exister sur la terre, s'il avoit dû tirer sa première nourriture du blé. Nulle part on ne le trouve indigène. Son grain même paroît, par sa forme, bien plus destiné aux becs des oiseaux granivores, qu'à la bouche de l'homme. Il n'y a pas la vingtième partie des peuples de la terre qui mange du pain. Presque toute l'Asie vit de riz, plus abondant que le blé, et qui ne demande d'autre apprêt que d'être émondé de sa pellicule et bouilli. L'Afrique vit de millet; l'Amérique de manioc, de pommes-de-terre, de patates. Ces substances même n'ont pas été les premiers alimens de l'homme. La nature lui a d'abord présenté sa nourriture toute préparée dans les fruits des arbres; elle a placé principalement, pour cet effet, entre les tropiques, le bananier et le fruit à pain; dans les zônes tempérées, les chênes verts, et sur-tout les châtaigniers; et peut-être dans la zône glaciale, des pins dont les pignons sont comestibles. Mais, sans sortir de nos climats, le châtaignier paroît mériter toute l'attention de nos cultivateurs. Il produit sans soins beaucoup plus de fruits substantiels, qu'un champ de blé de la même étendue que ses branches; il donne de plus, dans son bois incorruptible en charpente, de quoi se bâtir des habitations durables. Nos départemens doivent donc multiplier un arbre si utile et si beau, dans les communes, dans les landes et sur les grands chemins; ils doivent aussi y propager la culture de tous les arbres qui produisent des fruits alimentaires, ainsi que celle des légumes de la meilleure espèce. Pour cela, il seroit nécessaire que chaque département eût un jardin public, où l'on essaieroit de naturaliser tous les végétaux étrangers qui peuvent fournir de nouveaux moyens de subsistance ou d'industrie, afin d'en donner *gratis* à tous les cultivateurs, des semences et des plants.

Il n'est pas besoin de recommander aux départemens les intérêts des pauvres. La plupart des biens de l'église ont été légués en leur faveur, ils y ont encore plus de droits que les capitalistes. Il seroit à souhaiter qu'on ne les vendît pas tous, et qu'on en réservât quelques portions dans chaque municipalité, et sous sa direction, pour y faire en leur faveur des établissemens utiles.

Il ne suffit pas de pourvoir aux besoins physiques des campagnes, il faut en adoucir les mœurs. Nos paysans sont souvent barbares, et c'est leur éducation qui en est la seule cause; souvent ils assomment de coups leurs ânes, leurs chevaux, leurs chiens, et quelquefois leurs femmes, parce qu'on les a traités de même dans leur enfance. Les pères et les mères, trompés par des maximes prétendues religieuses, recommandent soigneusement dans les écoles qu'on corrige bien leurs enfans, c'est-à-dire, qu'on les élève comme on les a élevés eux-mêmes : ainsi ils prennent leurs vices pour des vertus. Il est donc très-nécessaire de bannir des écoles des enfans les châtimens corporels; ainsi que la superstition qui les a imaginés, et qui, non contente de torturer leurs corps, bat leurs ames innocentes des fouets de l'enfer; elle jette parmi les enfans des bergers les premières racines de la terreur qui doit un jour couvrir les enfans des rois de son redoutable ombrage. C'est dans les esprits simples des paysans que des moines adroits ont répandu tant de légendes, qui leur ont valu, par les frayeurs de ce monde et de l'autre, tant de richesses dans les campagnes, et de puissances autour des trônes. On doit éclairer la raison des paysans, parce que ce sont des hommes. Il faut leur montrer Dieu intelligent, prévoyant, très-libéral, très-bon, très-aimant, et seul digne d'être aimé par-dessus toutes choses dans la nature qui est son ouvrage, plutôt que dans des pierres, du bois, du papier, sans mouvement, sans vie, ouvrages des hommes, et qui ne sont souvent que des monumens de leur tyrannie. Il faut policer leurs mœurs, en introduisant parmi eux le goût de la musique, des danses et des fêtes champêtres, si propres à les délasser de leurs rudes travaux, et à les leur faire aimer. C'est ainsi qu'on les fera renoncer à leurs jeux barbares, fruits de leur éducation cruelle. Il y en a un, entre autres, que je trouve abominable; c'est celui où ils prennent une oie vivante, la suspendent par le cou, et s'exercent à le lui rompre en lui lançant tour à tour des bâtons. Pendant cette longue agonie, qui dure des heures entières, ce pauvre animal agite ses pieds en l'air, à la grande satisfaction de ses bourreaux, jusqu'à ce que le plus adroit d'entre eux, achevant de lui rompre les vertèbres, fasse tomber à terre son cadavre meurtri de coups et palpitant; alors il l'emporte en triomphe, et le mange avec ses compagnons. Ainsi ils font passer dans leur sang la substance d'un animal mort enragé. Ces fêtes féroces et imbécilles se donnent fréquemment dans les avenues des châteaux ou auprès des églises, sans que le seigneur ou le curé se mette en peine de s'y opposer; souvent celui-ci défend les danses aux jeunes filles, et il permet aux garçons de supplicier des oiseaux innocens. C'est ainsi que dans nos villes, des prêtres chassent des églises les femmes qui s'y présentent en chapeaux ; mais ils saluent avec respect des hommes qui y portent des épées. Plusieurs regardent comme un grand péché d'aller à l'Opéra, et voient avec plaisir, au combat du taureau, ce compagnon du laboureur déchiré par une meute de chiens. Par-tout, malheur aux foibles! par-tout la barbarie est une vertu, pour qui les graces sont des crimes.

La cruauté qu'on exerce envers les animaux n'en est que l'apprentissage envers les hommes. J'ai cherché d'où venoit la coutume atroce de nos paysans, de faire mourir dans les tourmens l'oie, oiseau innocent, utile, et qui leur rend quelquefois le service du chien, étant capable, comme lui, d'attachement et de vigilance. Il m'a semblé qu'il falloit la rapporter aux premiers Gaulois, qui, après s'être emparés de Rome, manquèrent l'escalade du Capitole, parce que les oies sacrées de Junon, qui n'y dormoient pas faute de nourriture, en réveillèrent par leurs cris les gardes assoupis de veilles et de fatigues. Ainsi les oies sauvèrent l'Empire romain, et firent échouer l'entreprise des Gaulois. Plutarque raconte que de son temps, sous Trajan, les Romains célébroient encore la délivrance du Capitole par un jour de fête, où ils promenoient dans les rues de Rome un chien pendu, parce que leurs chiens dormoient pendant l'escalade des Gaulois, et une oie portée sur un riche coussin, à cause de la vigilance de ces oiseaux, auxquels ils étoient redevables de leur salut. Il y a grande apparence que les Gaulois qui retournèrent dans leur pays, adoptèrent l'usage contraire, et pendirent tous les ans des oies françaises, en haine des oies romaines, sans penser qu'ils pouvoient en attendre les mêmes services dans les mêmes circonstances. Mais l'homme souvent condamne dans son ennemi ce qu'il approuveroit dans son ami. Une autre coutume vient à l'appui de la première : c'est celle où sont nos paysans d'allumer de grands feux de réjouissance vers la Saint-Jean, peut-être en mémoire de l'incendie de Rome, qui arriva dans le même temps, c'est-à-dire au solstice d'été, suivant Plutarque. Je sais bien que la religion avoit en quelque sorte consacré les feux de la Saint-Jean, mais je les crois d'une antiquité plus reculée que le christianisme, ainsi que plusieurs autres usages qu'il a adoptés.

Quoi qu'il en soit, les départemens doivent abolir parmi nos paysans ces jeux inhumains, et y substituer ceux qui exercent le corps et l'ame, comme chez les Grecs. Tels sont la lutte, la course, la natation, l'exercice des armes à feu, la danse, et surtout la musique, qui a tant de pouvoir pour policer les esprits. Mais nous espérons traiter ces sujets plus à fond lorsque nous nous occuperons de l'éducation nationale.

Nos capitalistes peuvent seconder puissamment

cette révolution morale de nos campagnes, en combinant leurs moyens avec les lumières des départemens. Au lieu de monopoler l'argent et les subsistances des peuples dont ils s'attirent les malédictions, et quelquefois la vengeance, il leur est facile de placer leurs fonds avec solidité, profit, honneur et plaisir. Ils peuvent établir des caisses rurales pour prêter à un intérêt raisonnable aux agriculteurs, qui, faute d'argent, voient souvent dépérir leurs biens. Ils peuvent eux-mêmes dessécher des marais, défricher des landes, multiplier des troupeaux, établir des fabriques, rendre les petites rivières navigables; au lieu d'acquérir de grandes propriétés territoriales, de peu de revenu entre les mains de leurs grands fermiers, parce qu'il en faut chaque année laisser la moitié en jachères, ils doivent les diviser en petites portions, de quatre, de six, de dix arpens, qui seront d'un rapport perpétuel, parce qu'une seule famille peut les cultiver. Ils peuvent les planter de vergers, les enclore de haies vives, moins dispendieuses, plus durables, plus agréables et plus utiles à l'agriculture, que les longs et tristes murs des parcs; y élever de petites maisons riantes et commodes, ou même de simples chaumières, et les vendre ou les louer à des bourgeois qui viendront y chercher la santé et le repos. Ainsi les goûts simples de la campagne s'introduiront dans les villes, et l'urbanité des villes se communiquera aux campagnes. Nos capitalistes peuvent porter leurs établissemens patriotiques au-delà des mers, ouvrir de nouvelles sources au commerce et aux pêches maritimes, découvrir de nouvelles îles sous le climat fortuné des tropiques, et y établir des colonies sans esclavage. La plus grande des îles de l'Océan, si toutefois elle ne forme qu'une île, la Nouvelle-Hollande les invite à achever la découverte de ses côtes, et à pénétrer dans ses immenses solitudes où jamais aucun Européen n'a voyagé. Ils peuvent, avec la liberté et l'industrie française, fonder sur ses rivages une nouvelle Batavia qui attirera à elle les richesses des deux mondes; ou plutôt, nouveaux Lycurgues, puissent-ils en bannir l'argent, et y faire régner à sa place, l'innocence, la concorde et le bonheur!

De la Noblesse et des Gardes nationales.

L'ambition de la noblesse s'étoit emparée des honneurs ecclésiastiques, militaires, parlementaires, financiers, municipaux, et même de ceux des gens de lettres et des artistes. Il falloit être noble pour être évêque, colonel, et même simple officier, conseiller de grand'chambre, prévôt-des-marchands; on le devenoit pour avoir été échevin de Paris; bientôt il auroit fallu l'être pour être membre de nos académies, qui avoient toutes des nobles ou soi-disant tels à leurs têtes. M. Le Clerc étoit devenu

M. le comte de Buffon, et Voltaire, M. le comte de Ferney; d'autres bornoient leur ambition au cordon de Saint-Michel; tous nos illustres vouloient être gentilshommes, ou le devenir. Il n'y avoit que ce pauvre Jean-Jacques qui étoit resté homme. Aussi n'étoit-il d'aucune académie.

Une nation qui ne seroit composée que de nobles, finiroit par perdre sa religion, ses armées, sa justice, ses finances, son agriculture, son commerce, ses arts et ses lumières : elle y substitueroit des cérémonies, des titres, des impôts, des loteries, des académies et des inquisitions. Voyez l'Espagne et une partie de l'Italie, principalement Rome, Naples et Venise. L'Assemblée nationale française a rouvert la carrière des honneurs à tous les Français; mais pour s'y maintenir, il faut qu'ils y courent eux-mêmes. La liberté n'est qu'un exercice perpétuel de la vertu. C'est en se reposant sur des corps que les citoyens en perdent les habitudes, et bientôt les récompenses. Si tant d'évêques et de colonels ont été si aisément dépouillés de leur crédit et de leurs places, c'est qu'ils se déchargeoient de leurs devoirs sur leurs subalternes. C'étoit l'habitude de faire ses aumônes par les mains du clergé qui avoit appauvri le peuple, et enrichi tant de maisons religieuses. C'étoit pour s'être fait remplacer dans le service militaire par des soldats que les citoyens eux-mêmes avoient perdu le pouvoir exécutif, et que les régimens s'en étoient emparés au profit des nobles. Ce fut en remplissant ce devoir que Sparte maintint sa liberté, et en s'en déchargeant sur des soldats mercénaires qu'Athènes perdit la sienne. Il faut donc que les citoyens français servent eux-mêmes. J'ai proposé, dans mes Vœux, les moyens d'entretenir aisément en France une armée formidable, qui ne coûtera pas un sou à la Patrie pendant la paix. C'est en instituant dans les villes et les villages, des exercices, des jeux, et des prix militaires parmi les jeunes gens. Ainsi, on les formera à la subordination, sans laquelle il ne peut y avoir d'armée ni de citoyens. Il n'y a que l'obéissance aux loix qui assure la liberté publique; c'est à la vertu et non à l'ambition à les y dresser.

C'étoit l'ambition des nobles qui s'étoient emparés de tout, et qui ne vouloient rien céder, qui avoit mis l'Etat sur le penchant de sa ruine, et a fini par les perdre eux-mêmes. En vain ils se sont rassemblés près de nos frontières du nord, et se flattent de rentrer en France dans la jouissance de leurs priviléges exclusifs, par le secours des puissances étrangères. Il n'est pas vraisemblable qu'aucune d'elles se croie en droit d'empêcher la Nation française de se constituer comme elle le trouvera bon. Toute l'Europe a admiré Pierre-le-Grand poliçant son peuple barbare, et y réformant son clergé et ses boyards, qui s'étoient emparés de toute l'autorité; auroit-elle eu moins de vénération pour lui, s'il eût ramené vers la nature un peuple corrompu, et s'il eût détruit les corps qui s'opposoient à ses réformes, lui, qui cassa ses propres gardes, et, comme Brutus, punit de mort son fils unique, pour avoir conjuré contre les loix qu'il avoit données à son pays? Ce qu'un prince a fait, sans doute une nation peut le faire. La souveraineté d'une nation réside en elle-même, et non dans son prince, qui n'est que son subdélégué. On ne sauroit trop répéter cette maxime fondamentale du droit des peuples: « Les rois, dit Fénélon, sont » faits pour les peuples, et non les peuples pour les » rois ». Il en est de même des prêtres et des nobles. Tous les ordres d'une nation lui sont subordonnés, comme les branches d'un arbre, malgré leur élévation, le sont à sa tige. La nation française a donc pu supprimer l'ordre de sa noblesse, et ses ordres ecclésiastiques réfractaires à ses loix, sans que les nations voisines puissent y trouver à redire. Dans une tempête, un vaisseau mouillé sur une côte dangereuse coupe ses cables lorsqu'il ne peut lever ses ancres. Ainsi la nation, pour sauver le corps national, a tranché le joug des préjugés qui l'entraînoient vers sa ruine, et qu'elle ne pouvoit dénouer.

Combien de grands princes ont tenté d'en faire autant, et ne l'ont osé, n'étant point secondés de la puissance populaire! L'empereur Joseph II a entrepris les mêmes réformes dans le Brabant, et y a échoué. Les nobles émigrés ont-ils pu croire que son auguste successeur, le sage Léopold, ce nouveau Marc-Aurèle, cet ami des hommes, qui, dans ses Etats de Toscane, avoit rouvert toutes les carrières au mérite; qu'un roi de Prusse, qui a passé lui-même par tous les grades militaires, étant prince royal; que l'impératrice de Russie même, cette émule de Pierre-le-Grand qui ôta aux nobles de son pays les prérogatives de leur naissance, et leur en montra l'exemple en se dépouillant de celles du trône, et se faisant lui-même tambour et charpentier; que tous ces souverains, dis-je, se coalisent pour forcer les Français à rétablir leurs anciens abus, et de donner, comme par le passé, tous les emplois à la vénalité, à l'intrigue et à la naissance? Cela est impossible. Si les princes nos voisins tiennent des armées considérables sur leurs frontières, c'est pour empêcher la révolution française de pénétrer trop rapidement dans leurs Etats, afin d'éviter les désordres qui l'ont accompagnée. Si l'impératrice de Russie fait à nos gentilshommes des offres plus particulières de service et leur donne de l'argent, il y a grande apparence qu'elle veut les attirer plutôt dans ses Etats que de pénétrer elle-même dans les nôtres. En effet, des nobles français éprouvés par le malheur, ne contribueroient pas peu à civiliser son pays, ainsi qu'ont fait les officiers suédois, transportés en Sibérie après la bataille de Pultava.

Mais l'hommage que je dois à la vérité, et la pitié que je porte aux malheureux, m'oblige ici de prévenir nos gentilshommes, que la plupart d'entr'eux seroient très à plaindre en Russie : d'abord par leur propre éducation qui, les armant dès l'enfance les uns contre les autres, ne leur offriroit pas parmi leurs compatriotes même les supports auxquels des infortunés de la même nation doivent s'attendre, sur-tout hors de leur Patrie. J'en ai fait plus d'une fois l'expérience. Les plus grands ennemis que les Français aient dans les pays étrangers, sont les Français : leur jalousie est un résultat de leur éducation ambitieuse qui, dès l'enfance, dit à chacun d'eux, mais sur tout aux nobles, *sois le premier*. A la vérité, le besoin de vivre avec les hommes, et sur-tout avec les femmes, couvre d'un vernis de politesse cet instinct mal-faisant, et fait d'un noble français un homme qui, brûlant intérieurement de l'envie de dominer, paroît sans cesse animé du desir de plaire ; mais ses talens brillans ne font qu'exciter contre lui la jalousie des étrangers, dont les vices se montrent sans apprêt. Ils détestent également sa galanterie et son point d'honneur, ses danses et ses duels. C'est donc une triste perspective pour un gentilhomme, de passer sa vie dans un pays étranger, jalousé par ses compatriotes et haï des nationaux. Je ne parle pas de la rigueur du service militaire en Russie, où la subordination est telle, qu'un lieutenant ne s'asseoit point devant son capitaine, sans sa permission, ni de la modicité des appointemens, dans un climat où l'homme civilisé a tant de besoins. Ces inconvéniens que j'ai éprouvés sont si insupportables, que la plupart des officiers que j'y ai vu passer, nobles ou autres, s'y font ochitels, ou gouverneurs d'enfans chez les seigneurs russes. C'est en effet une des ressources les moins malheureuses de ce pays : mais pourroit-elle convenir à des nobles qui ne s'expatrient que parce qu'ils ne peuvent dominer leurs compatriotes? Faut-il qu'ils imitent Denys, le tyran de Syracuse, qui dépossédé de sa seigneurie se fit maître d'école à Corinthe, et ayant perdu son empire sur les hommes s'en fit un sur les enfans? Je ne dirai rien de la rigueur du climat de la Russie, car c'est une considération qui n'est d'aucun poids pour les ambitieux : vivre à Saint-Pétersbourg ou à Saint-Domingue, servir sous des Russes ou tyranniser des nègres, c'est tout un pour la plupart des hommes, pourvu qu'ils atteignent à la fortune. Elle trompe aussi souvent dans ces pays que dans les autres. Mais quand pour se consoler de ses injustices, on veut se jeter dans les bras de la nature, il est triste, sur-tout pour un Français expatrié en Russie, de comparer des hivers de six mois où toute la terre est couverte de neige et de noirs sapins, avec le doux climat de la France, et ses campagnes fertiles plantées de vignobles, de vergers et de prairies. Il est pénible, en voyant des paysans esclaves menés à coups de bâton, de se rappeler la gaîté et la liberté de ses compatriotes, de parler d'amour à des bergères qui ne vous entendent pas, et dont les cœurs ne vous sentiroient point. Il est douloureux de penser que sa postérité sera un jour flétrie par le même esclavage, et que l'on ne reverra jamais soi-même les lieux où l'on apprit à sentir et à aimer. J'ai vu en Russie, des Français dans les grades militaires supérieurs, si frappés de ces ressouvenirs, qu'ils me disoient : « J'aimerois mieux être simple soldat en France, » que colonel ici ».

Ce n'est pas que les pays civilisés n'aient aussi leurs maux, souvent bien cruels. Sans doute la philosophie peut habiter par-tout, et au défaut de bonnes loix, procurer plus de bonheur dans les marais même du Kamtchatka, au milieu d'une meute de chiens, qu'au sein des villes livrées à l'anarchie.

Mais, nobles français, pourquoi ajouter aux maux que peuvent causer les hommes, ceux que ne vous a pas faits la nature? La nation, dites-vous, vous a fait des injustices : pourquoi vous en punir vous-mêmes? Elle vous a privés de vos prérogatives, mais elle ne vous a point ôté son climat, ses productions, ses lumières, ses arts, ce qu'elle a de plus doux. Vous voulez vous venger des torts qu'on vous y a faits; on vous a brûlé des châteaux : croyez-vous les rétablir en brûlant des villages ? On a massacré des gentilshommes; leur rendrez-vous la vie en tuant des citoyens ? Ne croyez plus aux fausses promesses de vos orateurs. Vos hostilités ne feront qu'augmenter vos maux, ainsi qu'ont fait vos résistances. Un corps ne peut s'opposer à une nation. Ne croyez pas occasionner en France des guerres civiles ; il y a assez de nobles patriotes pour y combattre les nobles aristocrates. Voudriez-vous d'ailleurs vous armer contre la royauté de qui vous tenez vos priviléges, et contre un roi qui, d'après le vœu général de la France, a sanctionné la constitution à laquelle vous refusé d'obéir ? La seconde Assemblée nationale a prouvé la légitimité de la première. Vous devez plus à votre nation qu'à votre ordre; ce n'est point un sophisme de factieux : « On doit plus à sa Patrie » qu'à sa famille, a dit le sage Fénélon ». Appellerez-vous contre la vôtre les puissances de l'Europe ? Elles n'épouseront point votre querelle. D'abord elles ne font rien pour rien, et vous êtes sans argent et sans crédit. Leur promettrez-vous de démembrer en leur faveur la France, où vous n'avez pas eu le pouvoir de vous maintenir ? Elles craindroient bien plutôt de voir leurs Etats embrasser les loix françaises, qu'elles n'espéreroient de voir la

France se soumettre à celles de l'Allemagne ou de la Russie. La révolution pénétreroit chez elles par les soldats même qu'elles lui opposeroient. Que leur promettroient-elles pour les engager d'entrer en France? Le pillage de Paris? Mais les frontières du royaume sont hérissées de forteresses, défendues par une multitude de régimens et de gardes nationales, et il y a dans son intérieur un million de citoyens armés, tout prêts à les remplacer. Leur diroient-elles, pour les engager à combattre en faveur d'étrangers qui n'ont jamais rien fait pour eux : « Allez rétablir des nobles français dans le droit » apporté en naissant, par tout noble, de commander » aux hommes? Si vous êtes victorieux, vous acquerrez l'honneur d'asservir les Français sous un joug » semblable au vôtre. Si vous périssez, vous mourrez fidèles à votre religion, qui vous commande » d'obéir, et vous défend de raisonner ». La France, au contraire, diroit à ses concitoyens : « Les nobles » vous accusent d'être des rebelles, mais ce sont » eux qui le sont; la rebellion est la résistance des » particuliers ou des corps à la volonté nationale. » La rebellion est le renversement des loix, et la » révolution est celui des tyrans. Ce sont les nobles » qui veulent être ceux de la France, en armant » contre elle et contre son roi, des soldats étrangers. Allez les combattre. Si vous êtes victorieux, » vous vous assurerez pour toujours la liberté de

» votre fortune, de vos talens, de votre conscience.
» Si vous mourez, vous périrez en défendant les
» droits de l'homme. Votre cause est la plus juste
» et la plus sainte pour laquelle un peuple ait jamais
» combattu : c'est celle de Dieu et du genre humain ».

Gentilshommes français, irez-vous périr pour la défense des abus dont vous vous êtes plaints vous-mêmes tant de fois ? La Nation, dites-vous, vous a privés de vos honneurs ! C'est pour ceux qui ont de l'honneur, et qui ne veulent pas usurper celui d'autrui, qu'elle veut que tous les Français puissent s'élever par leur propre mérite. Mettez-vous au rang de ses citoyens ; elle a élevé ceux de votre ordre, qui se sont distingués par des vertus, aux places de Président, de Commandant, de Maire, de Député à son Assemblée ; elle leur a confié ses plus chers intérêts : c'est pour vous particulièrement qu'elle a travaillé. L'ancien gouvernement ne réservoit ses honneurs que pour les grands et les riches ; aujourd'hui vous pouvez, par des vertus, obtenir ce qu'ils n'acquéroient que par l'or et les intrigues.

S'il n'y a plus de noblesse de race, il y en aura toujours une personnelle ; d'ailleurs, l'état où nous naissons influe sur nos mœurs. Le commerce inspire l'amour de l'argent ; le barreau, la chicane ; les arts disposent à l'artifice, et les travaux rudes à la grossiéreté. La noblesse, du temps de l'ancienne chevalerie, se distinguoit par sa générosité, sa franchise, sa politesse. Nobles qui en descendez, joignez-y du patriotisme et des lumières, le peuple Français ira au-devant de vous. Vous vous plaignez de son anarchie : c'est votre insurrection sur la frontière qui l'alimente. Qui s'oppose aux loix, ne peut en être protégé.

C'est le patriotisme qui a fait la révolution, et qui la maintiendra ; c'est lui qui, rassemblant tous les ordres de citoyens, a rejeté loin d'eux les funestes préjugés de leur éducation ambitieuse. Il a réuni à la fois ceux qui devoient donner des conseils, et ceux qui devoient les exécuter ; il a fait disparoître toutes les distinctions de rang et d'état. On a vu des nobles obéir à des bourgeois, des prêtres à des laïques, des conseillers à des avocats ; on a vu des soldats sans solde, passer indifféremment du rang d'officier à celui de fusilier, toujours prêts à quitter, de nuit et de jour, leurs affaires, leurs plaisirs, leurs familles, ne se proposant d'autre récompense que de servir la Patrie. C'est ainsi que vous vous êtes formée, vertueuse garde nationale de Paris. Tantôt, combattant l'aristocratie, vous l'avez désarmée sans vengeance ; tantôt, résistant à l'anarchie, vous lui avez opposé un rempart invincible. Ni les flatteries des courtisans, ni les injures de la populace, n'ont pu vous faire sortir de votre modération. Vous ne vous êtes proposé d'autre but que la tranquillité publique. Généreux habitans de Paris, c'est sous votre protection que la constitution française s'est formée. Votre exemple a été imité par toutes les municipalités du royaume; il s'étendra plus loin, les biens se propagent comme les maux. Les grands, dans leur vain luxe, avoient adopté les jocquets, les courses, les chevaux, l'acier poli de l'Angleterre; plus sages, vous avez pris pour votre part sa liberté. Déjà votre constitution, semblable à la colombe échappée de l'arche, prend son vol par toute la terre, déjà elle plane avec l'aigle de la Pologne; elle porte pour rameau d'olivier les droits de l'homme; c'est là l'étendard de la Nature, qui appelle par-tout les peuples à la liberté. Malgré la soupçonneuse vigilance des Puissances despotiques, qui interdisent à leurs sujets esclaves l'histoire de vos succès, les droits de l'homme, traduits dans toutes les langues, et imprimés jusques sur les mouchoirs des femmes, ont pénétré par-tout. Ainsi l'homme, asservi dans sa conscience même où il n'ose rentrer, lira ses droits jusques sur le sein de sa compagne; ainsi, comme vous avez influé sur les plaisirs de l'Europe par vos modes, vous influerez encore sur son bonheur par vos vertus. C'est le patriotisme qui vous a rassemblés dans la tempête; c'est à lui à vous conserver dans le calme. Recevez vos frères fugitifs et malheureux, avec générosité; vous leur devez protection, sûreté, tranquillité secours, par la constitution même à laquelle vous les invitez. Rappelez-vous qu'ils ont été vos aînés, partagez avec ceux qui voudront être citoyens, les services et les honneurs de la Patrie, votre mère commune; et rendus à vos affaires, montrez à vos enfans, l'exemple de la concorde. ...

Du Clergé et des Municipalités.

Il ne faut pas confondre le clergé et l'église. L'église est l'assemblée des fidèles dans la même communion, le clergé est la corporation de ses prêtres. Une église peut exister sans clergé; telle fut celle des Patriarches, telle est encore de nos jours celle des Quakers : un clergé ne peut subsister sans église.

Rome, dépouillée par les Barbares, reprit sur eux, par le pouvoir de la parole, l'empire qu'elle avoit perdu par la foiblesse de ses armes. Les peuples malheureux dans les Gaules, embrassèrent avec ardeur une religion qui prêchoit la charité dans ce monde, et promettoit un bonheur éternel dans l'autre; ils opposèrent les vertus de leurs premiers missionnaires, aux brigandages de leurs conquérans. Les prêtres, soutenus de la faveur populaire, acquirent une autorité sans bornes. Maîtres des consciences, ils le devinrent bientôt des fortunes, et même des personnes. Comme ils étoient les seuls qui sussent lire et écrire, ils furent chargés de tenir les écoles et de faire les testamens. Les notaires étoient alors des clercs qui dépendoient des évêques : un testament étoit nul, si le testateur n'avoit fait un legs à l'église. Les curés, dès ce temps-là, étoient tenus de tenir registre de ceux de leurs paroissiens qui faisoient leurs pâques, de ceux qui ne les faisoient pas, ainsi que de leurs bonnes et mauvaises qualités, et d'en envoyer des notes aux évêques. Il y a grande apparence qu'ils tenoient alors, comme aujourd'hui, un état des naissances, des mariages et des morts. Toutes les aumônes étoient données aux églises, auxquelles il étoit permis de recevoir argent, maisons, terres, seigneuries, et jusqu'à des esclaves.

Ainsi, avec tant de lumières, de moyens et d'ordre, les évêques devinrent tout-puissans. On voit dans l'histoire de quelle manière ils en agissoient envers les rois au nom des peuples, comme leurs pasteurs; envers les peuples au nom de Dieu, comme ses ministres; et envers les papes même, au nom de l'église Gallicane, comme ses chefs. Leur autorité excita la jalousie de Rome. Cette capitale du monde chrétien leur opposa les ordres monastiques qui relevoient immédiatement d'elle, quoique soumis en apparence aux évêques. Le clergé français se divisa alors en deux corps, le séculier et le régulier : toute puissance divisée s'affoiblit; les moines qui formoient le clergé régulier étant, par leur constitution, plus unis entre eux, et n'ayant qu'un chef unique dans le pape, étendirent leur pouvoir bien plus loin que les membres du clergé séculier, souvent distraits par les affaires du siècle, et soumis à différens évêques qui n'avoient pas toujours les mêmes vues. Le clergé séculier dominoit dans les villes, les moines s'établirent dans les campagnes. Ils auroient obtenu bientôt la plus grande prépondérance dans tout le royaume, s'ils n'y avoient formé qu'un seul ordre, comme les moines de Saint-Bazile en Russie. Mais dans la crainte, peut-être, qu'ils ne vinssent comme ceux-ci à se rendre indépendans par leurs richesses, Rome divisa elle-même sa propre force. Elle introduisit en France un grand nombre d'ordres religieux, dont les chefs résidoient chez elle; et qui non-seulement se partagèrent les fonctions ecclésiastiques, mais même envahirent une partie des occupations séculières. La plupart dans l'origine furent mendians, et s'introduisirent sous le prétexte si spécieux de la charité. Les Dominicains, d'abord frères prêcheurs, devinrent ensuite inquisiteurs. Les Bénédictins se firent archivistes dans un siècle où l'on ne savoit ni lire ni écrire, et se chargèrent d'une partie de l'éducation publique, qui donne tant d'influence sur les citoyens. Ils furent imités et bientôt surpassés par les Jésuites, qui réunirent à eux seuls les talens des différens ordres, et bientôt toute leur puissance. D'autres ne dédaignèrent pas de faire des essences, du chocolat, de fabriquer des bas de soie, de commercer. D'autres furent en mission dans les pays étrangers. Quoique prêchant le christianisme, ils accompagnèrent nos soldats dans leurs conquêtes, et acquirent des terres en Amérique, et des esclaves en Afrique pour les cultiver. D'autres, comme les Mathurins, s'enrichirent en quêtant pour la délivrance de ceux que faisoient sur nous les barbares de l'Afrique. Ils rachetoient les blancs captifs à Maroc, parce que, disoient-ils, ils étoient chrétiens : cependant beaucoup d'autres moines achetoient des noirs en Guinée pour en faire des esclaves sur leurs habitations de l'Amérique, et les rendoient chrétiens pour les captiver davantage.

Enfin la puissance civile commença à s'éclairer sur ses intérêts. Elle retira d'abord, en partie, l'éducation publique des mains des moines et du clergé, par l'établissement des Universités ; ensuite elle créa des notaires municipaux, auxquels elle confia le soin de recueillir les testamens ; elle défendit de donner des biens-fonds aux corps ecclésiastiques, déjà beaucoup trop riches ; mais, par une de ces contradictions si communes dans nos loix, elle chargea les curés de tenir des registres publics des naissances, des mariages et des morts, afin de constater l'état des citoyens. Il est clair que cet office appartenoit aux municipalités ; mais le peuple, accoutumé à la servitude, étoit comme cette vieille ule à laquelle les Athéniens donnèrent la liberté à cause de ses services, mais qui, par l'habitude du joug, alloit d'elle-même se ranger avec les autres mules qui portoient des pierres au temple de Minerve.

Depuis que la liberté de conscience est décrétée parmi nous, il est certain que les municipalités seules peuvent constater l'état des citoyens dans les trois principales époques de la vie, la naissance, le mariage et la mort. Comment des ecclésiastiques romains constateroient-ils, comme citoyens, des Français qu'ils ne considèrent pas comme des hommes, puisqu'ils les regardent comme ennemis de Dieu lorsqu'ils ne sont pas de leur communion? Il est certain encore que la distribution des aumônes, la direction des hôpitaux et de tous les lieux de charité, appartient uniquement aux municipalités. Elles doivent des soins charitables à tous les citoyens, de quelque religion qu'ils soient. On ne voit pas sans étonnement à l'Hôtel-Dieu, sur les lits des malades, des écriteaux qui portent le mot *Confession* écrits en gros caractères. Ainsi, si l'Hôtel-Dieu avoit été à Jérusalem, on n'y auroit point reçu le blessé du Samaritain, parce que son bienfaiteur, si agréable à Jésus-Christ, étoit schismatique! On n'apprend point sans douleur, que les filles mises par charité à la Salpêtrière, n'en peuvent passer les portes pour se promener dans la campagne, avant l'âge de vingt ans; et que celles qui ont atteint cet âge n'en peuvent sortir pour leurs affaires, si elles ne présentent au portier un billet de confession. Ainsi, nos hôpitaux sont devenus des prisons, et la pauvreté y est punie comme un crime! Il faut que les municipalités délivrent les établissemens de charité de tout impôt ecclésiastique. La liberté de conscience doit y régner comme celle de l'air : il y va de l'intérêt de tous les hommes. Le charbon pestilentiel de l'inquisition peut s'y couver, comme toutes les autres maladies épidémiques, physiques et morales, et de là se propager dans les villes. Il y a bien d'autres abus à réformer sur l'emploi de leurs revenus, sur leur police, et même sur la nature de ces établissemens qui entassent tant de malheureux dans le même lieu; mais j'ai indiqué ici les plus dangereux.

Les cimetières ne doivent point être renfermés dans l'intérieur des villes : il y va de la santé de leurs habitans. Il y a d'anciennes loix à ce sujet qui restent sans exécution. La commodité des marguilliers et des gens d'église les porte à les enfreindre, en persuadant au peuple qu'il y va de sa religion. Qu'est-ce cependant qu'un cimetière dans les villes? souvent un lieu de passage, où tous les ossemens sont confondus; on y voit des fosses profondes d'où s'exhale sans cesse un air méphitique. Un orphelin souvent y trouve la mort sur la tombe de celui qui lui donna la vie. Mère infortunée! tu crois que le tertre sur lequel tu verses des larmes renferme le corps de ta fille : en vain tu te consoles par le souvenir de ses graces virginales : il est sur le marbre noir d'un amphithéâtre, exposé nu aux regards et au scalpel d'une jeunesse à laquelle un vain savoir a ôté toute pudeur. Peuples qui révérez les cendres de vos ancêtres, portez-les loin des lieux où les passions des vivans viennent troubler le repos des morts. Ce n'est qu'aux champs et loin des villes que la mort comme la vie trouve un asyle assuré. C'est là qu'on peut rendre à Dieu ce qu'on doit à Dieu, et aux élémens ce qui appartient aux élémens. C'est là où, dans des lieux aérés, on peut entourer les cimetières de murs, y élever des chapelles sépulcrales et y mettre des gardiens. On peut même les planter d'arbres qui rétablissent l'air méphitique en air pur. Rien ne seroit plus intéressant dans un cimetière, que de voir sous les ombres religieuses des chênes, des sapins et des frênes, des générations entières de charpentiers, de menuisiers, de charrons, qui trouvent leur repos au pied des mêmes arbres qui leur avoient donné les moyens de soutenir leur vie. Chaque famille, comme chaque corps, pourroit s'y réserver un coin de terre où les parens et les amis réuniroient leurs cendres.

C'est aux municipalités à veiller particulièrement sur l'exécution de ces loix. Les magistrats sont les véritables pasteurs du peuple. On ne gagne sa confiance qu'en lui parlant; c'est par la parole que les hommes se gouvernent. Le clergé étoit le seul corps qui s'en fût réservé l'usage permis à tous les citoyens dans l'antiquité. Il faut donc parler au peuple, sinon de vive voix, au moins par les édits, les proclamations, les journaux; il faut lui dire la vérité, et la lui faire aimer. D'un autre côté, c'est une coupable indifférence dans ses chefs, de laisser chaque jour des journalistes mercenaires l'effrayer par des bruits qui tendent à lui ôter la confiance qu'il doit à ses représentans, et à renverser la constitution. On ne doit point se jouer de l'opinion des peuples; si ces journalistes disent la vérité, il faut les récompenser comme de bons citoyens; s'ils ont trompé, il faut les punir comme des calomniateurs. L'indifférence à cet égard est un crime dans des magistrats. En vain ils regardent cette licence comme une suite de la liberté. Il n'est point libre d'empoisonner, et la calomnie est le plus dangereux des poisons. Qu'ils y fassent une sérieuse attention; du mépris des loix naîtra celui de leurs personnes, et ensuite leur ruine.

Citoyens, on ne peut trop vous le répéter : si vous voulez être libres, il faut être vertueux. Si vous vous faites suppléer à la guerre par des régimens, dans les œuvres de charité par des corps ecclésiastiques, dans l'étude des sciences par des académies, vous serez, comme par le passé, bientôt asservis, dépouillés et trompés par vos stipendiaires.

De tous les corps, les plus puissans sont ceux qui sont inamovibles. C'est à son inamovibilité que le clergé a dû sur-tout son autorité et ses richesses. Comme un rocher au milieu d'un fleuve, qui accroît sans cesse sa base des alluvions des eaux, il a vu s'écouler autour de lui les familles, les corporations, les dynasties, les royaumes, en augmentant sa puissance de leurs débris. Les autres corps inamovibles qui la lui disputoient, n'existent plus. Le clergé régulier est supprimé, ainsi que les parlemens. Il n'a plus de contre-poids que dans des assemblées de citoyens dont les membres se renouvellent sans cesse, et sont bien rarement d'accord.

Pour attacher les prêtres à la constitution, il faut les rendre citoyens. Il est plus sûr de les y lier par leurs intérêts que par leurs sermens. Pour en venir à bout, on a déjà employé un très-bon moyen en les faisant soudoyer par l'Etat. Il y en a encore un autre plus puissant, parce qu'il les rapproche des loix de la nature ; c'est celui du mariage. Les anciens patriarches, Abraham et Jacob, ces premiers pontifes de la loi naturelle, ces hommes purs qui communiquoient avec les anges, étoient entourés de nombreux enfans. Moïse, à qui Dieu dicta les loix des Juifs, et Aaron son frère, revêtu du suprême sacerdoce, étoient mariés. Les prêtres catholiques se marioient dans la primitive église. S. Paul dit positivement, dans son épître première aux Corinthiens, chap. 26 : « Quant aux vierges, je n'ai point reçu » de commandement du Seigneur ; mais voici le con- » seil que je donne : je crois qu'il est avantageux à » l'homme de ne se point marier, à cause des néces- » sités fâcheuses de la vie présente ». Il est clair que S. Paul n'adresse point ce conseil au peuple, puisque le célibat eût entraîné sa destruction, mais aux ecclésiastiques qui avoient peu de moyens de subsister dans ces premiers temps, où l'église naissante étoit pauvre et persécutée. En effet, en parlant de leurs chefs, il dit ailleurs : « Que l'évêque » n'épouse qu'une seule femme », c'est-à-dire, qu'il ne se marie qu'une fois. Les prêtres de l'église grecque, qui ont conservé la plupart des usages de la primitive église, se marient encore. Mais est-il besoin d'autorité lorsqu'on a celle de la nature ? Elle fait naître par toute la terre les hommes et les femmes en nombre égal. Or un prêtre qui ne se marie point, force au célibat une fille que la nature avoit fait naître sa contemporaine pour être sa compagne. Que deviendront les filles célibataires, maintenant qu'il n'y a plus de couvens de filles religieuses ? Enfin les loix de la société invitent tous les hommes au mariage. Le célibat peut convenir à un particulier, mais jamais à un corps. Les prêtres seront bons citoyens, quand ils seront époux et pères de famille. Déjà plusieurs d'entre eux viennent d'en donner l'exemple, en se mariant devant les municipalités. Ils ont obéi à cette première loi de Dieu, qui accompagna la naissance du monde : « Croissez » et multipliez » ; loi suivie par les prêtres de l'église patriarchale, de l'église judaïque, de l'église chrétienne primitive, et de l'église grecque. L'église romaine semble ne l'avoir interdite aux siens, que pour les attacher davantage à ses intérêts, en les séparant de ceux de leur famille et de leur Patrie. Toutes les religions du monde conduiroient les hommes à Dieu en se rapprochant de la nature, mais la plupart s'en éloignent pour ne pas se rapprocher les unes des autres.

On peut dire à la louange de notre clergé, qu'il est un des moins intolérans de tous ceux de l'église catholique. Ses libertés, qui passent à Rome pour des hérésies, ont sauvé la nation du joug ultramontain. Il n'a jamais voulu admettre l'inquisition établie en Italie, en Portugal, en Espagne, et jusques dans les Indes. C'est cet odieux tribunal, que la politique de Rome étend par toute la terre, sous le prétexte de protéger la religion, qui a séparé d'elle les peuples du Nord de l'Europe. C'est à lui qu'on doit attribuer la révolution d'Avignon, quoique son joug y fût fort léger, à cause du voisinage de la France; mais il n'y en a point de plus pesant que celui qui enchaîne les consciences. Chaque habitant d'Avignon étoit obligé de présenter à Pâques un billet de confession à son curé : ce n'étoit, dit-on, qu'une formalité; mais un homme obligé de dissimuler sur sa conscience, devient faux dans toute sa conduite. Quand on est forcé de tromper sur sa religion, on trompe sans scrupule dans toutes ses affaires. Tout l'ordre civil porte sur l'ordre moral, et celui-ci sur le religieux. L'inquisition est seule la cause de la méfiance, de la mauvaise foi, de tous les vices du cœur et de toutes les erreurs de l'esprit qu'on reproche aux nations chez lesquelles elle a fondé son empire. Cette justice infernale se glisse par-tout comme un serpent; elle empoisonne de son venin les établissemens les plus utiles, même chez les peuples qui lui sont étrangers. Qui croiroit, par exemple, qu'il y a à Rome une bulle qui condamne à mort les francs-maçons, dont la société n'a cependant d'autre but que d'aider les malheureux de toutes les religions? Paroît-il un livre célèbre dans quelque partie de l'Europe? l'inquisition s'en empare, le condamne, et le mutile suivant ses intérêts. Les plus innocens sont souvent les plus maltraités. J'en citerai un exemple tout récent. On vient de m'envoyer une traduction italienne de *Paul et Virginie*, imprimée à Venise, et approuvée par l'inquisition qui en a ôté presque toute la conversation de Paul et du vieux habitant, sans doute parce qu'on y parle des injustices des grands envers le mérite et la vertu. Ainsi ce tribunal est le fauteur de toutes les tyrannies, même de celles qui ne sont pas religieuses. Ce qui m'a le plus surpris, c'est qu'il a retranché de ma pastorale des images fort naïves et fort naturelles : telle est celle où Paul et Virginie, alaités alternativement par leurs mères infortunées, sont comparés à deux bourgeons greffés sur des arbres dont la tempête a brisé toutes les branches, et celle où l'un et l'autre enfant se mettent à l'abri de la pluie sous le même jupon.

L'inquisition est l'ennemie de la nature et du genre humain. Je crois donc que le genre humain doit user envers elle de représailles. Comme elle a par-tout des émissaires et des confréries, il me semble que l'Assemblée nationale, qui a établi pour base de la constitution les droits de l'homme, feroit fort sagement de décréter que tout homme affilié à l'inquisition ne pourroit être reçu en France, même étant revêtu d'un caractère public, et que tout livre approuvé par elle y seroit défendu, comme étant, par cette approbation même, suspect de contenir des maximes favorables à ses intérêts, et contraires à ceux du genre humain. Il convient à une nation généreuse, de faire une guerre perpétuelle aux ennemis des droits de l'homme.

Quoiqu'il y ait eu chez nous en tout temps des prêtres qui ont tâché d'y introduire l'inquisition, en commençant par des billets de confessions et de communions pascales, et qu'il en reste encore des traces dans nos hôpitaux, on peut dire que la masse générale de notre clergé a beaucoup de patriotisme. C'est ce que nous venons d'éprouver dans notre révolution. Un grand nombre d'ecclésiastiques des plus éclairés et des mœurs les plus pures, se sont rangés du côté du peuple. Il faut donc les attacher de plus en plus à ses intérêts, et rien n'y est plus propre que la solde publique et les mariages. Ils deviendront citoyens en devenant fonctionnaires publics et pères de famille (1). Mais il ne suffit pas de rapprocher les prêtres du peuple par les liens de la société et de la nature, il faut rapprocher le peuple des prêtres et de la religion par ceux de l'intelligence et du sentiment. Pour cela, il faut substituer la langue française à la langue latine dans les prières de notre *Eglise Gallicane*.

---

(1) J'observerai à ce sujet, qu'il ne semble pas juste de dépouiller les prêtres non assermentés de leurs pensions, parce qu'ils refusent de prêter le serment civique. Ces pensions ne leur ont été accordées que parce qu'ils l'avoient refusé, et qu'en conséquence, étant déchus de leurs fonctions publiques, on leur laissoit quelques moyens de subsistance. Ce seroit donc aller contre l'esprit du premier décret que d'exiger le serment civique pour ces mêmes pensions; il suffit d'en priver ceux qui cabaleroient contre la constitution.

À quelles coutumes déraisonnables l'habitude ne peut-elle pas assujettir les hommes ? N'est-il pas bien étrange que le peuple français prie Dieu en latin ? Que diroit-il si on le prêchoit dans la même langue ? Ce ne seroit cependant qu'une conséquence de son propre usage ; le sermon étant, comme les offices de l'église, la parole de Dieu, il seroit naturel de faire parler Dieu au peuple, dans la même langue que le peuple parle à Dieu. Cette coutume en effet a existé pendant beaucoup de siècles. Il a été un temps où l'église romaine ne permettoit pas de traduire l'écriture sainte en langue vulgaire. Quelle communication pouvoit donc exister entre Dieu et les peuples, qui se parloient dans une langue inintelligible? C'étoit, disoit le clergé romain, pour entretenir le respect de la religion ; mais quelle étrange religion que celle d'où l'on a banni l'amour de Dieu ! car il ne peut y en avoir dans des prières que l'esprit ne comprend pas, et avec lesquelles le cœur ne peut exprimer ses sentimens. Il y a long-temps que S. Paul s'étoit récrié contre cet abus; et ce qu'il y a de bien extraordinaire, et que je ne crois pas qu'on ait remarqué, c'est à l'occasion des premiers chrétiens, qui avoient reçu le don des langues, et qui ne les entendoient pas eux-mêmes. Voici ce qu'il en dit dans sa première épître aux Corinthiens : « Que si la trompette ne rend qu'un » son confus, qui se préparera au combat ? De

» même si la langue que vous parlez n'est intelligible,
» comment pourra-t-on savoir ce que vous dites ?
» Vous ne parlerez qu'en l'air... Si donc je n'entends
» pas ce que signifient les paroles, je serai barbare
» à celui qui me parle, et celui qui me parle sera
» barbare... C'est pourquoi, que celui qui parle
» une langue, demande à Dieu le don de l'interpré-
» ter : car si je prie en une langue que je n'entends
» pas, mon cœur prie, mais mon esprit et mon
» intelligence sont sans fruits... Que si vous ne
» louez Dieu que du cœur, comment celui qui est
» du simple peuple, répondra-t-il *Ainsi-soit-il* à la
» fin de votre action de graces, puisqu'il n'entend
» pas ce que vous dites ?...». (Chapitre 14, versets 8
et 9, 11, 13 et 14, 16.)

Puisqu'il faut dire la vérité, quand nous n'aurions pas l'exemple de S. Paul, l'usage de la langue latine, comme le célibat des prêtres, est un effet de la politique de Rome moderne, pour asservir les peuples à son empire. En retranchant aux prêtres les femmes et les enfans, elle les détachoit de leurs familles et de leur Patrie, et les attachoit plus particulièrement à sa puissance, en ne leur donnant d'autre affection que celle de son service. Les princes conquérans exigent les mêmes sacrifices de leurs soldats, ils ne leur permettent pas de se marier. D'un autre côté, Rome, en ne réservant qu'aux prêtres la connoissance de la langue sacerdotale, soumettoit, par son moyen, les peuples qui ne la comprenoient pas, à une obéissance aveugle : c'est ainsi que les despotes de l'Orient emploient, pour l'exécution de leurs volontés, des eunuques et des muets.

Il est cependant du plus grand intérêt pour l'église romaine, de propager la religion par tous les dialectes du monde. Les religions ne se répandent que par les langues; ce sont nos nourrices qui sont nos premiers apôtres; et chez la plupart des peuples, ce sont des femmes qui ont été les premiers missionnaires. Je ferai à ce sujet une observation bien importante; c'est que par tout pays les religions ont suivi le sort des langues où elles sont nées. La première religion des Romains périt avec la langue toscane, qui lui avoit donné naissance. Celle du dieu Lama, en Tartarie, s'est répandue dans la Chine avec les Tartares qui y introduisirent leur langue lorsqu'ils en firent la conquête. Le judaïsme resta long-temps renfermé parmi les seuls Hébreux, parce qu'ils ne communiquoient pas avec les autres nations. Mais lorsque le christianisme leur fut prêché, il pénétra au midi en Afrique avec eux, et forma une religion mêlée de judaïsme, comme on le voit encore de nos jours en Ethiopie. Lorsqu'ensuite il fut annoncé à l'orient, aux Grecs, il s'étendit successivement avec les débris de leurs langues, chez les Grecs de l'Archipel, de la Grèce proprement dite et de Constantinople; dans la Moldavie, la Russie, une partie de la Pologne, et dans tous les pays où l'on parle la langue esclavone, qui est dérivée du grec. Lorsqu'il fut prêché aux Romains, il se répandit à l'occident chez les peuples qui parlent des langues dérivées de la langue latine, tels que les Italiens, les Espagnols, les Portugais et les Français. Enfin, ayant pénétré chez les peuples du nord avec la langue celtique, il s'établit chez les peuples qui en parlent les dialectes, tels que les Allemands, les Suisses, les Hollandais, les Suédois, les Danois, les Anglais. Ainsi, comme il y a trois langues primitives en Europe, qui sont la grecque, la latine et la celtique, la religion chrétienne se divisa en trois grandes églises, qui sont la grecque, la romaine, et la dissidente, qu'on pourroit appeler celtique. Chacune d'elles produisit différentes communions, suivant les différens dialectes de leur langue-mère; ainsi l'église grecque se subdivisa en différens patriarchats, de Constantinople, de Russie, en maronite...; la latine, en romaine, en gallicane, &c.; la dissidente ou celtique, en luthérienne, en calviniste, en anglicane, &c. Cela est si vrai, que chez les peuples où il y a un mélange de deux langues, il y en a aussi un de deux communions. Ainsi, chez les Polonais, dont la langue est mêlée de grec et de latin, il y a l'église grecque et l'église latine; chez les Suisses, dont une partie parle français et l'autre allemand, il y a des cantons catholiques et des cantons dissidens. Il y auroit eu, suivant toute apparence, en Europe, une quatrième église chrétienne, qui auroit été hébraïque, si les premiers hébreux qui se firent chrétiens eussent été sédentaires; mais leur commerce les portant vers l'Afrique et l'Arabie, ils y établirent, comme je l'ai dit, le christianisme abyssin, mêlé de judaïsme, et ils donnèrent probablement naissance au mahométisme, qui est, comme on le sait, un mélange de ces deux religions. Le mahométisme lui-même se propageant avec la langue arabe, chez les Arabes, les Africains, les Turcs, les Persans et les Indiens, se subdivisa en plusieurs sectes, suivant les dialectes de cette langue-mère.

Ainsi, les religions suivent le sort des langues. Je tire de cette importante observation, deux conséquences très-essentielles; la première, c'est qu'un peuple doit parler la langue de sa religion, pour y être attaché. Il est très-remarquable que les peuples qui prient Dieu dans leur langue maternelle, tiennent bien plus à leur religion que les autres. Tels sont les Juifs, les Arabes, les Turcs; et en Europe, les communions dissidentes, chez lesquelles il y a bien moins de renégats que dans les catholiques. Il est donc nécessaire de faire chanter les offices latins de nos églises, en français, afin de lier notre peuple à sa religion, et mettre d'accord les paroles et les sentimens des fidèles, comme le vouloit S. Paul. Comme toute réforme doit se faire peu à peu, on pourroit laisser subsister quelque temps, dans la langue sacerdotale, la messe et les fonctions religieuses qui renferment des mystères ; mais on introduiroit dans les autres offices de l'église gallicane, non-seulement des pseaumes français, mais des prières et des hymnes, qui auroient des rapports directs avec les besoins de notre Patrie plutôt qu'avec ceux de Jérusalem. C'est par des moyens semblables que les missionnaires, et sur-tout les jésuites, avoient attiré tant de peuples sauvages au catholicisme. La seconde conséquence qui résulte des relations que la religion de chaque peuple a avec sa langue, c'est qu'il faut tolérer toutes les communions. Damner un homme parce qu'il n'est pas catholique, c'est l'envoyer en enfer parce qu'il ne parle pas un des dialectes de la langue latine : d'un autre côté, ne sauver que des Italiens, des Espagnols, des Français, c'est n'ouvrir le ciel qu'à un bien petit nombre d'élus, dont le principal mérite a été de naître dans un coin de l'Europe, qui n'est elle-même qu'une bien petite portion de la terre, et qui n'en est certainement pas la plus innocente. Ainsi, c'est faire du salut des hommes une affaire de géographie, ou plutôt de grammaire. Jésus-Christ ne pensoit pas ainsi, lorsqu'il vint rappeler d'abord les Juifs aux loix éternelles de la nature ; il n'eut pas l'intention de confier l'empire des consciences et de la vérité à une portion de la terre, mais au ciel ; à aucun homme, mais à Dieu ; à aucune langue artificielle et orale, mais à celle du cœur et au sentiment. Si donc les papes veulent ramener les peuples à Dieu, c'est de les rappeler à la nature, sans violence, sans ruse, sans inquisition. Qu'ils exercent en grand l'empire de la vertu ; qu'ils y emploient le respect qu'inspirent leur dignité, leur âge, cet ancien souvenir de Rome, jadis maîtresse du monde, et sur-tout la morale sublime de l'évangile et de la religion ; qu'ils viennent au secours des peuples malheureux, en flétrissant ceux qui réduisent les noirs à l'esclavage, qui s'emparent des terres des pauvres Indiens, qui font des guerres ambitieuses, qui troublent les nations par leurs intrigues, etc. cette langue, comme celle de l'évangile, sera entendue par tout l'univers, et l'univers alors se fera romain.

Il y a une autre langue qui en impose pour le moins autant au peuple que la latine, et qui n'est guère plus intelligible pour lui, c'est celle des cloches. L'ambition de chaque corps a deux langages : le premier parle aux yeux par des signes ; le second, aux oreilles par des bruits : ainsi elle captive les deux sens principaux de l'ame, qui ne devroient s'ouvrir qu'à la raison.

J'ai vu autrefois dans Paris, suspendus aux boutiques des marchands, des volans de six pieds de hauteur, des perles grosses comme des tonneaux, des plumes qui alloient au troisième étage, un gant dont les doigts ressembloient à des troncs d'arbres, une botte qui contenoit plusieurs bariques; on auroit cru Paris habité par des géans. Cependant ces énormes enseignes n'annonçoient que des marchands de jouets d'enfans, de bijoux, de modes, des gantiers, des cordonniers. Enfin, comme elles alloient toujours en augmentant, ainsi que vont tous les signes de l'ambition, la police les fit réduire à une grandeur raisonnable, parce qu'ils empêchoient de voir les maisons, et que dans un coup de vent elles pouvoient en écraser les habitans. Tout ce monstrueux appareil étoit une image fidèle des ambitieux en concurrence; quand tous veulent se distinguer, aucun ne se distingue, et leurs grands efforts généraux finissent souvent par les anéantir en particulier.

La police ne réforme point les autres langages de l'ambition, parce qu'ils n'importent point à la vie des citoyens: tels sont ceux qui ne sont que bruyans. Le but de tout ambitieux étant d'attirer sur lui l'attention publique, il est certain que le moyen le plus sûr d'y parvenir est de faire beaucoup de bruit. Aussi entend-on dans la capitale du royaume, la plupart des métiers s'évertuer à qui criera le plus fort. Tous les marchands ambulans ont leurs cris ; et si vous joignez à leurs paroles inintelligibles, les cris aigus des laitières, les voix enrouées et les cornets des porteurs d'eau, les juremens des charretiers, les clameurs des poissardes, les roulemens des charrettes, des carrosses, les cabriolets à ressorts d'acier résonnant, les cliquetis de la petite poste, les tambours des gardes, etc. vous trouverez que Paris est la ville la plus tumultueuse de l'Europe. Mais tout cela n'est rien auprès du bruit des cloches. L'ambition des paroisses et des couvens a jouté à qui en auroit de plus grosses et en plus grand nombre. Il y a telle cloche qui fait plus de bruit à elle seule que dix mille citoyens ; et comme il y a à Paris plus de deux cents clochers, on doit juger du tumulte épouvantable que font ces monumens, sur-tout les jours de fête. Certes c'est une chose monstrueuse et à laquelle la seule habitude peut nous former, d'entendre mugir de grosses tours, et des sons barbares sortir des temples de la paix, même pendant la nuit. Les cloches sonnent la veille, le jour et le lendemain des grandes fêtes, de celles des paroisses, et même des simples confréries. Comme le bruit des cloches est un moyen sûr à un bourgeois inconnu d'attirer sur lui la considération de son quartier, il fait sonner son mariage, le baptême de ses enfans, mais surtout les enterremens de ses parens, la veille, le jour et le bout de l'an. Il fonde même des obits pour faire sonner après sa mort à perpétuité. Enfin, s'il est riche, il fait sonner son dîner et son souper, car chaque hôtel a aussi sa cloche. Tous ces bruits nous rendent le peuple le plus bruyant de l'Europe, et partant le plus vain; car si l'ambition a pour but principal de faire du bruit, le bruit a aussi pour objet de nous donner de l'ambition. On en voit la preuve dans les tambours et les trompettes dont on anime à la guerre, non-seulement les soldats, mais les chevaux. Aussi le premier meuble que les mères donnent chez nous à leurs petits garçons est un tambour. C'est en effet le premier instrument de la plus glorieuse des ambitions, celle de tuer des hommes; et si elles ne leur donnent pas des cloches, c'est que le son n'en est pas militaire. Je voudrois donc qu'on diminuât le nombre, le calibre et la sonnerie de la plupart des cloches, et que le clergé fît entendre au peuple qu'elles n'entrent pour rien dans la religion, encore qu'elles soient baptisées : elles sont souvent des monumens, non de la piété de leurs fondateurs, mais de leur ambition, comme on le voit à leurs armoiries qui y sont empreintes. Les apôtres n'en avoient jamais vu. Elles nous viennent de l'Inde et de la Chine, ainsi que beaucoup d'autres inventions que nous avons adoptées des peuples idolâtres, et multipliées à l'excès. Les Turcs, les Persans, les Arabes, loin de s'en servir, les ont défendues dans leurs Etats aux peuples chrétiens ; ils les regardent comme des instrumens d'idolatrie. Ils croient qu'il n'y a que la voix de l'homme qui soit digne de louer Dieu. Ce sont chez eux les voix des Musselims qui appellent du haut des minarets les peuples à la prière. Les cloches ne sont point nécessaires pour réunir les hommes. On s'assemble sans cloches, aux théâtres, aux tribunaux, à l'Assemblée nationale. Il seroit donc à propos que l'on ne conservât des cloches que celles qui annoncent les heures et les offices publics. Leur sonnerie est un abus, lucratif, à la vérité, pour les églises, mais ennuyeux pour les vivans, et inutile aux morts.

Rapprochons-nous, en tout, de la nature. Elle n'emploie les sons aigus et les bruits tumultueux que pour annoncer les tempêtes. Elle fait précéder l'orage des roulemens du tonnerre, et l'hiver, du gémissement des vents ; mais elle annonce les beaux jours et le printems par le chant des oiseaux. Imitons-la dans nos villes. Leurs cris aigus, enroués, menaçans, les sons bruyans des tambours et des cloches, exaspèrent à la longue l'ouïe et l'ame des citoyens. Remplaçons-les par des sons convenables à chaque état. Chacun d'eux doit y pourvoir aux besoins de la société : qu'ils s'annoncent donc par des chants et par des sons agréables, nous verrons insensiblement s'adoucir les organes et le caractère de leurs habitans. Chaque jour deviendra, dans les villes, un jour de fête, comme il devroit l'être au milieu des campagnes.

Il n'est pas nécessaire de répéter ici que les municipalités, et surtout celle de Paris dont elles prennent l'exemple, doivent établir dans les villes, des trottoirs, des latrines publiques, faire couvrir de terre les voiries des environs, donner aux maisons des citoyens des dispositions agréables et commodes, les faire construire en pierres pour les préserver du feu..... La nouvelle constitution les appelle à des fonctions encore plus relevées; elles doivent s'occuper autant des besoins moraux du peuple que de ses besoins physiques. Les principaux sont les fêtes publiques. Les fêtes sont nécessaires aux hommes. La nature n'a pris tant de soin de décorer la terre de verdure, de fleurs, de parfums, d'oiseaux chantans, et d'en varier les scènes de forêts, de prairies, de montagnes, de fleuves que chaque jour elle éclaire des feux d'une nouvelle aurore et d'un nouveau couchant, que pour faire de ce globe un lieu de fêtes perpétuelles. La pompe bienfaisante de la nature invite l'homme à l'amour de ses semblables et de la divinité. Le peuple en est privé dans les villes, où il ne trouve au milieu de ses travaux d'autres délassemens que des fêtes religieuses, instituées souvent pour des étrangers, remplies de cérémonies qui lui sont inconnues, et qu'il ne comprend pas plus que la langue dans laquelle il s'adresse à Dieu. Si quelquefois les municipalités lui offrent des réjouissances patriotiques, c'est dans quelque circonstance meurtrière où le bruit du canon l'invite à un feu d'artifice qui coûte fort cher, qui ne dure qu'un moment, et qu'il voit de loin.

Les fêtes sont dans la navigation de la vie, ce que sont les îles au milieu de la mer, des lieux de rafraîchissement et de repos. Les plus mystérieuses même ont tant de pouvoir sur les peuples par leur musique et leurs processions, qu'on peut les regarder comme les principaux moyens qui attirent au catholicisme les peuples sauvages, et qui y maintiennent les peuples policés. Que seroit-ce, si à leur expression physique, il s'en joignoit une morale? Les municipalités doivent donc établir des fêtes patriotiques, pour attacher les citoyens à la constitution. On en a fait un sublime essai au Champ-de-Mars, appelé à cette époque le Champ de la Confédération; mais ce n'étoit qu'une fête militaire, on n'y voyoit presque que des hommes en uniforme. Il faut entourer l'autel de la Patrie d'un appareil civil et religieux, et entremêler aux gardes nationales, des chœurs de jeunes filles et d'enfans couronnés de fleurs, qui chantent alternativement au son des flûtes et des hautbois, des hymnes françaises semblables au poëme séculaire d'Horace. Enfin ces fêtes publiques doivent être présidées, comme par leurs pontifes naturels, par les chefs de l'administration, ayant le roi à leur tête : ainsi on ramenera le sacerdoce à sa première origine.

Le Champ de la Confédération peut devenir pour cet objet un lieu de la plus grande dignité, en l'entourant, comme un cirque romain, de bancs de pierre et des statues de nos hommes illustres, et en logeant l'Assemblée nationale dans l'Ecole militaire, qui le termine à une de ses extrémités. Mais, quelque vaste qu'il soit, il me paroît encore trop petit pour donner des fêtes au peuple de Paris.

J'ai à proposer un espace beaucoup plus grand, plus à sa portée, et dont l'architecture est toute faite. Il n'y a point de place dans Paris où on puisse réunir seulement la dixième partie de sa population; et quand on pourroit la rassembler toute entière dans quelque plaine voisine, comme celle des Sablons, ce seroit toujours un grand obstacle à cette réunion, que l'éloignement où se trouveroient la plupart des citoyens, des quartiers qu'ils habitent. Paris a près d'une lieue et demie de diamètre. Joignez à cette distance, que doivent parcourir à pied et au soleil la plupart des femmes et des enfans à aller et venir, ce qui entraîne la nécessité d'interrompre dans Paris la circulation des voitures et des gens à cheval, le désordre inséparable des grandes multitudes qui, réunies en une seule masse, pèsent toujours sur leur centre.

Pour rassembler commodément le peuple de Paris, il ne faut pas l'éloigner de la ville ; et comme aucune place ne peut l'y contenir, au lieu de l'attirer des faubourgs vers un centre commun, il faut, au contraire, le porter du centre aux faubourgs. Ainsi, au lieu de l'attirer, comme dans l'ancien régime, dans cette misérable petite place de la Grève, destinée aux exécutions qui souillent depuis tant de siècles l'hôtel-de-ville, il faut le rassembler sur les boulevards. Il y trouvera une large promenade de plusieurs lieues de longueur, ombragée de quatre rangs d'arbres, sans compter ceux qu'on a plantés au-dehors des murs. Chaque boulevard est à la portée des habitans de chaque quartier, et chaque habitant peut parcourir à pied, à cheval ou en carrosse, ce vaste espace circulaire qui entoure Paris, jouissant à la fois de la ville et de la campagne, lorsqu'on aura abattu les murs qui en interceptent la vue. Il résulte de cet emplacement d'autres avantages considérables : c'est qu'on peut employer les superbes bâtimens des barrières, construits en forme de rotondes, de colonnes colossales, de panthéons, de temples égyptiens, destinés jadis aux logemens des commis du fisc, à servir désormais de monumens aux grands hommes qui ont bien mérité de la Patrie. On en placeroit les statues entre les colonnes ou sur les entablemens de ces édifices, aux mêmes barrières où aboutissent les chemins des provinces dont ces grands hommes sont originaires. Leurs simulacres augustes seroient tournés vers ces mêmes provinces, comme s'ils en invitoient les habitans à venir dans la capitale, ou ceux de la capitale à s'intéresser à ceux des provinces. Chacun de ces monumens pourroit servir d'hospice passager à de pauvres voyageurs. On y liroit, sur de grandes tables de pierre, des inscriptions relatives aux grands hommes qui ont mérité d'en devenir les divinités tutélaires par les services qu'ils ont rendus aux infortunés. Les jours de fêtes patriotiques, on les décoreroit de guirlandes de feuillages et de fleurs; on y feroit des distributions de vivres au peuple, et ces mêmes nuits on les illumineroit de cordons de lumières. Ces temples de l'hospitalité, d'une architecture antique, liés les uns aux autres par une triple avenue d'arbres verds, remplie d'un peuple libre et heureux, formeroient autour de Paris une couronne de félicité et de gloire qui la rendroit la capitale des nations.

L'Assemblée constituante a décrété que l'église neuve de Sainte-Geneviève serviroit à réunir les tombeaux des grands hommes qui auront bien mérité de la Nation. Comme ces citoyens illustres sont souvent de différentes communions qui s'excommunient mutuellement, on a cru, pour les mettre d'accord au moins après leur mort, devoir n'admettre aucun culte dans le temple qui réuniroit leurs cendres. Il a paru à ce sujet un Mémoire intéressant où l'on propose d'en dédier l'autel à la Patrie, et d'y faire prononcer les sermens des magistrats. Mais où sont les vertus qui peuvent se reposer ailleurs que sur l'Être suprême qui les donne, et peut seul les récompenser dignement ?

Je voudrois donc que ce monument fût consacré à la divinité par ces mots : *A Dieu, père de tous les hommes*. Le Mémoire que j'ai cité, observe que la sculpture devoit figurer aux extrémités de ses nefs, quatre religions, la judaïque, la grecque, la romaine, et la gallicane. Je ne sais quelles réflexions auroient fait naître les symboles de quatre religions engendrées les unes des autres, qui se haïssent et se persécutent. Il me semble bien plus convenable d'y introduire la religion primitive ou patriarchale, dont toutes les autres sont émanées, et d'en nommer pour pontifes les premiers magistrats. Son culte antique, simple et répandu par toute la terre, conviendroit aux grands hommes de toutes les communions, puisqu'ils ne peuvent être grands qu'en servant le genre humain. Il est le seul qui puisse rapprocher les hommes de toutes les religions, car il n'y en a aucune qui n'admette Dieu pour principe et pour fin. Ainsi les morts donneroient aux vivans des leçons de tolérance.

Je ne peux mieux terminer cet article qu'en insérant ici une anecdote orientale bien propre à inspirer à tous les hommes la tolérance religieuse.

LE CAFÉ DE SURATE.

Il y avoit à Surate un café où beaucoup d'étrangers s'assembloient l'après midi. Un jour il y vint un Seidre Persan ou docteur de la loi, qui avoit écrit toute sa vie sur la théologie, et qui ne croyoit plus en Dieu. Qu'est-ce que Dieu, disoit-il? d'où vient-il? qu'est-ce qui l'a créé? où est-il? Si c'étoit un corps, on le verroit : si c'étoit un esprit, il seroit intelligent et juste; il ne permettroit pas qu'il y eût des malheureux sur la terre. Moi-même, après avoir tant travaillé pour son service, je serois pontife à Ispahan, et je n'aurois pas été forcé de m'enfuir de la Perse après avoir cherché à éclairer les hommes. Il n'y a donc point de Dieu. Ainsi le docteur égaré par son ambition, à force de raisonner sur la première raison de toutes choses, étoit venu à perdre la sienne, et à croire que c'étoit non sa propre intelligence qui n'existoit plus, mais celle qui gouverne l'univers. Il avoit pour esclave un Cafre presque nu, qu'il laissa à la porte du café. Pour lui, il fut se coucher sur un sopha, et il prit une tasse de coquenar ou d'opium. Lorsque cette boisson commença à échauffer son cerveau, il adressa la parole à son esclave qui étoit assis sur une pierre au soleil, occupé à chasser les mouches qui le dévoroient, et il lui dit : Misérable noir ! crois-tu qu'il y ait un Dieu ? Qui peut en douter ? lui répondit le Cafre. En disant ces mots, le Cafre tira d'un lambeau de pagne qui lui ceignoit les reins, un petit marmouset de bois, et dit : Voilà le dieu qui m'a protégé depuis que je suis au monde : il est fait d'une branche de l'arbre fétiche de mon pays. Tous les gens du café ne furent pas moins surpris de la réponse de l'esclave que de la question de son maître.

Alors un brame haussant les épaules, dit au nègre : Pauvre imbécille! comment, tu portes ton dieu dans ta ceinture ? Apprends qu'il n'y a point d'autre Dieu que Brama qui a créé le monde, et dont les temples sont sur les bords du Gange. Les brames sont ses seuls prêtres, et c'est par sa protection particulière qu'ils subsistent depuis cent vingt mille ans, malgré toutes les révolutions de l'Inde. Aussi-tôt un courtier juif prit la parole, et dit : Comment les brames peuvent-ils croire que Dieu n'a de temple que dans l'Inde, et qu'il n'existe que pour leur caste ? Il n'y a d'autre Dieu que celui d'Abraham, qui n'a d'autre peuple que celui d'Israël. Il le conserve, quoique dispersé par toute la terre, jusqu'à ce qu'il l'ait rassemblé à Jérusalem pour lui donner l'empire des nations, lorsqu'il y aura relevé son temple, jadis la merveille de l'univers. En disant ces mots, l'Israélite versa quelques larmes. Il alloit parler encore, lorsqu'un Italien en robe bleue lui dit en colère : Vous faites Dieu injuste, en disant qu'il n'aime que le peuple d'Israël. Il l'a rejeté depuis plus de dix-sept cents ans, comme vous en pouvez juger par sa dispersion même. Il appelle aujourd'hui tous les hommes dans l'église romaine, hors laquelle il n'y a point de salut. Un ministre protestant, de la mission danoise de Trinquebar, répondit en pâlissant au missionnaire catholique : Comment pouvez-vous restreindre le salut des hommes à votre communion idolâtre ? apprenez qu'il n'y aura de sauvés que ceux qui, suivant l'Evangile, adorent Dieu en esprit et en vérité, sous la loi de Jésus. Alors un Turc, officier de la douane de Surate, qui fumoit sa pipe, dit aux deux chrétiens d'un air grave : Padres, comment pouvez-vous borner la connoissance de Dieu à vos églises ? la loi de Jésus a été abolie depuis l'arrivée de Mahomet, le paraclet prédit par Jésus lui-même le verbe de Dieu. Votre religion ne subsiste plus que dans quelques royaumes, et c'est sur ses ruines que la nôtre s'est élevée dans la plus belle portion de l'Europe, de l'Afrique, de l'Asie et de ses îles. Elle est aujourd'hui assise sur le trône du Mogol, et se répand jusque dans la Chine, ce pays de lumières. Vous reconnoissez vous-même la réprobation des Juifs, à leur humiliation, reconnoissez donc la mission du prophète à ses victoires. Il n'y aura de sauvés que les amis de Mahomet et d'Omar ; car pour ceux qui suivent Ali, ce sont des infidèles. A ces mots, le Seidre qui étoit de Perse, où le peuple suit la secte d'Ali, se mit à sourire; mais il s'éleva une grande querelle dans le café, à cause de tous les étrangers qui étoient de diverses religions, et parmi lesquels il y avoit encore des chrétiens Abyssins, des Cophtes, des Tartares Lamas, des Arabes Ismaélites, et des Guèbres ou adorateurs du feu. Tous disputoient sur la nature de Dieu et sur son culte, chacun soutenant que la véritable religion n'étoit que dans son pays.

Il y avoit là un lettré de la Chine, disciple de Confucius, qui voyageoit pour son instruction. Il étoit dans un coin du café, prenant du thé, écoutant tout et ne disant mot. Le douanier turc, s'adressant à lui, lui cria d'une voix forte : Bon Chinois, qui gardez le silence, vous savez que beaucoup de religions ont pénétré à la Chine. Des marchands de votre pays qui avoient besoin ici de mes services me l'ont dit, en m'assurant que celle de Mahomet étoit la meilleure. Rendez comme eux justice à la vérité : que pensez-vous de Dieu et de la religion de son prophète ? Il se fit alors un grand silence dans le café. Le disciple de Confucius, ayant retiré ses mains dans les larges manches de sa robe, et les ayant croisées sur sa poitrine, se recueillit en lui-même, et dit d'une voix douce et posée : Messieurs, si vous me permettez de vous le dire, c'est l'ambition qui empêche, en toutes choses, les hommes d'être d'accord; si vous avez la patience de m'entendre, je vais vous en citer un exemple qui est encore tout frais à ma mémoire. Lorsque je partis de la Chine pour venir à Surate, je m'embarquai sur un vaisseau anglais qui avoit fait le tour du monde. En chemin faisant nous jetâmes l'ancre sur la côte orientale de Sumatra. Sur le midi, étant descendus à terre avec plusieurs gens de l'équipage, nous fûmes nous asseoir sur le bord de la mer, près d'un petit village, sous des cocotiers, à l'ombre desquels se reposoient plusieurs hommes de divers pays. Il y vint un aveugle qui avoit perdu la vue à force de contempler le soleil. Il avoit eu l'ambitieuse folie d'en comprendre la nature, afin de s'en approprier la lumière. Il avoit tenté tous les moyens de l'optique, de la chimie, et même de la négromancie, pour renfermer un de ses rayons dans une bouteille; n'ayant pu en venir à bout, il disoit: La lumière du soleil n'est point un fluide, car elle ne peut être agitée par le vent; ce n'est point un solide, car on ne peut en détacher des morceaux; ce n'est point un feu, car elle ne s'éteint point dans l'eau; ce n'est point un esprit, puisqu'elle est visible; ce n'est point un corps, puisqu'on ne peut la manier; ce n'est pas même un mouvement, puisqu'elle n'agite pas les corps les plus légers: ce n'est donc rien du tout. Enfin, à force de contempler le soleil et de raisonner sur sa lumière, il en avoit perdu les yeux, et, qui pis est, la raison. Il croyoit que c'étoit non pas sa vue, mais le soleil qui n'existoit plus dans l'univers. Il avoit pour conducteur un nègre qui, ayant fait asseoir son maître à l'ombre d'un cocotier, ramassa par terre un de ses cocos, et se mit à faire un lampion avec sa coque, une mèche avec son caire, et à exprimer de sa noix un peu d'huile pour mettre dans son lampion. Pendant que le nègre s'occupoit ainsi, l'aveugle lui dit en soupirant : Il n'y a donc plus de lumière au monde? Il y a celle du soleil, répondit le nègre. Qu'est-ce que le soleil? reprit l'aveugle. Je n'en sais rien, répondit l'Africain, si ce n'est que son lever est le commencement de mes travaux, et son coucher en est la fin. Sa lumière m'intéresse moins que celle de mon lampion qui m'éclaire dans ma caze : sans elle je ne pourrois vous servir pendant la nuit. Alors, montrant son petit coco, il dit : Voilà mon soleil. A ce propos un homme du village qui marchoit avec des béquilles, se mit à rire; et croyant que l'aveugle étoit un aveugle-né, il lui dit : Apprenez que le soleil est un globe de feu qui se lève tous les jours dans la mer, et qui se couche tous les soirs à l'occident dans les montagnes de Sumatra. C'est ce que vous verriez vous-même, ainsi que nous tous, si vous jouissiez de la vue. Un pêcheur prit alors la parole, et dit au boiteux : On voit bien que vous n'êtes jamais sorti de votre village. Si vous aviez des jambes, et que vous eussiez fait le tour de l'île de Sumatra, vous sauriez que le soleil ne se couche point dans ses montagnes; mais il sort tous les matins de la mer, et il y rentre tous les soirs pour se rafraîchir; c'est ce que je vois tous les jours le long des côtes. Un habitant de la presqu'île de l'Inde, dit alors au pêcheur : Comment un homme qui a le sens commun peut-il croire que le soleil est un globe de feu, et que chaque jour il sort de la mer, et qu'il y rentre sans s'éteindre? Apprenez donc que le soleil est une deuta ou divinité de mon pays, qu'il parcourt tous les jours le ciel sur un char, tournant autour de la montagne d'Or de Marouwa; que lorsqu'il s'éclipse, c'est qu'il est englouti par les serpens ragou et kétou, dont il n'est délivré que par les prières des Indiens sur les bords du Gange. C'est une ambition bien folle à un habitant de Sumatra, de croire qu'il ne luit que sur l'horizon de son île; elle ne peut entrer que dans la tête d'un homme qui n'a navigué que dans une pirogue. Un Lascar, patron d'une barque de commerce qui étoit à l'ancre, prit alors la parole, et dit : C'est une ambition encore plus folle de croire que le soleil préfère l'Inde à tous les pays du monde. J'ai voyagé dans la mer Rouge, sur les côtes de l'Arabie, à Madagascar, aux îles Moluques et aux Philippines, le soleil éclaire tous ces pays, ainsi que l'Inde. Il ne tourne point autour d'une montagne; mais il se lève dans les îles du Japon, qu'on appelle pour cette raison Jepon ou Gé-puen, naissance du soleil, et il se couche bien loin à l'occident, derrière les îles d'Angleterre. J'en suis bien sûr, car je l'ai ouï dire dans mon enfance à mon grand-père qui avoit voyagé jusqu'aux extrémités de la mer. Il alloit en dire davantage, lorsqu'un matelot anglais de notre équipage l'interrompit, en disant : Il n'y a point de pays où l'on connoisse mieux le cours du soleil qu'en Angleterre; apprenez donc qu'il ne se lève et ne se couche nulle part. Il fait sans cesse le tour du monde; et j'en suis bien certain, car nous venons de le faire aussi, et nous l'avons rencontré par-tout. Alors, prenant un rotin des mains d'un des auditeurs, il traça un cercle sur le sable, tâchant de leur expliquer le cours du soleil d'un tropique à l'autre; mais, n'en pouvant venir à bout, il prit à témoin de tout ce qu'il vouloit dire le pilote de son vaisseau. Ce pilote étoit un homme sage qui avoit entendu toute la dispute sans rien dire; mais quand il vit que tous les auditeurs gardoient le silence pour l'écouter, il prit alors la parole, et leur dit : « Chacun de vous trompe les autres, et en est trompé. Le soleil ne tourne point autour de la terre, mais c'est la terre qui tourne autour de lui, lui présentant tour-à-tour en vingt-quatre heures les îles du Japon, les Philippines, les Moluques, Sumatra, l'Afrique, l'Europe, l'Angleterre, et bien d'autres pays. Le soleil ne luit point seulement pour une montagne, une île, un horizon, une mer, ni même pour la terre, mais il est au centre de l'univers, d'où il éclaire avec elle cinq autres planètes qui tournent aussi autour de lui, et dont quelques-unes sont bien plus grosses que la terre, et bien plus éloignées qu'elle du soleil. Telle est, entre autres, saturne, de trente mille lieues de diamètre, et qui en est à deux cent quatre-vingt-cinq millions de lieues de distance. Je ne parle pas des lunes qui renvoient aux planètes éloignées du soleil sa lumière, et qui sont en bon nombre. Chacun de vous auroit une idée de ces vérités, s'il jetoit seulement la nuit les yeux au ciel, et s'il n'avoit pas l'ambition de croire que le soleil ne luit que pour son pays ». Ainsi parla, au grand étonnement de ses auditeurs, le pilote qui avoit fait le tour du monde et observé les cieux.

Il en est de même, ajouta le disciple de Confucius, de Dieu comme du soleil. Chaque homme croit l'avoir à lui seul, dans sa chapelle, ou au moins dans son pays. Chaque peuple croit renfermer dans ses temples, celui que l'univers ne renferme pas. Cependant, est-il un temple comparable à celui que Dieu lui-même a élevé pour rassembler tous les hommes dans la même communion? Tous les temples du monde ne sont faits qu'à l'imitation de celui de la nature. On trouve, dans la plupart, des lavoirs ou bénitiers, des colonnes, des voûtes, des lampes, des statues, des inscriptions, des livres de la loi, des sacrifices, des autels et des prêtres. Mais dans quel temple y a-t-il un bénitier aussi vaste que la mer, qui n'est point renfermée dans une coquille? d'aussi belles colonnes que les arbres des forêts ou ceux des vergers chargés de fruits? une voûte aussi élevée que le ciel, et une lampe aussi éclatante que le soleil? Où verra-t-on des statues aussi intéressantes que tant d'êtres sensibles qui s'aiment, qui s'entre-aident et qui parlent? des inscriptions aussi intelligibles et plus religieuses que les bienfaits même de la nature? un livre de la loi aussi universel que l'amour de Dieu fondé sur notre reconnoissance, et que l'amour de nos semblables sur nos propres intérêts? des sacrifices plus touchans que ceux de nos louanges pour celui qui nous a tout donné, et de nos passions pour ceux avec lesquels nous devons tout partager? enfin un autel aussi saint que le cœur de l'homme de bien, dont Dieu même est le pontife? Ainsi, plus l'homme étendra loin la puissance de Dieu, plus il approchera de sa connoissance; et plus il aura d'indulgence pour les hommes, plus il imitera sa bonté. Que celui donc qui jouit de la lumière de Dieu répandue dans tout l'univers, ne méprise pas le superstitieux qui n'en aperçoit qu'un petit rayon dans son idole, ni même l'athée qui en est tout-à-fait privé, de peur qu'en punition de son orgueil il ne lui arrive comme à ce philosophe qui, voulant s'approprier la lumière du soleil, devint aveugle, et se vit réduit, pour se conduire, à se servir du lampion d'un nègre.

Ainsi parla le disciple de Confucius; et tous les gens du café qui disputoient sur l'excellence de leurs religions, gardèrent un profond silence.

FIN DES VŒUX D'UN SOLITAIRE.

LA
CHAUMIÈRE INDIENNE.

AVANT-PROPOS.

Voici un petit conte indien qui renferme plus de vérités que bien des histoires. Je l'avois destiné à augmenter la Relation d'un Voyage à l'île de France, publiée en 1773, et que je me propose de faire réimprimer avec des additions. Comme j'y parle des Indiens qui sont dans cette île, j'avois voulu y joindre un tableau des mœurs de ceux qui sont dans l'Inde, d'après des notes assez intéressantes que je m'étois procurées. J'en avois donc formé un épisode que j'avois lié à une anecdote historique qui en fait le commencement. C'est à l'occasion d'une compagnie de Savans anglais, envoyés, il y a une trentaine d'années, dans diverses parties du monde, pour y recueillir des lumières sur plusieurs objets des sciences. J'y parle d'un d'entre eux, qui vint aux Indes pour concourir aux progrès de la vérité; mais comme cet épisode formoit un hors-d'œuvre dans mon ouvrage, j'ai jugé à propos de le publier séparément.

Je proteste ici que je n'ai eu aucune intention de jeter quelque ridicule sur les académies, quoique j'aie beaucoup à m'en plaindre, non par rapport à ma personne; mais à cause des intérêts de la vérité (*), qu'ils persécutent souvent,

(*) Voyez la note 1 à la fin de l'Avant-Propos.

quand elle contrarie leurs systêmes. Je suis d'ailleurs trop redevable à plusieurs Savans anglais, qui, sans me connoître, et par le seul amour des sciences, ont honoré mes Etudes de la Nature de leurs plus glorieux suffrages, qu'ils n'ont pas craint de publier, comme on peut le voir, entre autres, dans un extrait de leurs journaux, rapporté par le Moniteur français, le 9 février 1790. Le caractère que j'ai donné à un de leurs confrères, est une preuve non équivoque de mon estime pour eux. Certainement j'ai dû regarder comme une démarche qui mérite toute la reconnoissance de leur nation, d'avoir cherché à importer des lumières des pays étrangers en Angleterre, ainsi que je considère celle d'en avoir exporté d'Angleterre dans des pays sauvages, par les voyages de Cook et de Bank, comme digne de toute celle du genre humain. La première a été imitée depuis par le Danemarck, et la seconde par la France (*); mais toutes deux bien malheureusement, puisque de douze savans voyageurs danois, il n'en est revenu qu'un seul dans sa Patrie, et que l'on n'a aucune nouvelle des deux vaisseaux de guerre français employés à cette mission d'humanité, et commandés par l'infortuné de la Pé-

(*) Voyez la note 2 à la fin de l'Avant-Propos.

rouse. Ce n'est donc point la science en elle-même que je blâme ; mais j'ai voulu faire voir que les corps savans, par leur ambition, leur jalousie et leurs préjugés, ne servent que trop souvent d'obstacles à ses progrès.

Je me suis proposé un but encore plus utile, c'est de remédier aux maux dont l'humanité est affligée aux Indes. Ma devise est de secourir les malheureux, et j'étends ce sentiment à tous les hommes. Si la philosophie est venue autrefois des Indes en Europe, pourquoi ne retourneroit-elle pas aujourd'hui de l'Europe civilisée, aux Indes devenues barbares à leur tour? Il vient de se former à Calcuta une société de Savans anglais qui détruiront peut-être un jour les préjugés de l'Inde, et par ce bienfait compenseront les maux qu'y ont apportés les guerres et le commerce des Européens. Pour moi, qui n'influe sur rien, afin de donner plus de faveur et de graces à mes argumens, j'ai tâché de les revêtir de celles d'un conte. C'est avec des contes qu'on rend par-tout les hommes attentifs à la vérité.

Nous sommes tous d'Athène en ce point; et moi-même,
Au moment que je fais cette moralité,
Si Peau-d'Ane m'étoit conté,
J'y prendrois un plaisir extrême.

LA FONTAINE, *le Pouvoir des Fables*, *liv. 8, fab. 4.*

On a dit, avec plus d'esprit que de raison, que la fable étoit née dans les pays despotiques de l'Orient, et qu'on y avoit voilé la vérité, afin qu'elle pût s'approcher des tyrans. Mais je demande si un sultan ne se trouveroit pas plus offensé de se voir peint sous l'emblême d'un chat-huant ou d'un léopard, que d'après nature; et si des vérités de réflexion ne le blesseroient pas pour le moins autant que des vérités directes? Thomas Rhoé, ambassadeur d'Angleterre auprès de Sélim-Cha, empereur du Mogol, rapporte que ce prince très-despotique ayant fait ouvrir devant lui des coffres qui arrivoient d'Angleterre, afin d'y prendre quelques présens qui lui étoient destinés, fut fort surpris d'y trouver un tableau représentant un Satyre qu'une Vénus menoit par le nez. « Il s'imagina, dit-il, » que cette peinture étoit faite en dérision des » peuples de l'Asie; qu'ils y étoient figurés par » le Satyre noir et cornu, comme étant d'une » même complexion, et que la Vénus qui me- » noit le Satyre par le nez, représentoit le grand » empire que les femmes de ce pays-là ont sur » les hommes ».

Thomas Rhoé, à qui ce tableau étoit adressé, eut bien de la peine à en détruire l'effet dans l'esprit du Mogol, en lui donnant une idée de nos fables; il recommande à cette occasion bien expressément aux directeurs de la compagnie des Indes en Angleterre, de n'envoyer à l'avenir aucune peinture allégorique aux Indes, parce que les princes, dit-il, y sont très-soupçonneux. C'est en effet le caractère des despotes. Je crois donc que nulle part les fables n'ont été imaginées pour eux, si ce n'est pour les flatter.

En général, le goût pour les fables est répandu par toute la terre, mais bien plus dans les pays libres que dans les despotiques. Les peuples sauvages fondent leurs traditions sur des fables : il n'y a point de pays où elles aient été plus communes que dans la Grèce, où tous les objets de la nature, de la politique et de la religion n'étoient que des résultats de quelques métamorphoses. Il y avoit peu de familles illustres qui n'eût quelque animal au nombre de ses ancêtres, et qui ne comptât parmi ses cousins ou ses cousines, des taureaux, des cygnes, des rossignols, des tourterelles, des corneilles ou des pies. On peut observer que les Anglais, dans leur littérature, ont un goût particulier pour l'allégorie, quoique la vérité puisse se dire chez eux fort librement. Les Asiatiques ont été dans le même cas du temps d'Esope et de Lockman; mais on ne trouve plus aujourd'hui chez eux de fabulistes, quoique leur pays soit rempli de sultans.

Ce sont les peuples les plus rapprochés de la nature, et par conséquent les plus libres, qui ont le plus aimé à orner la vérité de fables : c'est par un effet de l'amour même de la vérité, qui est le sentiment des loix de la nature. La vérité est la lumière de l'ame, comme la lumière physique est la vérité des corps. L'une et l'autre réunies donnent la science de ce qui est : celle-ci éclaire les objets, celle-là nous en montre les convenances ; et, comme dans le principe, toute lumière tire son origine du soleil, toute vérité tire la sienne de Dieu, dont cet astre est la plus sensible image. Peu d'hommes peuvent supporter la lumière pure du soleil. C'est à cause de la foiblesse de nos yeux que la nature nous a donné des paupières, pour les voiler au degré qui nous convient ; qu'elle a planté la terre de forêts, dont les feuillages verts nous offrent des ombrages doux et transparens, et qu'elle répand dans les cieux des vapeurs et des nuages, pour affoiblir les rayons trop vifs de l'astre du jour. Peu d'hommes aussi peuvent saisir les vérités purement métaphysiques. C'est à cause de la foiblesse de notre intelligence que la nature nous a donné l'ignorance, pour servir de paupière à notre ame : c'est par son moyen que l'ame s'ouvre par degrés à la vérité, qu'elle n'en admet que ce qu'elle en peut supporter, qu'elle s'entoure de fables qui sont comme autant de berceaux, à l'ombre desquels elle la contemple; et lorsqu'elle veut s'élever jusqu'à la Divinité même, elle la voile d'allégories et de mystères pour en soutenir l'éclat.

Nous ne verrions pas la lumière du soleil, si elle ne s'arrêtoit sur des corps ou au moins sur des nuages. Elle nous échappe hors de notre atmosphère, et nous éblouit à sa source. Il en est de même de la vérité; nous ne la saisirions pas si elle ne se fixoit sur des événemens sensibles, ou au moins sur des métaphores et des comparaisons qui la réfléchissent; il lui faut un corps qui la renvoie. Notre entendement n'a point de prise sur les vérités purement métaphysiques; il est ébloui par celles qui émanent de la Divinité, et il ne peut saisir celles qui ne se reposent pas sur ses ouvrages. C'est par cette dernière raison que le langage des peuples civilisés ne peint rien, parce qu'il est plein d'idées vagues et d'abstractions; et celui des peuples simples et naturels est très-expressif, parce qu'il est rempli de similitudes et d'images. Les premiers sont habitués à cacher leurs sentimens; les seconds, à les étendre. Mais comme souvent les nuages dispersés sous mille formes fantastiques, décomposent les rayons du soleil en teintes plus riches et plus variées que celles qui colorent les ouvrages réguliers de la nature, ainsi les fables réfléchissent la vérité avec plus d'étendue que les événemens réels; elles la transportent dans tous les règnes; elles l'approprient aux animaux, aux arbres, aux élémens, et en font jaillir mille reflets; ainsi les rayons du soleil se jouent, sans s'éteindre, au fond des eaux, y reflètent les objets de la terre et des cieux, et redoublent leurs beautés par des consonnances.

L'ignorance est donc aussi nécessaire à la vérité que l'ombre l'est à la lumière, puisque c'est des premières que se forment les harmonies de notre intelligence, comme des secondes se composent celles de notre vue.

Les moralistes, comme je l'ai déjà observé dans mes Etudes, ont presque toujours confondu l'ignorance avec l'erreur. L'ignorance, à la considérer seule et sans la vérité, avec laquelle elle a de si douces harmonies, est le repos de notre intelligence; elle nous fait oublier les maux passés, nous dissimule les présens, et nous cache ceux de l'avenir; enfin elle est un bien, puisque nous la tenons de la nature : l'erreur, au contraire, est l'ouvrage de l'homme; elle est toujours un mal; c'est une fausse lumière qui luit pour nous égarer. Je ne puis mieux la comparer qu'à la lueur d'un incendie qui dévore les habitations qu'elle éclaire. Il est remarquable qu'il n'y a pas un seul mal moral ou physique qui n'ait pour principe une erreur. Les tyrannies, l'esclavage, les guerres sont fondées sur des erreurs politiques et même sacrées ; car les tyrans qui les ont répandues pour établir leur puissance, les ont toujours dérivées de la Divinité ou de quelque vertu, afin de les faire respecter des hommes.

Il est cependant bien facile de distinguer l'erreur de la vérité. La vérité est une lumière naturelle qui luit d'elle-même par toute la terre, parce qu'elle vient de Dieu ; l'erreur est une lueur artificielle qui a besoin sans cesse d'être alimentée, et qui ne peut jamais être universelle, parce qu'elle n'est que l'ouvrage des hommes. La vérité est utile à tous les hommes ; l'erreur n'est profitable qu'à quelques-uns, et est nuisible à tous, parce que l'intérêt particulier est l'ennemi de l'intérêt général, quand il s'en sépare.

Il faut bien prendre garde de confondre la fable avec l'erreur. La fable est le voile de la vérité, et l'erreur en est le fantôme. Ce fut souvent pour le dissiper que la fable fut imaginée ; cependant, quelque innocente qu'elle soit dans son principe, elle devient dangereuse lorsqu'elle prend le caractère principal de l'erreur, c'est-à-dire, lorsqu'elle tourne au profit particulier de quelques hommes. Par exemple, il importoit peu qu'on eût fait jadis de la lune, sous le nom de Diane, une déesse toujours vierge, qui présidoit à la chasse. Cette allégorie signifioit que la lumière de la lune étoit favorable aux chasseurs pour tendre des piéges aux bêtes fauves, et que l'exercice de la chasse détruisoit la passion de l'amour. Il n'y eut pas un grand mal quand on lui dédia le pin (*) dans les forêts; cet arbre devint un rendez-vous de chasse. Il n'y eut pas encore un grand mal quand un chasseur, pour s'attirer la protection de Diane, y suspendit la tête d'un loup. Mais quand il y mit la peau toute entière, il se trouva des gens qui songèrent à en profiter; ils bâtirent à la déesse une chapelle, où l'on offrit non-seulement la peau d'un loup, mais des moutons, afin de préserver des loups le reste du troupeau. Les offrandes s'y multiplièrent à l'occasion de la hure de quelque monstrueux sanglier qui avoit bouleversé les vignes, et qui avoit mis à ses trousses tous les chiens et toute la jeunesse du voisinage. Les chasseurs y attirèrent les pélerins, et les pélerins les marchands. Il se forma bientôt un bourg autour de la chapelle, qui, parmi tant de gens crédules, ne tarda pas d'avoir ses oracles.

(*) Voyez la note 3 à la fin de l'Avant-Propos.

Comme on y prédisoit des victoires, les rois y envoyèrent des présens; alors la chapelle devint un temple, et le bourg une ville qui eut des pontifes, des magistrats, des territoires. Bientôt on leva des impôts sur les peuples, pour lui bâtir des temples magnifiques, comme celui d'Ephèse; et comme la crainte a encore plus de pouvoir que la confiance sur l'esprit humain, pour rendre le culte de Diane redoutable, on lui sacrifia des hommes dans la Tauride. Ainsi concourut au malheur des peuples une allégorie imaginée pour leur bonheur, parce qu'elle tourna au profit d'une ville ou d'un temple.

La vérité même est funeste aux hommes, quand elle devient le patrimoine d'une tribu. Il y a certainement bien loin de la tolérance de l'Evangile à l'intolérance de l'inquisition, et du précepte donné par Jésus à ses apôtres, de secouer la poussière de leurs pieds des maisons où on refusoit de les recevoir, et de son indignation lorsqu'ils lui proposèrent d'y faire tomber le feu du ciel, à la destruction des anciens Indiens de l'Amérique et aux bûchers des auto-da-fé.

Il y a à la galerie des Tuileries, à droite en entrant dans le jardin, une colonne ionique que le célèbre Blondel, professeur d'architecture, montroit comme un modèle à ses élèves;

il leur faisoit observer que toutes celles qui la suivoient, alloient en diminuant de plus en plus en beauté. La première, disoit-il, est l'ouvrage d'un fameux sculpteur, et les autres ont été faites successivement par des artistes qui se sont écartés de ses graces et proportions, à mesure qu'ils s'en éloignoient. Celui qui a sculpté la seconde a assez bien imité la première; mais celui qui a fait la troisième, ne copioit plus que la seconde : ainsi, de copie en copie, la dernière se trouve fort au-dessous de l'original. J'ai comparé bien des fois l'Evangile à cette belle colonne des Tuileries, et les ouvrages des commentateurs anciens à celles du reste de la galerie. Mais si on mettoit de suite les commentateurs modernes jusqu'à nos jours, quelles colonnes informes offriroient leurs volumes! et qui, dans les tempêtes de la vie, oseroit s'y appuyer?

Puisque la vérité est un rayon de la lumière céleste, elle luira toujours pour tous les hommes, pourvu qu'on ne mette pas d'impôts sur leurs fenêtres; mais, dans tous les genres, combien de corps fondés pour la propager, par cela même qu'elle tourne à leur profit, y substituent celle de leurs bougies ou de leurs lanternes! Ils en viennent bientôt, quand ils sont puissans, à persécuter ceux qui la trouvent; et quand ils ne le sont pas, ils leur opposent une force d'inertie qui les empêche de la répandre : voilà pourquoi ceux qui l'aiment, s'éloignent souvent des hommes et des villes. Telle est la vérité que j'ai voulu prouver dans ce petit ouvrage. Heureux si je peux contribuer, dans ma Patrie, au bonheur d'un seul infortuné, en peignant aux Indes celui d'un Paria dans sa chaumière!

Ce n'est qu'à vous, auguste Assemblée des représentans de la France, qu'il appartient de faire du bien à tous les hommes, en détruisant les obstacles qui s'opposent à la vérité, puisqu'elle est la source de tous les biens, et qu'elle se répand par toute la terre. Rome et Athènes ne défendirent que leur liberté. Les peuples modernes n'ont combattu que pour étendre leur religion et leur commerce. Tous ont opprimé l'univers; vous seule avez défendu ses droits en sacrifiant vos priviléges. Un jour il s'intéressera à votre bonheur, comme vous vous êtes intéressée à ses destins. Puisse le monarque vertueux qui vous a convoquée et a sanctionné vos laborieux travaux, en partager la gloire à jamais! Son nom sera immortel comme vos loix. Les peuples anciens ont fixé leur principale époque à celle qui importoit le plus à leurs plaisirs, à leur puissance ou à leur liberté; les Grecs, si amoureux des fêtes, à leurs olympiades; les Romains, si patriotes, à la fondation de Rome; les peuples opprimés, à la naissance de leurs religions : mais les peuples que vous rappelez au bonheur auquel la nature les destinoit, dateront les droits de l'homme, aussi anciens que le monde, du règne de Louis XVI.

NOTES.

(1) *A cause de l'intérêt de la vérité.*

La science, cette commune de l'esprit humain, a aussi ses aristocraties; ce sont les académies. On en jugera par la conduite d'un de leurs principaux membres, à l'égard de ma Théorie des Marées.

D'abord il l'a décriée tant qu'il l'a pu dans ses sociétés particulières; il a empêché les journaux sur lesquels les académies étendent leur influence, c'est-à-dire les plus répandus, d'en faire aucun extrait: il s'est même amusé, m'a-t-on dit, dans ses cercles privés, à jeter des ridicules sur mes noms de baptême qui sont à la tête de mes Etudes de la Nature, parce que je n'ai pas l'honneur d'accompagner, comme lui, mon nom de famille d'une longue suite de titres académiques. Comme, pendant l'ancien régime, son nom étoit dans toutes les feuilles publiques et sa personne dans toutes les antichambres des grands, il lui a été facile d'agir comme il l'a voulu, à l'égard d'un solitaire qui ne s'occupoit que de l'étude de la nature; mais jugeant, depuis la révolution, que tous ses moyens de crédit pourroient fort bien ne plus s'entre-aider, et voyant mes travaux, malgré ses obstacles, gagner peu à peu de la faveur, il a changé de conduite à mon égard. Il est venu, l'été dernier, me voir à la campagne, où j'étois allé passer quelques jours. Il répandit d'abord dans le voisinage, que j'étois un de ses bons et anciens amis. La vérité est que je ne lui avois jamais parlé, et que, malgré sa célébrité, je ne me rappelois pas même l'avoir vu. Il vint donc dans la maison où j'étois, et nous eûmes ensemble une conversation particulière, dont je retrancherai ici tout ce qui n'a pas rapport à ma Théorie des Marées, l'objet secret de sa visite.

Après quelques préambules de complimens, il me dit : « C'est bien dommage, monsieur, que vous ayez avancé » dans vos Etudes de la Nature, que la fonte des glaces » polaires étoit la cause des marées. C'est une opinion insou- » tenable, contraire à celle de toutes les académies de l'Eu- » rope : c'est une grande erreur. — Monsieur, lui répondis- » je, vous auriez dû la réfuter. — Que réfuter, lorsque vous » n'avez apporté aucune preuve en faveur de votre Théorie? » — Il y en a deux fois plus que dans celle des astronomes. » Je pourrois en faire des volumes *in*-4°. si je recueillois » seulement celles que j'ai notées dans les Voyages des ma- » rins. Après tout, je ne manque pas de suffrages. — Oh ! il » ne faut pas s'arrêter à ce que disent quelques journaux qui » n'y entendent rien ». Je soupçonnai alors qu'il vouloit parler de l'extrait des papiers anglais, rapporté par le Moniteur. « Quand il n'y auroit, lui dis-je, dans ma Théorie, » que l'objection géométrique que j'ai faite contre les aca- » démiciens qui se sont égarés sur les pas de Newton, en con- » cluant, de la grandeur des degrés vers les pôles, que la » terre y étoit aplatie, vous auriez dû y répondre. — Qu'en- » tendez-vous par un degré? reprit-il avec chaleur. — Ce » qu'entendent tous les géomètres, la 360e partie d'un » cercle. — Vous êtes tombé dans la même erreur que M. de » la Hire, il y a 150 ans. Ce n'est point par l'arc d'un cercle » qu'on mesure un degré, c'est par sa perpendiculaire ». En même temps, pour me le démontrer, il tira de sa poche un crayon blanc, et se mit à tracer, sur une porte, un cercle, deux rayons, une corde, des sinus, &c.... Je l'arrêtai, en lui disant : « Vous sortez de la question. Ce n'est point de la » perpendiculaire du degré de Tornéo, dont les académi- » ciens ont rapporté la mesure, mais de la portion de la » courbe terrestre comprise entre deux rayons qui mesurent

» un degré céleste du méridien. Ils ont trouvé au cercle » polaire cette portion de la circonférence de la terre, qu'ils » appellent, ainsi que moi, un degré, de 57,422 toises, qui » s'est trouvé surpasser de 674 toises le degré mesuré au » Pérou, près de l'équateur, degré dont l'arc ne contient » que 56,748 toises : d'où ils ont conclu que les degrés ou » portions de la circonférence de la terre, correspondant » aux degrés du méridien céleste, alloient en croissant vers » les pôles, et que par conséquent la circonférence de la » terre y étoit aplatie. Maintenant, si vous pouvez faire » entrer cette courbe construite sur le diamètre de la sphère, » et formée de degrés plus grands que ceux de la sphère, » dans la sphère même, j'ai tort ».

Ne sachant que me répondre, il changea de conversation.

Il me dit : « Vous avez avancé que les marées étoient de » douze heures dans la mer du Sud, et cela n'est pas. — Je » n'ai pas dit cela, lui répondis-je, quoique je sois disposé » à le croire pour tout l'hémisphère entier ; mais je n'ai pas » eu des preuves suffisantes pour l'affirmer. Je n'ai cité que » cinq ou six endroits de la mer du Sud, où les marées sont » de douze heures. J'en ai trouvé depuis plusieurs autres » d'une égale durée dans la mer des Indes, et même dans » notre hémisphère, entre autres, celles du Tonquin, rap- » portées par Dampierre ». Comme il se trouva sous ma main un quatrième volume de mes Etudes de la Nature, je lui montrai dans l'Avis qui est en tête, les témoignages de Carteret, de Byron, de Cook, de Clerke, sur les marées de douze heures dans la mer du Sud. Après les avoir lus, il me dit : « Savez-vous l'anglais » ? Je me rappelai alors la circonstance où le Médecin malgré lui demande : Savez-vous le latin ? « Non, lui répondis-je » ; et je crus qu'il alloit me parler anglais. « Il ne faut pas, reprit-il, citer d'après des » traductions. J'ai chez moi vos voyageurs en originaux ; » il n'y est nulle part question des marées de douze heures. » J'en suis bien sûr, car j'ai fait un Traité de toutes les » marées du globe, que j'ai trouvées par-tout égales aux » nôtres ». Il me parut d'abord fort étrange qu'il eût fait un Traité des marées de tout le globe, sans avoir cité des traductions ; mais ce point ne méritoit pas de réponse. « Comment, lui dis-je, vous voulez que des traducteurs aussi » éclairés et aussi exacts que ceux que j'ai cités, se soient » trompés sur des points aussi importans à la navigation et » à l'astronomie, et qu'ils aient affirmé que les marées étoient » de douze heures dans plusieurs endroits de la mer du Sud, » lorsque les Voyageurs qu'ils traduisoient, assuroient posi- » tivement qu'elles n'étoient que de six heures? Cela est » impossible ».

Alors je mis fin à la conversation, en lui disant : « Atta- » quez publiquement ma Théorie, et je vous répondrai ». Il me repartit qu'il n'en avoit pas l'intention, mais qu'il étoit venu pour m'éclairer. J'ai rapporté le précis de notre dialogue ; c'est au public à juger de quel côté ont été la bonne-foi et la lumière.

J'ai réfuté l'erreur des académiciens avec des preuves simples et intelligibles à tout le monde ; pourquoi n'en emploient-ils pas de semblables à mon égard, si je suis moi-même dans l'erreur?

Il ne s'agit que d'une vérité élémentaire de géométrie. Il est certain que la demi-circonférence de la terre contient 180 degrés, et que ses degrés étant pour la plupart plus grands que les 180 degrés de la demi-sphère construite sur le même diamètre, elle ne peut y être renfermée.

Un officier du génie m'écrivit de Mézières, il y a deux

ans, que, par ce simple raisonnement, il avoit réduit un professeur de mathématiques, non au silence car quel professeur s'y est vu forcé? mais à répondre une absurdité. Je lui disois, m'écrit-il, que la courbe terrestre étant plus étendue que l'arc sphérique, elle ne pouvoit y être renfermée, si on ne l'y suppose rentrante, et les pôles creusés en entonnoir. Le croirez-vous ? ajoute-t-il, il m'a répondu : J'aime mieux croire que les pôles du monde sont creusés en entonnoir, que de croire que Newton s'est trompé.

Plusieurs newtoniens sont disposés à adopter ma théorie des marées par la fonte des glaces polaires ; c'est déjà un grand point de gagné : mais ils veulent que je leur accorde l'aplatissement des pôles, avec l'élévation des mers sous l'équateur, par la force centrifuge ; et c'est ce qui est contraire à l'expérience. Je pourrois faire de nouveaux volumes en faveur de ma théorie, dussent-ils devenir la proie des contrefacteurs, comme le reste de mes ouvrages. Mais comment détruire une erreur consacrée par le nom de Newton, et professée par tous les géomètres de l'Europe? Comment lutter seul contre des académies coalisées entre elles, qui ferment les yeux à l'évidence, et leurs journaux à mes preuves?

Malgré leur indifférence, j'ose leur prédire que cette vérité qu'ils rejettent, deviendra un jour la base de l'étude de la nature.

O hommes de mon siècle, on ne vous intéresse qu'avec des contes !

P. S. Je me suis trompé en accusant les astronomes d'inconséquence ; ainsi que je l'ai dit franchement dans une note de l'Avis du premier volume de ma quatrième édition des Etudes de la Nature. J'ignorois qu'ils supposoient à la terre les degrés de son méridien, la plupart plus petits que ceux de la sphère, sur-tout près de l'équateur. Je n'admets pas leur théorie, et il ne me sera pas difficile de la réfuter un jour par des preuves de fait, géographiques et physiques.

J'ai encore bien d'autres objections à faire contre elle. Si la force centrifuge élève la mer sous l'équateur de cinq lieues et demie au-dessus des pôles, elle doit y élever encore davantage l'atmosphère, qui est un fluide bien plus mobile que l'Océan. Le baromètre, chargé de ce grand volume d'air, devroit hausser considérablement sous la ligne : or c'est ce qui n'arrive pas. Par la même raison, si la lune, en passant au méridien, attire l'Océan, elle doit attirer aussi l'atmosphère, et le baromètre alors devroit hausser et annoncer les marées : or, c'est ce qui n'arrive pas. On ne peut répondre à ces objections que par des sophismes.

D'un autre côté, on explique, par ma théorie de la fonte alternative des glaces polaires, une infinité de problêmes inexplicables par celle des physiciens. Par exemple, pourquoi l'hiver est-il plus tiède et l'été plus froid sur les bords de la mer Atlantique, que dans les parties correspondantes des continens? C'est parce qu'en hiver, l'océan Atlantique vient de la zône torride, et qu'en été il descend de la zône glaciale. *Voyez* la note citée du premier volume des Etudes. On peut expliquer par la même théorie, pourquoi les îles de l'Asie sont plus chaudes que celles de l'Amérique, situées aux mêmes latitudes, ainsi que beaucoup d'autres effets physiques dont je ne peux m'occuper ici.

(2) ....*Et la seconde par la France.*

La France n'a eu besoin d'imiter aucune nation sur ces deux points : depuis long-temps elle envoyoit des savans dans les pays étrangers, et y répandoit ses arts, ses modes et sa langue, mais c'étoit pour sa gloire; il faut espérer qu'elle la dirigera au bonheur des hommes par sa nouvelle constitution. Le patriotisme n'est qu'une des branches de l'humanité.

(3) .... *Quand on lui dédia le pin.*

On dédia pareillement le chêne à Jupiter, l'olivier à Minerve, le pin à Pan, le laurier à Apollon, le myrte à Vénus, &c...... On consacra aussi des arbres aux demi-dieux et aux héros : le peuplier étoit l'arbre d'Hercule. Enfin, des nymphes, des bergers et des bergères eurent part au reste de la végétation : la jalouse Clithie donna sa jaunisse et son attitude au tournesol, Adonis teignit de son sang la fleur qui porte son nom, &c. Les plantes, et surtout les arbres, furent les premiers monumens des hommes. J'ai donc pu faire servir, à l'île de France, deux cocotiers de monumens à la naissance de Paul et de Virginie, sans prendre cette idée dans un poète moderne célèbre, qui s'en est plaint sans sujet; il est assez riche de ses propres idées, pour qu'on puisse lui en emprunter; mais si celle-là n'étoit pas dans la nature, je l'aurois trouvée, comme lui, dans les anciens ses modèles. Elle est fort commune chez les botanistes, qui déterminent avec des plantes nouvelles, des époques d'amitié et de reconnoissance, en leur faisant porter les noms de leurs patrons et de leurs amis. Enfin, les astronomes ont étendu ce sentiment aux astres; et les marins aux terres, aux fleuves et aux îles qu'ils découvrent, auxquels ils donnent des noms de saints, de rois, de capitaines, d'événemens, de conquêtes et de massacres dont ils veulent conserver le souvenir. Quand la plupart des objets de la terre et des cieux servent de monumens aux passions des hommes, et souvent à leurs fureurs, n'ai-je pu avoir la pensée de consacrer, dans une forêt, deux arbres à l'innocence et à l'amour maternel?

PRÉAMBULE

DE LA CHAUMIÈRE INDIENNE.

Le début de ce petit ouvrage a été marqué par trois sortes de succès.

Le premier, c'est que, dès qu'il a été publié sous format in-18, il en a paru plusieurs contrefaçons au Palais-royal. C'est sans doute me faire beaucoup d'honneur; mais aussi c'est me le faire payer assez cher, et tromper le public en lui présentant des éditions fautives.

Le second succès de la Chaumière Indienne, est de m'avoir attiré des éloges des journalistes les plus distingués, et des lettres pleines d'intérêt de beaucoup de mes lecteurs. Rien n'est agréable comme une amitié nouvelle. Toutes les primeurs plaisent, et sur-tout celles du cœur. Quelque sensible que j'y sois, il ne m'est pas possible de les cultiver toutes. Parmi les personnes qui me font l'honneur de rechercher ma correspondance, il y en a, et ce ne sont pas toujours des dames, qui, de peur, disent-elles, de m'importuner, m'écrivent de petites lettres qui demandent de grandes réponses : le contraire m'arrangeroit beaucoup mieux. C'est sans doute la plus douce de mes jouissances, de voir les sentimens sortis de mon ame y retourner avec ceux des amis qu'ils m'ont conciliés; mais c'est une de mes plus grandes peines, de ne pouvoir suffire à des relations si intéressantes. Je suis seul, ma santé est mauvaise, et je ne peux écrire que quelques heures de la matinée; j'ai des matériaux considérables à arranger, que je n'ai ni la force, ni le temps de mettre en ordre; ma fortune même est un obstacle à mes correspondances, car beaucoup de ces lettres m'arrivent de fort loin sans être affranchies. J'espère que ces considérations, qui me forcent de tant de manières au laconisme ou au silence, me serviront d'excuses auprès de la plupart de mes lecteurs, dont les suffrages, d'ailleurs, sont la plus agréable récompense de mes travaux.

Le troisième succès de la Chaumière Indienne, est d'avoir excité l'envie. Des journalistes m'ont attaqué dans leurs feuilles. Un abbé déguisé sous le nom d'un Anglais, a prétendu, dans son journal, que, sous le nom de Brames, je voulois tourner nos prêtres en ridicule. A la vérité, il a dit à une dame de ses souscripteurs qui lui en faisoit des reproches, que s'il avoit su qu'elle fût de mes amies, il n'auroit pas publié cette lettre : tant il est vrai que c'est l'intérêt et non la vérité qui guide un écrivain mercenaire!

Un journaliste académicien s'est plaint avec amertume d'une note de mon avant-propos, où je parle de l'aplatissement des pôles comme d'une erreur. Un autre journaliste du même ordre, n'ayant rien à voir ni à ma religion, ni aux pôles du monde, a senti réveiller sa jalousie naturelle par des succès qu'il n'avoit pas préparés. N'ayant rien à reprendre dans ma Chaumière Indienne, il a attaqué avec amertume mes Principes sur l'Éducation. Accoutumé à ne répéter que les idées d'autrui, il ne veut pas que j'aie les miennes; il me blâme d'interdire l'ambition aux enfans qu'il veut élever, comme lui, avec des hochets académiques; il trouve mauvais que je leur défende de chercher à être les premiers; que je substitue dans leurs jeunes ames, l'amour de l'humanité à l'amour de soi, l'intérêt général à l'intérêt particulier, et que je les fasse vivre en paix dans l'âge de l'innocence, afin de les disposer à la concorde dans celui des passions. Certainement si j'avois besoin de quelque preuve bien frappante des mauvais effets de l'éducation ancienne, pour rendre les hommes jaloux, injurieux, à grandes prétentions et à petit talent, je ne voudrois pas lui en alléguer d'autre exemple que lui-même.

Il y a des êtres méchans sans nécessité. J'ai vu des pies tourner autour des cages des pigeons, uniquement pour leur crever les yeux. Ces oiseaux babillards et malfaisans se saisissent de tout ce qui brille, pour le cacher dans leurs trous. J'ai balancé si je ne mettrois pas les détracteurs de mes ouvrages dans le préambule de ma Chaumière, comme on cloue des pies sur la porte d'un colombier; mais je me suis ressouvenu de ce précepte de Pythagore: « Ne charge pas tes enfans de ta vengeance ». Pensées de ma solitude, filles de la nature, vous n'êtes point renfermées dans des cages, et l'envie ne pourra vous crever les yeux; libres comme votre mère, vous parcourrez un jour les diverses régions de la terre, vous reposant près des cœurs sensibles, et leur portant, comme des colombes, l'amour et la paix.

En défendant la vérité de mes ennemis, je tairai donc leurs noms, quoique dans leurs journaux ils aient nommé ou désigné le mien. Ces trompettes de différens partis se sont rendus les dispensateurs de la louange et du blâme, mais ils ne sont redoutables qu'aux ames énervées par notre éducation ambitieuse. On ne donne à un homme le pouvoir de nous déshonorer, que quand on lui a donné celui de nous honorer. Tout flatteur est calomniateur. Pour moi, je n'attends mon jugement que de l'opinion publique; c'est à elle à faire justice de ces petits tribunaux qui s'élèvent de leur propre autorité pour lui donner des loix. Elle a détruit des aristocraties qui s'étoient emparées de l'honneur, de la justice, de la conscience des peuples; c'est à elle à réformer celles qui ont envahi les arts, les sciences, les lettres et les plus nobles facultés de la raison humaine, le tout souvent pour le profit d'un entrepreneur, qui trafique de leur politique, de leur philosophie et de leur théologie.

Mettant donc à part tout ce qui m'est personnel, je ne répondrai qu'à quelques objections faites contre des vérités morales, qui sont les premiers principes de l'amour que nous devons à Dieu et aux hommes. Cette réponse servira de suite aux Études de la Nature et aux Vœux d'un Solitaire, dans lesquels je me suis particulièrement occupé des bases fondamentales de la société humaine, relativement à notre nouvelle constitution. Quant aux vérités physiques d'où dépendent, selon moi, les premières connoissances du globe, je veux dire l'alongement de ses pôles et la circulation de ses mers qui en découlent tour-à-tour, je les réserve pour un autre ouvrage, où j'espère, graces à Dieu, après avoir réfuté les systêmes contraires, ajouter de nouvelles preuves à ma théorie, et les mettre, avec les anciennes, dans un ordre qui ne laissera rien à desirer.

En attendant, je répondrai à ceux qui m'accusent d'avoir voulu, dans ma Chaumière Indienne, faire la satire de nos prêtres sous le nom de Brames, que si c'eût été mon intention, j'aurois fait voyager le docteur anglais, non chez les Brames, mais chez le Dalaï-Lama, l'image vivante du dieu Fo, dont le clergé a une hiérarchie, des cérémonies et des dogmes si semblables à ceux de l'église romaine, que les missionnaires-jésuites Grebner, Désideri, Gerbillon et le Père Horace de la Penna, capucin, qui y ont voyagé et nous en ont donné des relations, croient que le christianisme y a été autrefois prêché. On peut consulter sur ces conformités le 7e tome de l'Histoire générale de l'abbé Prevost; mais, suivant l'observation même de ce rédacteur, les usages religieux des prêtres Lamas paroissent beaucoup plus anciens, puisque Fo ou La, le fondateur de leur religion, est né 1026 ans avant Jesus-Christ. Je n'ai donc voulu peindre dans les Brames que les Brames, et c'est ce que savent tous ceux qui ont été dans l'Inde, ou qui en ont lu les relations.

Il y a bien plus; c'est que loin d'avoir voulu attaquer la religion chrétienne, j'ai représenté un homme rempli de son esprit, dans le respectable habitant de la Chaumière Indienne. Le Paria est l'homme de l'Évangile; il aime tous les hommes, et il fait du bien même à ses ennemis; il ne se fie qu'à Dieu seul. A la vérité, il n'a point de foi aux livres; en quoi il est fort excusable, puisqu'il ne sait point lire. Mais ce n'étoit point avec des livres que Jésus, qui n'en a jamais fait, appeloit ses apôtres, qui n'étoient guère plus savans que le Paria; c'étoit par sa bonté, sa charité et la sublimité de sa morale, dont les premières loix ne sont point imprimées dans des livres, mais dans le cœur humain, et dont la lumière éclaire, suivant S. Jean, tout homme venant en ce monde. Jésus n'a rien écrit qu'à l'occasion des docteurs de la loi, qui accusoient la femme adultère. On a supposé, avec vraisemblance, que c'étoient leurs propres péchés; mais il est digne de remarque qu'il ne les écrivit que sur le sable. J'ai donc tâché par l'exemple du Paria, et conformément à la doctrine de Jésus, de rapprocher les infortunés de Dieu et des hommes, en leur montrant que Dieu a mis dans leur propre cœur une source de vérités éternelles, où chacun d'eux peut puiser pour ses besoins, et que les méchans ne peuvent troubler. C'est à ce sujet que le Paria, interrogé par le docteur anglais, s'il faut dire la vérité aux hommes, répond, comme Jésus, qu'il ne faut pas la dire aux méchans; et se servant d'une similitude semblable, il compare la vérité à une perle fine, et le méchant au crocodile. « Ne jetez » pas, dit Jésus, les perles devant les pourceaux, » de peur qu'ils ne les foulent aux pieds, et que se » tournant contre vous ils ne vous déchirent ». *Matth. ch. 7, v. 6.* Enfin c'est aux hommes semblables au Paria, pauvres d'esprit, doux, affligés, victimes de l'injustice, charitables, purs, pacifiques et persécutés, que Jésus a promis les huit béatitudes de la terre et du ciel, quoiqu'ils ne sachent pas lire, tandis qu'il menace des huit malédictions de l'enfer ceux qui, prenant le nom de docteur qu'il interdit à ses disciples, fermeut aux hommes le royaume des cieux, dévorent les maisons des veuves sous prétexte de leurs prières, courent la mer et la terre pour faire des prosélytes, dispensent des sermens, sacrifient la justice, la miséricorde et la confiance en Dieu, à de simples réglemens de discipline, ne nettoient que les dehors de leur coupe, sont semblables à des sépulcres blanchis, et élèvent avec faste des monumens religieux, pour en imposer aux hommes. *Matth. chap. 5 et 23.*

Je ne dissimulerai pas qu'en venant au secours des malheureux, suivant la devise de mes écrits, j'ai tâché de renverser leurs tyrans de quelque espèce qu'ils puissent être. Celles de leurs maximes la plus universellement répandue, est que les enfans sont héritiers des vertus et des vices de leurs pères. C'est ainsi que l'ambition a tendu ses chaînes, non-seulement dans le présent, mais dans le passé et dans l'avenir. Toute tyrannie est fondée sur une erreur souvent consacrée par la religion; c'est à l'influence prétendue de la naissance que sont attachés la plupart des maux du genre humain. C'est sur elle que sont fondés, d'un côté, la haine et le mépris qui accablent une foule d'hommes utiles, et même des peuples entiers, l'esclavage des nègres, les persécutions faites aux Juifs, l'ancienne servitude féodale de nos paysans, l'oppression des Guèbres chez les Turcs, l'infamie des Parias chez les Indiens, &c.... et d'un autre côté, les prérogatives et les respects accordés aux castes nobles et religieuses de l'Asie et de l'Europe, telles que les naïres, les brames, &c.. Cette opinion fait irrévocablement le malheur des hommes, lorsqu'elle se combine avec la religion; car elle inspire aux uns un orgueil intolérable, en leur persuadant qu'ils sont revêtus d'une origine et d'une puissance céleste, et elle jette les autres dans le désespoir, en les empêchant d'oser lever les yeux vers une divinité implacable dont ils se croient les victimes de père en fils.

Si les armes de la raison m'eussent manqué pour combattre une erreur si injurieuse à Dieu et si funeste aux hommes, j'en eusse trouvé dans les livres même dont des docteurs de mauvaise foi se sont servis pour l'établir parmi nous. Du temps du prophète Ezéchiel, les Israélites, accablés de maux, accusoient d'injustice Dieu, qui, selon eux, leur faisoit porter la peine des fautes de leurs pères. Ils disoient: « Les pères ont mangé des raisins verts, » et les dents des enfans en sont agacées ». Ezéchiel leur répond au nom de Dieu: « Je jure par moi- » même, dit le Seigneur, que cette parabole ne » passera plus parmi vous en proverbe dans Israël; » car toutes les ames sont à moi: l'ame du fils est à » moi comme l'ame du père. Le fils ne portera point » l'iniquité du père, et le père ne portera point l'ini-

» quité du fils. La justice du juste sera sur lui, et » l'impiété de l'impie sera sur lui ». *Ezéchiel, c. 18, v. 2, 3, 20.* On ne peut rien de plus précis pour prouver l'innocence naturelle de l'homme. La même vérité se retrouve dans l'Evangile. Quoique les Juifs fussent alors fort corrompus, Jésus regarde leurs enfans comme innocens. Il dit à ses disciples, qui les repoussoient avec des paroles rudes : « Laissez » venir à moi les petits enfans, et ne les en empê- » chez point; car le royaume du ciel est pour ceux » qui leur ressemblent ». *Matth. c. 18, v. 16.* Il dit ailleurs : « Quiconque reçoit un enfant en mon nom, » me reçoit ». Certainement il n'eût pas parlé ainsi des enfans, si les vices des pères les eussent entachés.

J'ai fait raisonner le Paria comme le prophète Ezéchiel, et je l'ai fait agir comme un disciple de Jésus. L'Evangile n'est que l'expression des loix sublimes de la nature. Quand nous n'aurions pas l'autorité de ce livre sacré, nous avons celle de la nature même. Nous voyons tous les jours les enfans différer essentiellement de leurs pères. Si les qualités morales se transmettoient par la naissance, on verroit des races invariables de Socrate, de Caton, de Néron, de Tibère ; ou plutôt tous les hommes seroient absolument semblables, puisqu'ils sortent tous du premier homme.

C'est cependant sur cette opinion si réfutée par l'expérience, que les aristocraties fondent leurs prérogatives. Dans nos écoles qui ont flatté toutes les tyrannies, on les soutient par des raisonnemens subtils. Tous les hommes, y dit-on, ont été contenus de pères en fils dans le premier homme, comme des gobelets renfermés les uns dans les autres. Leur naissance n'est que leur développement. Il en est de même de tous les êtres organisés. Chaque individu sort de son premier germe, où il étoit enclos avec toute sa postérité. Le premier gland renfermoit tous les chênes de l'univers. On cite en preuve visible un oignon de tulipe, qui renferme sa fleur déjà toute formée, et si on n'aperçoit pas, dit-on, dans les semences de cette fleur, une seconde génération de tulipes, c'est que l'œil de l'homme ne peut pas porter plus loin ses observations. Nos docteurs, non contens de resserrer une quantité infinie de matière dans un espace très-petit, étendent, avec la même facilité, une très-petite portion de matière dans un espace infiniment grand. Si vous mettez, disent-ils, un grain de carmin dissoudre dans une pinte d'eau, toute cette eau sera colorée de rouge. Si vous la mêlez à l'eau d'un tonneau, chaque goutte d'eau du tonneau aura une portion d'eau carminée. Si vous videz le tonneau dans un lac, chaque goutte du lac contiendra une portion de l'eau rougie du tonneau. Enfin, si vous faites écouler le lac dans la mer, chaque goutte d'eau de la mer renfermera une portion de l'eau carminée du lac. Ainsi un grain de carmin s'étend dans tout l'Océan. Voilà comme se prouve, selon eux, la divisibilité de la matière à l'infini, en descendant du grand au petit, et en remontant du petit au grand. J'ai passé de beaux jours de ma jeunesse à combattre ces chimères dans nos écoles dites de philosophie. Quand je rejetois l'incompréhensibilité de ces raisonnemens, on m'objectoit l'insuffisance de ma raison. On m'opposoit l'autorité géométrique, en me citant, dans les asymptotes de l'hyperbole, deux lignes qui vont toujours s'approchant de la courbe sans jamais la rencontrer. Ce n'étoit qu'un sophisme de plus. Le mal est que, de cette descendance à l'infini, on tire des conséquences dangereuses pour le malheur de plusieurs tributs, et sur-tout pour celui du genre humain.

J'aurois pu me démontrer la fausseté de ce principe, d'après l'injustice de ses conséquences, car tout mal a pour racine quelque erreur; comme tout bien émane de quelque vérité. Ainsi Dieu n'est la source de l'intelligence, que parce qu'il est celle de la bonté. Mais il s'agissoit moins de régler mon cœur que d'éclairer mon esprit. Il falloit donc le débarrasser des subtilités de l'école. Je ne le croyois pas d'une qualité différente de celui de nos docteurs, qui prétendoient concevoir et expliquer leur mystère; et puisque je voyois des contradictions où ils assuroient apercevoir l'évidence, j'en concluois que leur raison ou la mienne étoit dans l'erreur. Pour rectifier en moi cette règle de nos jugemens, je ne l'appliquai pas sur des loix écrites dans des livres, ces ouvrages des hommes, sujets comme moi à se tromper, mais sur les loix de la nature, cet ouvrage de Dieu, qui ne s'égare jamais. C'est le sentiment de ses loix qui forme l'évidence, ce *nec plus ultrà* de la raison humaine.

D'abord il me parut certain que toute progression infinie descendante, devoit se terminer à zéro. Je pris pour comparaison, une échelle formée de deux montans inclinés l'un vers l'autre. Il me parut évident que ces deux montans, prolongés du côté où ils se rapprochent, devoient nécessairement se rencontrer, et que les échelons compris entre eux devoient aussi aller toujours en diminuant; de sorte qu'au point où les deux montans se toucheroient, le dernier échelon se trouveroit réduit à rien. Je suppose donc que les deux montans représentent le premier mâle et la première femelle dans chaque espèce d'être, et les échelons les générations descendantes du père et de la mère, il est clair que ces générations iront en diminuant, puisque la première renferme la seconde, la seconde, la troisième, &c.... Ainsi la dernière génération, enclose dans le père et la mère, comme le dernier échelon compris entre les deux montans de l'échelle, doit, au bout de quelques degrés, se réduire à rien.

Cette démonstration me parut bien autrement sensible, quand j'eus étudié les loix même de la nature. J'y vis clairement que si Dieu eût renfermé toutes les générations de chaque être dans un premier germe, il eût contrevenu aux loix qu'il a établies lui-même pour engendrer successivement les générations, et les rendre productives à leur tour. Ces loix sont celles de l'amour, qui existent pour les hommes, les animaux, les végétaux, et peut-être pour des êtres d'un autre règne. L'exemple d'un oignon de tulipe, qui renferme sa fleur toute formée, en est une preuve. Cette fleur enclose n'est composée que d'embryons floraux, dont les pétales ont besoin d'être développés par le concours des élémens. Ses anthères ou parties mâles ont besoin pareillement de devenir fécondantes par l'action du soleil, et les stigmates du pistil ou parties femelles de la fleur, d'être fécondées par les poussières séminales des anthères, pour que les semences enfermées dans l'ovaire puissent produire des tulipes. Ainsi toute l'échelle de cette prétendue descendance infinie de tulipes se termine au premier oignon. D'ailleurs, la semence de la tulipe n'est pas même un oignon, puisque, pour parvenir à cet état, il faut qu'elle soit mise en terre, et que chaque lune la couvre d'une nouvelle couche concentrique, comme les plantes bulbeuses et plusieurs autres racines. En prenant pour exemple un gland, et en supposant qu'on puisse y apercevoir un chêne renfermé, certainement on n'y verroit pas les rudimens de ses noueuses racines qui doivent percer le lit des rochers, ni ceux de son tronc, ouvrage des siècles, auquel chaque année solaire ajoute un cercle, comme chaque mois lunaire ajoute un cercle aux plantes bulbeuses. Il est d'ailleurs impossible que ce chêne embryon puisse porter actuellement des glands ; car la génération de ces glands dépend de la fécondation de leurs fleurs mâles et femelles qui n'existent pas encore, puisqu'elles ne paroissent sur l'arbre même, qu'après un certain nombre d'années, lorsqu'il est en quelque sorte adulte. Ainsi la prétendue suite infinie de chênes, renfermée dans un premier gland, se termine tout au plus à un premier chêne embryon. Il en est de même des générations successives des hommes. En supposant que le premier de tous ait renfermé un embryon humain, cet embryon a eu besoin du sein maternel pour parvenir à la vie élémentaire, et de douze à quatorze ans pour se développer, et former en lui-même les molécules séminales qui doivent renfermer une seconde génération. L'anatomie n'a jamais découvert les molécules séminales dans les enfans morts avant l'âge de puberté ; elles n'existent donc pas dans le premier embryon, qui a besoin lui-même du concours de deux sexes pour recevoir la vie élémentaire et développer ses organes. Ainsi la nature n'a pu renfermer toutes les générations de chaque être dans leur premier germe, puisque chaque génération ne peut recevoir l'existence que par l'action combinée d'un père et d'une mère, et qu'elle ne peut la donner à son tour à la génération suivante, que par les mêmes moyens. Dire que tous les chênes étoient renfermés dans le premier gland, et toutes les générations de tous les hommes dans le premier embryon; c'est dire que tous les siècles du monde étoient renfermés dans la première minute. Ainsi un fils n'est pas plus contenu actuellement dans son père, que demain n'est renfermé dans aujourd'hui, et l'année prochaine dans l'année présente. Chaque enfant doit son existence au concours d'un mâle et d'une femelle, comme chaque année doit la sienne au mouvement combiné du soleil et de la terre, et l'enfant, comme l'année, ne devient capable d'engendrer que par une suite périodique de jours et de saisons que l'astre de la lumière, image de Dieu, produit successivement.

C'est cependant en soutenant que tous les hommes étoient renfermés dans leurs ancêtres, que nos écoles ont égaré les esprits pendant des siècles. Combien de conséquences dangereuses n'a-t-on pas tirées de cette métaphysique pour le malheur des hommes! Car, je le répète, il n'y a point d'erreur qui ne produise de mal, ni de mal qui ne provienne de l'erreur. Des écrivains ont de plus rendu des familles, des tribus, des peuples entiers, infâmes ou illustres, vicieux ou vertueux, uniquement à cause de leur origine, d'autres, et souvent les mêmes, ont étendu une proscription universelle sur tout le genre humain, sans s'embarrasser même de se contredire par leurs exceptions. Cependant la nature leur faisoit voir que dans les mêmes familles il y avoit des hommes bons et méchans, ce qui ne seroit pas arrivé, s'ils avoient tous la même empreinte originelle, comme des pièces de métal frappées au même coin; d'ailleurs, si les vices et les vertus se transmettoient, il en seroit de même des talens, des arts et des sciences. Un père savant engendreroit des enfans savans, comme on suppose qu'un père vertueux produit un enfant vertueux; mais l'expérience prouve que les lumières et les erreurs, ainsi que les vertus et les vices, sont les fruits de l'éducation et des habitudes.

Je crois que tous les hommes sont sortis d'un premier homme, mais qu'ils sont formés successivement par le concours des deux sexes. La loi merveilleuse par laquelle on les suppose renfermés les uns dans les autres, ne seroit, au bout du compte, qu'une loi très-mécanique; mais celle qui les produit par l'harmonie des amours, est une loi divine.

C'est une loi toujours vivante, toujours aimante, et digne seule de l'auteur de l'univers. Il a engendré autrefois les genres, il engendre encore les individus ; il agit à chaque instant ; il fait intervenir tour-à-tour les harmonies élémentaires, filiales, végétales, animales, fraternelles, conjugales, maternelles, tributives, nationales, et jusqu'à celles de tout le genre humain, pour former un seul homme. Il fait naître des harmonies physiques, les harmonies morales ; des élémentaires, les premiers sentimens d'amour et de haine dans les enfans ; des filiales, leur reconnoissance et leur piété envers leurs parens ; des végétales et des animales, l'intelligence de la nature et de son auteur dans les adolescens ; des fraternelles, le sentiment de l'amitié et de l'égalité dans les jeunes gens ; des conjugales, la foi, la constance, la générosité et toutes les affections des amans ; des paternelles, l'économie, la prudence, la force et toutes les vertus domestiques qui honorent l'âge viril ; des tributives, l'amour de la gloire qui naît du desir de servir ses semblables ; des nationales, l'amour de la Patrie qui, dans un âge avancé, étend ses affections à toutes les tribus ; et des harmonies du genre humain, la philanthropie qui embrasse toutes les nations, et qui résulte de l'expérience et de la sagesse des vieillards. Toutes ces harmonies physiques et morales sont encore divisées en actives et en passives, en positives et en négatives ; et il résulte de leur accord, le concert admirable de l'univers et du genre humain.

Dira-t-on maintenant qu'un homme renferme en

lui toute sa postérité? Par la seule harmonie des sexes, chaque génération se trouve modifiée, de manière que, pour l'ordinaire, les mâles tiennent de la mère et les filles du père, leur caractère et leur physionomie. Ainsi la nature se perpétue en se variant sans cesse. J'ai présenté, dans mes Etudes, quelques anneaux de la chaîne admirable de ces harmonies; mais si Dieu me donne un jour, loin des villes, le loisir et la grace de parcourir ce cercle d'amours et de vertus, je ferai voir que c'est à ces loix harmoniques que doivent se fixer toutes les loix sociales, puisque ce sont celles de la nature même. J'espère au moins y attacher celles de l'éducation nationale; car l'éducation ne doit être qu'un apprentissage de la vie humaine.

Nous tenons donc le premier germe de nos corps de nos parens, et souvent notre constitution physique, bonne ou mauvaise; mais il n'en est pas de même de notre constitution morale. Nos ames nous sont données innocentes et pures, parce qu'elles viennent de Dieu et qu'elles sont à lui seul, comme le dit Ezéchiel; c'est à nous, avec son aide, à les conserver bonnes et justes. Il avoit tracé, pour les développer, un cercle d'amours et de vertus : si nous en avons été rejetés par les dépravations de la société, nous y reviendrons en rentrant en nous-mêmes : le bonheur d'un seul homme est fondé sur les mêmes loix qui assurent celui du genre humain.

C'est d'après ce sentiment naturel, que le Paria se dégage des préjugés de son pays. J'ai regardé souvent comme un des plus grands malheurs de la condition humaine, que la superstition vînt envahir, dès l'enfance, une ame innocente, sans qu'elle puisse s'en préserver; mais considérant combien les superstitieux étoient par tout pays, opiniâtres, intolérans, durs et cruels, malgré les moyens que la nature leur présente dans le cours de la vie, pour les ramener à la vérité et à la vertu, j'ai reconnu que la superstition étoit, comme l'athéisme, une suite de l'ambition, et que, comme lui, elle en étoit la punition. En effet, on ne rend point un enfant superstitieux, sans lui inspirer une ambition positive ou négative de sa religion : on commence d'abord par lui en faire peur, bientôt il cherche à en effrayer les autres à son tour. Chacun, volontiers, fait part de l'objet de sa crainte, et garde pour soi celui de ses espérances (1). Les religions

(1) Le superstitieux passe souvent à l'athéisme; car ses probabilités de salut étant en très-petit nombre, et celles de damnation étant infinies, il s'ensuit qu'il a beaucoup plus à craindre qu'à espérer; et dans cette inquiétude, il se détermine à la longue à ne rien croire du tout. Il aime mieux croire que Dieu n'existe pas, que de croire qu'il est un tyran éternel. L'athée passe rarement à la superstition, par la raison qu'un homme ne retombe point en maladie quand une fois il est mort. La vraie religion est entre la superstition et l'athéisme, elle est la santé de l'ame.

les plus tyranniques ont toujours fait le plus de prosélites. Il faut donc préparer une ame innocente avec quelque vice étranger, pour y faire mordre la superstition, comme on ronge une laine blanche avec l'alun pour la teindre en noir. Le Paria en rentrant en lui-même, se dépouille des préjugés des Brames, et se retrouve tel que la nature l'a fait, comme un sauvage qui, en déposant l'habit dont les Européens l'avoient revêtu, échappe à-la-fois à la vanité qu'ils lui avoient inspirée, et à la servitude où ils vouloient le réduire.

Plusieurs personnes considérant les erreurs et les terreurs qui se saisissent de nous dès la naissance, et nous enveloppent pendant tout le cours de notre vie, ont desiré, pour en être préservées, la solitude profonde du Paria, sous le beau climat de l'Inde; mais nous en trouverons de plus inaccessibles que les rochers, et de plus douces que les figuiers des Banians, si nous rentrons en nous-mêmes. Le sort pouvoit nous faire naître du temps des druides ou sous la tyrannie des Brames, ou, ce qui renferme tous les maux, sous la peau d'un noir d'Afrique, livré en Amérique aux fouets et aux opinions des Européens, et adorant jusqu'aux erreurs qui le rendent misérable; dans toutes ces modifications de la misère humaine, nous aurions reçu de la nature, pour contrepoids des maux des sociétés, une ame amie de la vérité. Cherchons donc en nous-mêmes et dans la nature qui ne nous trompe point, la vérité qui doit nous éclairer. O homme qui croyez qu'il n'y a dans l'univers d'autre livre que celui où on vous a appris à lire, et d'autre clarté que celle de votre lampe, regardez le livre de la nature et l'astre du jour qui l'éclaire pour l'instruction de tous les mortels! Lisez dans la nature, et vous verrez que toutes les vérités viennent de Dieu, comme toutes les lumières, du soleil. Que vous faut-il donc pour les recueillir et les conserver? Un cœur pur, qui s'ouvre à la vérité et se ferme aux préjugés. La nature vous l'a donné en naissant, comme elle vous a donné des yeux pour voir la lumière, et des paupières pour les couvrir.

LA
CHAUMIÈRE INDIENNE.

Il y a environ trente ans qu'il se forma à Londres une compagnie de Savans anglais, qui entreprit d'aller chercher, dans diverses parties du monde, des lumières sur toutes les sciences, afin d'éclairer les hommes et de les rendre plus heureux. Elle étoit défrayée par une compagnie de souscripteurs de la même nation, composée de négocians, de lords, d'évêques, d'universités, et de la famille royale d'Angleterre, à laquelle se joignirent quelques souverains du nord de l'Europe. Ces savans étoient au nombre de vingt, et la société royale de Londres avoit donné à chacun d'eux un volume, contenant l'état des questions dont il devoit rapporter les solutions. Ces questions montoient au nombre de 3500. Quoiqu'elles fussent toutes différentes pour chacun de ces docteurs, et convenables au pays où ils devoient voyager, elles étoient toutes liées entre elles, en sorte que la lumière répandue sur l'une, devoit nécessairement s'étendre sur toutes les autres. Le président de la société royale, qui les avoit rédigées à l'aide de ses confrères, avoit fort bien senti que l'éclaircissement d'une difficulté dépend souvent de la solution d'une autre, et celle-ci d'une précédente ; ce qui mène dans la recherche de la vérité bien plus loin qu'on ne pense. Enfin, pour me servir des expressions même employées par le président dans leurs instructions, c'étoit le plus superbe édifice encyclopédique qu'aucune nation eût encore élevé aux progrès des connoissances humaines ; ce qui prouve bien, ajoutoit-il, la nécessité des corps académiques, pour mettre de l'ensemble dans les vérités dispersées par toute la terre.

Chacun de ces savans voyageurs avoit, outre son volume de questions à éclaircir, la commission d'acheter, chemin faisant, les plus anciens exemplaires de la bible, et les manuscrits les plus rares en tout genre, ou au moins de ne rien épargner pour s'en procurer de bonnes copies. Pour cela, leurs souscripteurs leur avoient procuré, à tous, des lettres de recommandation pour les consuls, ministres et ambassadeurs de la Grande-Bretagne qu'ils devoient trouver sur leur route ; et, ce qui vaut encore mieux, de bonnes lettres-de-change, endossées par les plus fameux banquiers de Londres.

Le plus savant de ces docteurs, qui savoit l'hébreu, l'arabe et l'indou, fut envoyé par terre aux Indes orientales, le berceau de tous les arts et de toutes les sciences. Il prit d'abord son chemin par la Hollande, et visita successivement la synagogue d'Amsterdam et le synode de Dordrecht; en France, la Sorbonne et l'académie des sciences de Paris; en Italie, quantité d'académies, de muséums et de bibliothèques, entre autres, le muséum de Florence, la bibliothèque de Saint-Marc à Venise, et à Rome, celle du Vatican. Etant à Rome, il balança si, avant de se diriger vers l'Orient, il iroit en Espagne consulter la fameuse université de Salamanque ; mais, dans la crainte de l'inquisition, il aima mieux s'embarquer tout droit pour la Turquie. Il passa donc à Constantinople, où, pour son argent, un effendi le mit à même de feuilleter tous les livres de la mosquée de Sainte-Sophie. De là il fut en Egypte, chez les Cophtes, puis chez les Maronites du mont Liban, les moines du mont Cassin; de là, à Sana en Arabie; ensuite à Ispahan, à Kandahar, Delhi, Agra : enfin, après trois ans de courses, il arriva sur les bords du Gange à Bénarès, l'Athènes des Indes, où il conféra avec les Brames. Sa collection d'anciennes éditions, de livres originaux, de manuscrits rares, de copies, d'extraits et d'annotations en tout genre, se trouva alors la plus considérable qu'aucun particulier eût jamais faite. Il suffit de dire qu'elle composoit quatre-vingt-dix ballots, pesant ensemble neuf mille cinq cent quarante livres, poids de troy. Il étoit sur le point de s'embarquer pour Londres avec une si riche cargaison de lumières, plein de joie d'avoir surpassé les espérances de la société royale, lorsqu'une réflexion toute simple vint l'accabler de chagrin.

Il pensa qu'après avoir conféré avec les rabins juifs, les ministres protestans, les surintendans des églises luthériennes, les docteurs catholiques, les académiciens de Paris, de là Crusca, des Arcades, et de vingt-quatre autres des plus célèbres académies d'Italie, les papas grecs, les molhas turcs, les verbiests arméniens, les seidres et les casys persans, les scheics arabes, les anciens parsis, les pandects indiens, que loin d'avoir éclairci aucune des trois mille cinq cents questions de la société royale, il n'avoit contribué qu'à en multiplier les doutes; et comme elles étoient toutes liées les unes aux autres, il s'ensuivoit, au contraire de ce qu'avoit pensé son illustre président, que l'obscurité d'une solution obscurcissoit l'évidence d'une autre, que les vérités les plus claires étoient devenues tout-à-fait problématiques, et qu'il étoit même impossible d'en démêler aucune dans ce vaste labyrinthe de réponses et d'autorités contradictoires.

Le docteur en jugeoit par un simple aperçu. Parmi ces questions, il y en avoit à résoudre deux cents sur la théologie des hébreux; quatre cent quatre-vingt sur celle des diverses communions de l'église grecque et de l'église romaine; trois cent douze sur l'ancienne religion des brames; cinq cent huit sur la langue hanscrit ou sacrée; trois sur l'état actuel du peuple indien; deux cent onze sur le commerce des Anglais aux Indes; sept cent vingt-neuf sur les anciens monumens des îles d'Eléphanta et de Salsette, dans le voisinage de l'île de Bombay; cinq sur l'antiquité du monde; six cent soixante-treize sur l'origine de l'ambre-gris, et sur les propriétés de différentes espèces de bézoards; une sur la cause non encore examinée du cours de l'océan Indien, qui flue six mois vers l'orient et six mois vers l'occident; et trois cent soixante-dix-huit sur les sources et les inondations périodiques du Gange. A cette occasion, le docteur étoit invité de recueillir, sur sa route, tout ce qu'il pourroit touchant les sources et les inondations du Nil, qui occupoient les savans de l'Europe depuis tant de siècles. Mais il jugea cette matière suffisamment débattue, et étrangère d'ailleurs à sa mission. Or, sur chacune des questions proposées par la société royale, il apportoit, l'une dans l'autre, cinq solutions différentes, qui, pour les trois mille cinq cents questions, donnoient dix-sept mille cinq cents réponses; et en supposant que chacun de ses dix-neuf confrères en rapportât autant de son côté, il s'ensuivoit que la société royale auroit trois cent cinquante mille difficultés à résoudre avant de pouvoir établir aucune vérité sur une base solide. Ainsi, toute leur collection, loin de faire converger chaque proposition vers un centre commun, suivant les termes de leur instruction, les feroit, au contraire, diverger l'une de l'autre, sans qu'il fût possible de les rapprocher. Une autre réflexion faisoit encore plus de peine au docteur ; c'est que, quoiqu'il eût employé dans ses laborieuses recherches tout le sang-froid de son pays, et une politesse qui lui étoit particulière, il s'étoit fait des ennemis implacables de la plupart des docteurs avec lesquels il avoit argumenté. Que deviendra donc, disoit-il, le repos de mes compatriotes, quand je leur aurai rapporté dans mes quatre-vingt-dix ballots, au lieu de la vérité, de nouveaux sujets de doutes et de disputes?

Il étoit au moment de s'embarquer pour l'Angleterre, plein de perplexité et d'ennui, lorsque les brames de Bénarès lui apprirent que le brame supérieur de la fameuse pagode de Jagrenat ou Jagernat, située sur la côte d'Orixa, au bord de la mer, près d'une des embouchures du Gange, étoit seul capable de résoudre toutes les questions de la société royale de Londres. C'étoit en effet le plus fameux pandect, ou docteur, dont on eût jamais ouï parler: on venoit le consulter de toutes les parties de l'Inde, et de plusieurs royaumes de l'Asie.

Aussi-tôt le docteur anglais partit pour Calcuta, et s'adressa au directeur de la compagnie anglaise des Indes, qui, pour l'honneur de sa nation et la gloire des sciences, lui donna, pour le porter à Jagrenat, un palanquin à tendelets de soie cramoisie, à glands d'or, avec deux relais de vigoureux coulis, ou porteurs de quatre hommes chacun; deux portefaix, un porteur d'eau, un porteur de gargoulette pour le rafraîchir, un porteur de pipe, un porteur d'ombelle pour le couvrir du soleil le jour, un masalchi, ou porte-flambeau, pour la nuit; un fendeur de bois, deux cuisiniers, deux chameaux et leurs conducteurs, pour porter ses provisions et ses bagages; deux pions ou coureurs pour l'annoncer; quatre cipayes, ou reispoutes montés sur des chevaux persans, pour l'escorter; et un porte-étendard, avec son étendard aux armes d'Angleterre. On eût pris le docteur, avec son bel équipage, pour un commis de la compagnie des Indes. Il y avoit cependant cette différence, que le docteur, au lieu d'aller chercher des présens, étoit chargé d'en faire. Comme on ne paroît point aux Indes les mains vides devant les personnes constituées en dignité, le directeur lui avoit donné, aux frais de sa nation, un beau télescope, et un tapis de pied, de Perse, pour le chef des brames; des chittes superbes pour sa femme, et trois pièces de taffetas de la Chine, rouges, blanches et jaunes, pour faire des écharpes à ses disciples. Les présens chargés sur les chameaux, le docteur se mit en route dans son palanquin, avec le livre de la société royale.

Chemin faisant, il pensoit à la question par laquelle il débuteroit avec le chef des brames de

Jagrenat, s'il commenceroit par une des trois cent soixante-dix-huit qui avoient rapport aux sources et aux inondations du Gange, ou par celle qui regardoit le cours alternatif et semi-annuel de la mer des Indes, qui pouvoit servir à découvrir les sources et les mouvemens périodiques de l'Océan par tout le globe; mais quoique cette question intéressât la physique infiniment plus que toutes celles qui avoient été faites depuis tant de siècles sur les sources et les accroissemens même du Nil, elle n'avoit pas encore attiré l'attention des savans de l'Europe. Il préféroit donc d'interroger le brame sur l'universalité du déluge, qui a excité tant de disputes; ou, en remontant plus haut, s'il est vrai que le soleil ait changé plusieurs fois son cours, se levant à l'occident et se couchant à l'orient, suivant la tradition des prêtres de l'Egypte, rapportée par Hérodote; et même sur l'époque de la création de la terre, à laquelle les Indiens donnent plusieurs millions d'années d'antiquité. Quelquefois il trouvoit qu'il seroit plus utile de le consulter sur la meilleure sorte de gouvernement à donner à une nation, et même sur les droits de l'homme, dont il n'y a de code nulle part; mais ces dernières questions n'étoient pas dans son livre.

Cependant, disoit le docteur, avant tout, il me sembleroit à propos de demander au pandect indien, par quel moyen on peut trouver la vérité; car si c'est avec la raison, comme j'ai tâché de le faire jusqu'à présent, la raison varie chez tous les hommes : je dois lui demander aussi où il faut chercher la vérité, car si c'est dans les livres, ils se contredisent tous; et enfin, s'il faut communiquer la vérité aux hommes, car dès qu'on la leur fait connoître, on se brouille avec eux. Voilà trois questions préalables auxquelles notre illustre président n'a pas pensé. Si le brame de Jagrenat peut me les résoudre, j'aurai la clef de toutes les sciences; et, ce qui vaut encore mieux, je vivrai en paix avec tout le monde.

C'est ainsi que le docteur raisonnoit avec lui-même. Après dix jours de marche, il arriva sur les bords du golfe du Bengale; il rencontra sur sa route quantité de gens qui revenoient de Jagrenat, tous enchantés de la science du chef des pandects qu'ils venoient de consulter. Le onzième jour, au soleil levant, il aperçut la fameuse pagode de Jagrenat, bâtie sur le bord de la mer, qu'elle sembloit dominer avec ses grands murs rouges et ses galeries, ses dômes et ses tourelles de marbre blanc. Elle s'élevoit au centre de neuf avenues d'arbres toujours verts, qui divergent vers autant de royaumes. Chacune de ces avenues est formée d'une espèce d'arbres différente, de palmiers arecques, de tecques, de cocotiers, de manguiers, de lataniers, d'arbres de camphre, de bambous, de badamiers, d'arbres de sandal, et se dirige vers Ceylan, Golconde, l'Arabie, la Perse, le Thibet, la Chine, le royaume d'Ava, celui de Siam, et les îles de la mer des Indes. Le docteur arriva à la pagode par l'avenue de bambous qui côtoie le Gange et les îles enchantées de son embouchure. Cette pagode, quoique bâtie dans une plaine, est si élevée, que l'ayant aperçue le matin, il ne put s'y rendre que vers le soir. Il fut véritablement frappé d'admiration, quand il considéra de près sa magnificence et sa grandeur. Ses portes de bronze étinceloient des rayons du soleil couchant, et les aigles planoient autour de son faîte qui se perdoit dans les nues. Elle étoit entourée de grands bassins de marbre blanc, qui réfléchissoient au fond de leurs eaux transparentes, ses dômes, ses galeries et ses portes : tout autour régnoient de vastes cours, et des jardins environnés de grands bâtimens où logeoient les brames qui la desservoient.

Les pions du docteur coururent l'annoncer, et aussi-tôt une troupe de jeunes bayadères sortit d'un des jardins, et vint au-devant de lui en chantant et en dansant au son des tambours de basque. Elles avoient pour colliers, des cordons de fleurs de mougris ; et pour ceintures, des guirlandes de fleurs de frangipanier. Le docteur, entouré de leurs parfums, de leurs danses et de leur musique, s'avança jusqu'à la porte de la pagode, au fond de laquelle il aperçut, à la clarté de plusieurs lampes d'or et d'argent, la statue de Jagrenat, la septième incarnation de Brama, en forme de pyramide, sans pieds et sans mains, qu'il avoit perdus en voulant porter le monde pour le sauver (1) : à ses pieds étoient prosternés, la face contre terre, des pénitens, dont les uns promettoient, à haute voix, de se faire accrocher, le jour de sa fête, à son char, par les épaules; et les autres, de se faire écraser sous ses roues. Quoique le spectacle de ces fanatiques, qui poussoient de profonds gémissemens en prononçant leurs horribles vœux, inspirât une sorte de terreur, le docteur se préparoit à entrer dans la pagode, lorsqu'un vieux brame, qui en gardoit la porte, l'arrêta, et lui demanda quel étoit le sujet qui l'amenoit. Lorsqu'il l'eut appris, il dit au docteur, qu'attendu sa qualité de frangui ou d'impur, il ne pouvoit se présenter ni devant Jagrenat, ni devant son grand-prêtre, qu'il n'eût été lavé trois fois dans un des lavoirs du temple, et qu'il n'eût rien sur lui qui fût de la dépouille d'aucun animal; mais sur-tout, ni poil de vache, parce qu'elle est adorée des brames, ni poil de porc, parce qu'il leur est en horreur. Comment ferai-je donc, lui répondit le docteur? J'apporte en présent au chef des brames, un tapis de Perse de poil de chèvre d'Angora, et des étoffes de la Chine, qui sont de soie. Toutes choses,

(1) Voyez Kircher.

repartit le brame, offertes au temple de Jagrenat ou à son grand-prêtre, sont purifiées par le don même; mais il n'en peut être ainsi de vos habillemens. Il fallut donc que le docteur ôtât son sur-tout de laine d'Angleterre, ses souliers de peau de chèvre, et son chapeau de castor; ensuite, le vieux brame l'ayant lavé trois fois, le revêtit d'une toile de coton, couleur de sandal, et le conduisit à l'entrée de l'appartement du chef des brames. Le docteur se préparoit à y entrer, tenant sous son bras le livre des questions de la société royale, lorsque son introducteur lui demanda de quelle matière ce livre étoit couvert. Il est relié en veau, répondit le docteur. Comment! dit le brame hors de lui, ne vous ai-je pas prévenu que la vache étoit adorée des brames? et vous osez vous présenter devant leur chef avec un livre couvert de la peau d'un veau! Le docteur auroit été obligé d'aller se purifier dans le Gange, s'il n'eût abrégé toute difficulté en présentant quelques pagodes ou pièces d'or à son introducteur. Il laissa donc le livre des questions dans son palanquin, mais il s'en consoloit en lui-même, en disant : « Au » bout du compte, je n'ai que trois questions à faire » à ce docteur indien. Je serai content, s'il m'ap- » prend par quel moyen on doit chercher la vérité, » où on peut la trouver, et s'il faut la communiquer » aux hommes ».

Le vieux brame introduisit donc le docteur

anglais, revêtu de sa toile de coton, nu-tête et nu-pieds, chez le grand-prêtre de Jagrenat, dans un vaste salon, soutenu par des colonnes de bois de sandal. Les murs en étoient verts, étant corroyés de stuc mêlé de bouze de vache, si brillant et si poli qu'on pouvoit s'y mirer. Le plancher étoit couvert de nattes très-fines, de six pieds de long sur autant de large. Au fond du salon étoit une estrade, entourée d'une balustrade de bois d'ébène; et sur cette estrade on entrevoyoit, à travers un treillis de cannes d'inde vernies en rouge, le vénérable chef des pandects avec sa barbe blanche, et trois fils de coton passés en bandoulière, suivant l'usage des brames. Il étoit assis sur un tapis jaune, les jambes croisées, dans un état d'immobilité si parfaite, qu'il ne remuoit pas même les yeux. Quelques-uns de ses disciples chassoient les mouches autour de lui avec des éventails de queue de paon; d'autres brûloient, dans des cassolettes d'argent, des parfums de bois d'aloès; et d'autres jouoient du tympanon sur un mode très-doux: le reste, en grand nombre, parmi lesquels étoient des faquirs, des joguis et des santons, étoit rangé sur plusieurs files des deux côtés de la salle, dans un profond silence, les yeux fixés en terre et les bras croisés sur la poitrine.

Le docteur voulut d'abord s'avancer jusqu'au chef des pandects, pour lui faire son compliment; mais son introducteur le retint à neuf nattes de là, en lui disant que les omrahs, ou grands seigneurs indiens, n'alloient pas plus loin; que les rajahs, ou souverains de l'Inde, ne s'avançoient qu'à six nattes; les princes, fils du mogol, à trois; et qu'on n'accordoit qu'au mogol l'honneur d'approcher jusqu'au vénérable chef, pour lui baiser les pieds.

Cependant plusieurs brames apportèrent jusqu'au pied de l'estrade, le télescope, les chittes, les pièces de soie et le tapis, que les gens du docteur avoient déposés à l'entrée de la salle; et le vieux brame y ayant jeté les yeux sans donner aucune marque d'approbation, on les emporta dans l'intérieur des appartemens.

Le docteur anglais alloit commencer un fort beau discours en langue indou, lorsque son introducteur le prévint qu'il devoit attendre que le grand-prêtre l'interrogeât. Il le fit donc asseoir sur ses talons, les jambes croisées comme un tailleur, suivant l'usage du pays. Le docteur murmuroit en lui-même de tant de formalités; mais que ne fait-on pas pour trouver la vérité, après être venu la chercher aux Indes?

Dès que le docteur se fut assis, la musique se tut, et après quelques momens d'un profond silence, le chef des pandects lui fit demander pourquoi il étoit venu à Jagrenat?

Quoique le grand-prêtre de Jagrenat eût parlé en langage indou assez distinctement pour être entendu d'une partie de l'assemblée, sa parole fut portée par un faquir qui la donna à un autre, et cet autre à un troisième, qui la rendit au docteur. Celui-ci répondit dans la même langue : « Qu'il étoit » venu à Jagrenat consulter le chef des brames sur » sa grande réputation, pour savoir de lui par quel » moyen on pourroit connoître la vérité ».

La réponse du docteur fut rapportée au chef des pandects par les mêmes interlocuteurs qui avoient été chargés de la demande. Il en fut ainsi du reste du colloque.

Le vieux chef des pandects, après s'être un peu recueilli, répondit : « La vérité ne se peut connoître » que par le moyen des brames ». Alors toute l'assemblée s'inclina, en admirant la réponse de son chef.

« Où faut-il chercher la vérité » ? reprit assez vivement le docteur anglais. « Toute vérité, répon» dit le vieux docteur indien, est renfermée dans les » quatre beths écrits il y a cent vingt mille ans dans » la langue hanscrit, dont les seuls brames ont l'in» telligence ».

A ces mots, tout le salon retentit d'applaudissemens.

Le docteur, reprenant son sang-froid, dit au grand-prêtre de Jagrenat : « Puisque Dieu a ren» fermé la vérité dans des livres dont l'intelligence » n'est réservée qu'aux brames, il s'ensuit donc » que Dieu en a interdit la connoissance à la plupart

» des hommes, qui ignorent même s'il existe des » brames : or, si cela étoit, Dieu ne seroit pas » juste ».

« Brama l'a voulu ainsi, reprit le grand-prêtre. » On ne peut rien opposer à la volonté de Brama ». Les applaudissemens de l'assemblée redoublèrent. Dès qu'ils se furent appaisés, l'Anglais proposa sa troisième question : « Faut-il communiquer la vérité » aux hommes » ?

« Souvent, dit le vieux pandect, c'est prudence » de la cacher à tout le monde, mais c'est un devoir » de la dire aux brames ».

« Comment ! s'écria le docteur anglais en colère, » il faut dire la vérité aux brames qui ne la disent » à personne ? en vérité les brames sont bien in» justes ».

A ces mots, il se fit un tumulte épouvantable dans l'assemblée. Elle avoit entendu sans murmurer taxer Dieu d'injustice; mais il n'en fut pas de même quand elle s'entendit appliquer ce reproche. Les pandects, les faquirs, les santons, les joguis, les brames et leurs disciples vouloient argumenter tous à la fois contre le docteur anglais; mais le grand-prêtre de Jagrenat fit cesser le bruit en frappant des mains, et disant d'une voix très-distincte : « Les » brames ne disputent point comme les docteurs de » l'Europe ». Alors s'étant levé, il se retira aux acclamations de toute l'assemblée, qui murmuroit hautement contre le docteur, et lui auroit peut-être fait un mauvais parti sans la crainte des Anglais, dont le crédit est tout-puissant sur les bords du Gange. Le docteur étant sorti du salon, son introducteur lui dit : « Notre très-vénérable père vous » auroit fait présenter, suivant l'usage, le sorbet, » le bétel et les parfums; mais vous l'avez fâché. — » Ce seroit à moi à me fâcher, reprit le docteur, » d'avoir pris tant de peines inutiles. Mais de quoi » donc votre chef a-t-il à se plaindre? — Comment! » reprit l'introducteur, vous voulez disputer contre » lui! Ne savez-vous pas qu'il est l'oracle des Indes, » et que chacune de ses paroles est un rayon d'in- » telligence? — Je ne m'en serois jamais douté », dit le docteur, en prenant son surtout, ses souliers et son chapeau. Le temps étoit à l'orage, et la nuit s'approchoit; il demanda à la passer dans un des logemens de la pagode; mais on lui refusa d'y coucher, à cause qu'il étoit frangui. Comme la cérémonie l'avoit fort altéré, il demanda à boire. On lui apporta de l'eau dans une gargoulette; mais dès qu'il y eut bu on la cassa, parce que, comme frangui, il l'avoit souillée en buvant à même. Alors le docteur, très-piqué, appela ses gens, prosternés en adoration sur les degrés de la pagode, et étant remonté dans son palanquin, il se remit en route par l'allée des bambous, le long de la mer, à l'entrée de la nuit et sous un ciel couvert de nuages. Chemin faisant, il se disoit à lui-même : Le proverbe indien est bien vrai : Tout Européen qui vient aux Indes gagne de la patience, s'il n'en a pas ; et il la perd, s'il en a. Pour moi, j'ai perdu la mienne. Comment, je ne pourrai savoir par quel moyen on peut trouver la vérité, où il faut la chercher, et s'il faut la communiquer aux hommes ! L'homme est donc condamné par toute la terre aux erreurs et aux disputes : c'étoit bien la peine de venir aux Indes consulter les brames !

Pendant que le docteur raisonnoit ainsi dans son palanquin, il survint un de ces ouragans qu'on appelle aux Indes, un typhon. Le vent venoit de la mer, et faisant refluer les eaux du Gange, les brisoit en écume contre les îles de son embouchure. Il enlevoit de leurs rivages des colonnes de sable, et de leurs forêts des nuées de feuilles qu'il emportoit pêle-mêle à travers le fleuve et les campagnes, jusqu'au haut des airs. Quelquefois il s'engouffroit dans l'allée des bambous, et quoique ces roseaux indiens fussent aussi élevés que les plus grands arbres, il les agitoit comme l'herbe des prairies. On voyoit, à travers les tourbillons de poussière et de feuilles, leur longue avenue tout ondoyante, dont une partie se renversoit à droite et à gauche jusqu'à terre, tandis que l'autre se relevoit en gémissant. Les gens du docteur, dans la crainte d'en être écrasés, ou d'être submergés par les eaux du Gange qui débordoient déjà leurs rivages, prirent leur chemin à travers les champs, en se dirigant au hasard vers les hauteurs voisines. Cependant la nuit vint; et ils marchoient depuis trois heures dans l'obscurité la plus profonde, ne sachant où ils alloient, lorsqu'un éclair fendant les nues et blanchissant tout l'horizon, leur fit voir bien loin sur leur droite la pagode de Jagrenat, les îles du Gange, la mer agitée, et tout près devant eux, un petit vallon et un bois entre deux collines. Ils coururent s'y réfugier, et déjà le tonnerre faisoit entendre ses lugubres roulemens lorsqu'ils arrivèrent à l'entrée du vallon. Il étoit flanqué de rochers et rempli de vieux arbres d'une grosseur prodigieuse. Quoique la tempête courbât leurs cimes avec d'horribles mugissemens, leurs troncs monstrueux étoient inébranlables comme les rochers qui les environnoient. Cette portion de forêt antique paroissoit l'asyle du repos, mais il étoit difficile d'y pénétrer. Des rotins qui serpentoient à son orée, couvroient le pied de ces arbres, et des lianes qui s'enlaçoient d'un tronc à l'autre, ne présentoient de tous côtés qu'un rempart de feuillages où paroissoient quelques cavernes de verdure, mais qui n'avoient point d'issue. Cependant les reispoutes s'y étant ouvert un passage avec leurs sabres, tous les gens de la suite y entrèrent avec le palanquin. Ils s'y croyoient à l'abri de l'orage, lorsque la pluie qui tomboit à verse, forma autour d'eux mille torrens. Dans cette perplexité, ils aperçurent sous les arbres, dans le lieu le plus étroit du vallon, une lumière et une cabane. Le masalchi y courut pour allumer son flambeau ; mais il revint un peu après, hors d'haleine, criant : N'approchez pas d'ici ; il y a un paria. Aussi-tôt la troupe effrayée cria : Un paria ! un paria ! Le docteur croyant que c'étoit quelque animal féroce, mit la main sur ses pistolets. « Qu'est-ce qu'un paria, demanda-t-il à son porte- » flambeau ? — C'est, lui répondit celui-ci, un » homme qui n'a ni foi ni loi. C'est, ajouta le chef » des reispoutes, un Indien de caste si infâme, qu'il » est permis de le tuer si on en est seulement tou- » ché. Si nous entrons chez lui, nous ne pouvons de » neuf lunes mettre le pied dans aucune pagode, et » pour nous purifier, il faudra nous baigner neuf » fois dans le Gange, et nous faire laver autant de » fois de la tête aux pieds, d'urine de vache, par la » main d'un brame ». Tous les Indiens s'écrièrent : « Nous n'entrerons point chez un paria ! — Com- » ment, dit le docteur à son porte-flambeau, avez- » vous su que votre compatriote étoit paria, c'est-à- » dire, sans foi ni loi ? — C'est, répondit le porte- » flambeau, que lorsque j'ai ouvert sa cabane, j'ai » vu qu'il étoit couché avec son chien sur la même » natte que sa femme, à laquelle il présentoit à » boire dans une corne de vache ». Tous les gens de la suite du docteur répétèrent : « Nous n'en-

» trerons point chez un paria. — Restez ici, si vous » voulez, leur dit l'Anglais; pour moi, toutes les » castes de l'Inde me sont égales, lorsqu'il s'agit de » me mettre à l'abri de la pluie ».

En disant ces mots, il sauta en bas de son palanquin, et prenant sous son bras son livre de questions avec son sac de nuit, et à la main ses pistolets et sa pipe, il s'en vint tout seul à la porte de la cabane. A peine il y eut frappé, qu'un homme d'une physionomie fort douce vint lui en ouvrir la porte, et s'éloigna de lui aussi-tôt, en lui disant : « Seigneur, je ne suis qu'un pauvre paria, qui ne suis pas » digne de vous recevoir; mais si vous jugez à propos » de vous mettre à l'abri chez moi, vous m'honorerez » beaucoup. — Mon frère, lui répondit l'Anglais, » j'accepte de bon cœur votre hospitalité ». Cependant le paria sortit avec une torche à la main, une charge de bois sec sur son dos, et un panier plein de cocos et de bananes sous son bras; il s'approcha des gens de la suite du docteur, qui étoient à quelque distance de là sous un arbre, et leur dit : « Puisque vous ne voulez pas me faire l'honneur d'en» trer chez moi, voilà des fruits enveloppés de leurs » écorces que vous pouvez manger sans être souillés, » et voilà du feu pour vous sécher et vous préserver » des tigres. Que Dieu vous conserve »! Il rentra aussi-tôt dans sa cabane, et dit au docteur : « Sei» gneur, je vous le répète, je ne suis qu'un mal-

» heureux paria ; mais comme à votre teint blanc et » à vos habits, je vois que vous n'êtes pas Indien, » j'espère que vous n'aurez pas de répugnance pour » les alimens que vous présentera votre pauvre ser- » viteur ». En même temps il mit à terre, sur une natte, des mangues, des pommes de crême, des ignames, des patates cuites sous la cendre, des bananes grillées, et un pot de riz accommodé au sucre et au lait de coco ; après quoi il se retira sur sa natte, auprès de sa femme et de son enfant endormi près d'elle dans un berceau. « Homme ver- » tueux, lui dit l'Anglais, vous valez beaucoup mieux » que moi, puisque vous faites du bien à ceux qui » vous méprisent. Si vous ne m'honorez pas de votre » présence sur cette même natte, je croirai que » vous me prenez moi-même pour un homme mé- » chant, et je sors à l'instant de votre cabane, dussé- » je être noyé par la pluie ou dévoré par les tigres ».

Le paria vint s'asseoir sur la même natte que son hôte, et ils se mirent tous deux à manger. Cependant le docteur jouissoit du plaisir d'être en sûreté au milieu de la tempête. La cabane étoit inébranlable ; outre qu'elle étoit dans le plus étroit du vallon, elle étoit bâtie sous un arbre de war, ou figuier des banians, dont les branches, qui poussent des paquets de racines à leurs extrémités, forment autant d'arcades qui appuyent le tronc principal. Le feuillage de cet arbre étoit si épais, qu'il n'y passoit pas une goutte de pluie; et quoique l'ouragan fît entendre ses terribles rugissemens entremêlés des éclats de la foudre, la fumée du foyer qui sortoit par le milieu du toit et la lumière de la lampe n'étoient pas même agitées. Le docteur admiroit autour de lui le calme de l'Indien et de sa femme, encore plus profond que celui des élémens. Leur enfant, noir et poli comme l'ébène, dormoit dans son berceau : sa mère le berçoit avec son pied, tandis qu'elle s'amusoit à lui faire un collier avec des pois d'angole rouges et noirs. Le père jetoit alternativement sur l'une et sur l'autre des regards pleins de tendresse. Enfin, jusqu'au chien prenoit part au bonheur commun; couché avec un chat auprès du feu, il entr'ouvroit de temps en temps les yeux, et soupiroit en regardant son maître.

Dès que l'Anglais eut cessé de manger, le paria lui présenta un charbon de feu pour allumer sa pipe; et ayant pareillement allumé la sienne, il fit un signe à sa femme, qui apporta sur la natte deux tasses de coco, et une grande calebasse pleine de punch, qu'elle avoit préparé, pendant le souper, avec de l'eau, de l'arrack, du jus de citron, et du jus de canne de sucre.

Pendant qu'ils fumoient et buvoient alternativement, le docteur dit à l'Indien : « Je vous crois un » des hommes les plus heureux que j'aie jamais ren» contrés, et par conséquent un des plus sages. Per-

» mettez-moi de vous faire quelques questions.
» Comment êtes-vous si tranquille au milieu d'un
» si terrible orage? Vous n'êtes cependant à couvert
» que par un arbre, et les arbres attirent la foudre.
» — Jamais, répondit le paria, la foudre n'est tom-
» bée sur un figuier des banians. — Voilà qui est
» fort curieux, reprit le docteur; c'est sans doute
» parce que cet arbre a une électricité négative,
» comme le laurier. — Je ne vous comprends pas,
» repartit le paria; mais ma femme croit que c'est
» parce que le dieu Brama se mit un jour à l'abri
» sous son feuillage: pour moi, je pense que Dieu,
» dans ces climats orageux, ayant donné au figuier
» des banians un feuillage fort épais, et des arcades
» pour y mettre les hommes à l'abri de l'orage, il ne
» permet pas qu'ils y soient atteints du tonnerre.
» — Votre réponse est bien religieuse, repartit le
» docteur. Ainsi c'est votre confiance en Dieu qui
» vous tranquillise. La conscience rassure mieux
» que la science. Dites-moi, je vous prie, de quelle
» secte vous êtes; car vous n'êtes d'aucune de celles
» des Indes, puisqu'aucun Indien ne veut commu-
» niquer avec vous. Dans la liste des castes savantes
» que je devois consulter sur ma route, je n'y ai
» point trouvé celle des parias. Dans quel canton
» de l'Inde est votre pagode? — Par-tout, répondit
» le paria: ma pagode c'est la nature; j'adore son
» Auteur au lever du soleil, et je le bénis à son cou-

» cher. Instruit par le malheur, jamais je ne refuse » mon secours à un plus malheureux que moi. Je » tâche de rendre heureux ma femme, mon enfant, » et même mon chat et mon chien. J'attends la mort » à la fin de ma vie, comme un doux sommeil à la » fin du jour. — Dans quel livre avez-vous puisé ces » principes? demanda le docteur. — Dans la nature, » répondit l'Indien; je n'en connois pas d'autre. — » Ah! c'est un grand livre, dit l'Anglais : mais qui » vous a appris à y lire? — Le malheur, reprit le » paria : étant d'une caste réputée infâme dans mon » pays, ne pouvant être Indien, je me suis fait » homme; repoussé par la société, je me suis réfugié » dans la nature. — Mais dans votre solitude, vous » avez au moins quelques livres? reprit le docteur. » — Pas un seul, dit le paria; je ne sais même ni » lire ni écrire. — Vous vous êtes épargné bien des » doutes, dit le docteur en se frottant le front : pour » moi, j'ai été envoyé d'Angleterre, ma Patrie, » pour chercher la vérité chez les savans de quantité » de nations, afin d'éclairer les hommes et de les » rendre plus heureux; mais après bien des recher- » ches vaines et des disputes fort graves, j'ai conclu » que la recherche de la vérité étoit une folie, parce » que, quand on la trouveroit, on ne sauroit à qui » la dire, sans se faire beaucoup d'ennemis. Parlez- » moi sincèrement, ne pensez-vous pas comme moi? » — Quoique je ne sois qu'un ignorant, répondit

» le paria, puisque vous me permettez de dire mon » avis, je pense que tout homme est obligé de cher- » cher la vérité pour son propre bonheur; autre- » ment il sera avare, ambitieux, superstitieux, mé- » chant, anthropophage même, suivant les préjugés » ou les intérêts de ceux qui l'auront élevé ».

Le docteur, qui pensoit toujours aux trois questions qu'il avoit proposées au chef des pandects, fut ravi de la réponse du paria. « Puisque » vous croyez, lui dit-il, que tout homme est obligé » de chercher la vérité, dites-moi donc d'abord de » quel moyen on doit se servir pour la trouver; car » nos sens nous trompent, et notre raison nous » égare encore davantage. La raison diffère pres- » que chez tous les hommes; elle n'est, je crois, » au fond, que l'intérêt particulier de chacun d'eux: » voilà pourquoi elle est si variable par toute la » terre. Il n'y a pas deux religions, deux nations, » deux tribus, deux familles, que dis-je? il n'y a » pas deux hommes qui pensent de la même ma- » nière. Avec quel sens donc doit-on chercher la » vérité, si celui de l'intelligence n'y peut servir? » — Je crois, répondit le paria, que c'est avec un » cœur simple. Les sens et l'esprit peuvent se » tromper; mais un cœur simple, encore qu'il » puisse être trompé, ne trompe jamais.

» — Votre réponse est profonde, dit le docteur. » Il faut d'abord chercher la vérité avec son cœur

» et non avec son esprit. Les hommes sentent tous » de la même manière, et ils raisonnent différemment, parce que les principes de la vérité sont » dans la nature, et que les conséquences qu'ils en » tirent sont dans leurs intérêts. C'est donc avec un » cœur simple qu'on doit chercher la vérité; car » un cœur simple n'a jamais feint d'entendre ce » qu'il n'entendoit pas, et de croire ce qu'il ne » croyoit pas. Il n'aide point à se tromper ni à » tromper ensuite les autres : ainsi un cœur simple, » loin d'être foible comme ceux de la plupart des » hommes séduits par leurs intérêts, est fort, et » tel qu'il convient pour chercher la vérité et pour » la garder. — Vous avez développé mon idée bien » mieux que je n'aurois fait, reprit le paria : la vérité est comme la rosée du ciel; pour la conserver » pure, il faut la recueillir dans un vase pur.

» — C'est fort bien dit, homme sincère, reprit » l'Anglais, mais le plus difficile reste à trouver. » Où faut-il chercher la vérité? Un cœur simple dépend de nous, mais la vérité dépend des autres » hommes. Où la trouvera-t-on, si ceux qui nous » environnent sont séduits par leurs préjugés ou » corrompus par leurs intérêts, comme ils le sont » pour la plupart? J'ai voyagé chez beaucoup de » peuples; j'ai fouillé leurs bibliothèques; j'ai consulté leurs docteurs, et je n'ai trouvé par-tout » que contradictions, doutes et opinions mille fois

» plus variés que leurs langages. Si donc on ne » trouve pas la vérité dans les plus célèbres dépôts » des connoissances humaines, où faudra-t-il l'aller » chercher ? A quoi servira d'avoir un cœur simple » parmi des hommes qui ont l'esprit faux et le » cœur corrompu ? — La vérité me seroit suspecte, » répondit le paria, si elle ne venoit à moi que par » le moyen des hommes : ce n'est point parmi eux » qu'il faut la chercher, c'est dans la nature. La » nature est la source de tout ce qui existe ; son » langage n'est point inintelligible et variable comme » celui des hommes et de leurs livres. Les hommes » font des livres, mais la nature fait des choses. » Fonder la vérité sur un livre, c'est comme si on » la fondoit sur un tableau ou sur une statue, qui » ne peut intéresser qu'un pays, et que le temps » altère chaque jour. Tout livre est l'art d'un » homme, mais la nature est l'art de Dieu.

» — Vous avez bien raison, reprit le docteur, » la nature est la source des vérités naturelles ; mais » où est, par exemple, la source des vérités histo- » riques, si ce n'est dans les livres ? Comment donc » s'assurer aujourd'hui de la vérité d'un fait arrivé » il y a deux mille ans ? Ceux qui nous l'ont trans- » mis étoient-ils sans préjugés, sans esprit de parti ? » avoient-ils un cœur simple ? D'ailleurs, les livres » même qui nous le transmettent, n'ont-ils pas » besoin de copistes, d'imprimeurs, de commen-

» tateurs, de traducteurs, et tous ces gens-là n'al-
» tèrent-ils pas plus ou moins la vérité? Comme vous
» le dites fort bien, un livre n'est que l'art d'un
» homme. Il faut donc renoncer à toute vérité his-
» torique, puisqu'elle ne peut nous parvenir que
» par le moyen des hommes sujets à l'erreur.
» — Qu'importe à notre bonheur, dit l'Indien,
» l'histoire des choses passées? L'histoire de ce qui
» est, est l'histoire de ce qui a été et de ce qui
» sera.

» — Fort bien, dit l'Anglais; mais vous convien-
» drez que les vérités morales sont nécessaires au
» bonheur du genre humain. Comment donc les
» trouver dans la nature? Les animaux s'y font la
» guerre, s'entretuent et se dévorent; les élémens
» même combattent contre les élémens: les hommes
» en agiront-ils de même entr'eux? — Oh! non,
» répondit le bon paria, mais chaque homme trou-
» vera la règle de sa conduite dans son propre cœur,
» si son cœur est simple. La nature y a mis cette
» loi: Ne faites pas aux autres ce que vous ne vou-
» driez pas que les autres vous fissent. — Il est vrai,
» reprit le docteur; elle a réglé les intérêts du genre
» humain sur les nôtres: mais les vérités religieuses,
» comment les découvrira-t-on parmi tant de tradi-
» tions et de cultes qui divisent les nations? — Dans
» la nature même, répondit le paria; si nous la con-
» sidérons avec un cœur simple, nous y verrons

» Dieu dans sa puissance, son intelligence et sa » bonté; et comme nous sommes foibles, ignorans » et misérables, en voilà assez pour nous engager » à l'adorer, à le prier, et à l'aimer toute notre vie, » sans disputer.

» — Admirablement, repartit l'Anglais ! Mais » maintenant dites-moi, quand on a découvert une » vérité, faut-il en faire part aux autres hommes? » Si vous la publiez, vous serez persécuté par une » infinité de gens qui vivent de l'erreur contraire, » en assurant que cette erreur même est la vérité, » et que tout ce qui tend à la détruire est l'erreur » elle-même. — Il faut, répondit le paria, dire la » vérité aux hommes qui ont le cœur simple; c'est-» à-dire, aux gens de bien qui la cherchent et non » aux méchans qui la repoussent. La vérité est une » perle fine, et le méchant un crocodile qui ne peut » la mettre à ses oreilles parce qu'il n'en a pas. Si » vous jetez une perle à un crocodile, au lieu de » s'en parer il voudra la dévorer; il se cassera les » dents, et de fureur il se jettera sur vous.

» — Il ne me reste qu'une objection à vous faire, » dit l'Anglais; c'est qu'il s'ensuit de ce que vous » venez de dire, que les hommes sont condamnés » à l'erreur, quoique la vérité leur soit nécessaire; » car, puisqu'ils persécutent ceux qui la leur disent, » quel est le docteur qui osera les instruire? — Ce-» lui, répondit le paria, qui persécute lui-même

» les hommes pour la leur apprendre ; le malheur.
» — Oh ! pour cette fois, homme de la nature, re-
» prit l'Anglais, je crois que vous vous trompez. Le
» malheur jette les hommes dans la superstition ; il
» abat le cœur et l'esprit. Plus les hommes sont
» misérables, plus ils sont vils, crédules et ram-
» pans. — C'est qu'ils ne sont pas assez malheureux,
» repartit le paria. Le malheur ressemble à la mon-
» tagne noire de Bember aux extrémités du royaume
» brûlant de Lahor ; tant que vous la montez, vous
» ne voyez devant vous que de stériles rochers ;
» mais quand vous êtes au sommet, vous apercevez
» le ciel sur votre tête, et à vos pieds le royaume
» de Cachemire.

» — Charmante et juste comparaison, reprit le
» docteur : chacun, en effet, a dans la vie sa mon-
» tagne à grimper. La vôtre, vertueux solitaire, a
» dû être bien rude, car vous êtes élevé par-dessus
» tous les hommes que je connois. Vous avez donc
» été bien malheureux ? Mais dites-moi d'abord,
» pourquoi votre caste est-elle si avilie dans l'Inde,
» et celle des brames si honorée ? Je viens de chez
» le supérieur de la pagode de Jagrenat, qui ne
» pense pas plus que son idole, et qui se fait adorer
» comme un Dieu. — C'est, répondit le paria,
» parce que les brames disent que dans l'origine ils
» sont sortis de la tête du dieu Brama, et que les
» parias sont descendus de ses pieds : ils ajoutent

» de plus, qu'un jour Brama en voyageant demanda » à manger à un paria, qui lui présenta de la chair » humaine; depuis cette tradition, leur caste est » honorée, et la nôtre est maudite dans toute l'Inde. » Il ne nous est pas permis d'approcher des villes, » et tout naïre ou reispoute peut nous tuer, si nous » l'approchons seulement à la portée de notre ha- » leine. — Par Saint George, s'écria l'Anglais, voilà » qui est bien fou et bien injuste! Comment les » brames ont-ils pu persuader une pareille sottise » aux Indiens? — En la leur apprenant dès l'en- » fance, dit le paria, et en la leur répétant sans » cesse: les hommes s'instruisent comme les perro- » quets. — Infortuné! dit l'Anglais, comment avez- » vous fait pour vous tirer de l'abîme de l'infamie où » les brames vous avoient jeté en naissant? Je ne » trouve rien de plus désespérant pour un homme, » que de le rendre vil à ses propres yeux; c'est lui » ôter la première des consolations; car la plus sûre » de toutes, est celle qu'on trouve à rentrer en soi- » même.

» — Je me suis dit d'abord, reprit le paria: L'his- » toire du dieu Brama est-elle bien vraie? il n'y a » que les brames, intéressés à se donner une origine » céleste, qui la racontent. Ils ont sans doute ima- » giné qu'un paria avoit voulu rendre Brama an- » thropophage, pour se venger des parias qui refu- » soient de croire ce qu'ils débitoient de leur sain-

» teté. Après cela je me suis dit : Supposons que ce » fait soit vrai ; Dieu est juste ; il ne peut rendre » toute une caste coupable du crime d'un de ses » membres, lorsque la caste n'y a pas participé. » Mais en supposant que toute la caste des parias ait » pris part à ce crime, leurs descendans n'en ont » pas été complices. Dieu ne punit pas plus dans les » enfans les fautes de leurs aïeux qu'ils n'ont jamais » vus, qu'il ne puniroit dans les aïeux les fautes de » leurs petits-enfans qui ne sont pas encore nés. » Mais supposons encore que j'aie part aujourd'hui » à la punition d'un paria perfide envers son dieu, » il y a des milliers d'années, sans avoir eu part à » son crime ; est-ce que quelque chose pourroit sub- » sister, haï de Dieu, sans être détruit aussi-tôt ? Si » j'étois maudit de Dieu, rien de ce que je plan- » terois ne réussiroit. Enfin je me dis : Je suppose » que je sois haï de Dieu, qui me fait du bien ; je » veux tâcher de me rendre agréable à lui, en fai- » sant, à son exemple, du bien à ceux que je de- » vrois haïr ».

— Mais, lui demanda l'Anglais, comment faisiez-vous pour vivre, étant repoussé de tout le monde ?

« — D'abord, dit l'Indien, je me dis : Si tout le monde est ton ennemi, sois à toi-même ton ami. Ton malheur n'est pas au-dessus des forces d'un homme. Quelque grande que soit la pluie, un petit oiseau n'en reçoit qu'une goutte à-la-fois. J'allois dans les bois et le long des rivières chercher à manger, mais je n'y recueillois le plus souvent que quelque fruit sauvage, et j'avois à craindre les bêtes féroces : ainsi je connus que la nature n'avoit presque rien fait pour l'homme seul, et qu'elle avoit attaché mon existence à cette même société qui me rejetoit de son sein. Je fréquentai alors les champs abandonnés, qui sont en grand nombre dans l'Inde, et j'y rencontrois toujours quelque plante comestible qui avoit survécu à la ruine de ses cultivateurs. Je voyageois ainsi de province en province, assuré de trouver par-tout ma subsistance dans les débris de l'agriculture. Quand je trouvois les semences de quelque végétal utile, je les ressemois, en disant : Si ce n'est pas pour moi, ce sera pour d'autres. Je me trouvois moins misérable en voyant que je pouvois faire quelque bien. Il y avoit une chose que je desirois passionnément, c'étoit d'entrer dans quelques villes. J'admirois de loin leurs remparts et leurs tours, le concours prodigieux de barques sur leurs rivières et de caravanes sur leurs chemins, chargées de marchandises qui y abordoient de tous les points de l'horizon ; les troupes de gens de guerre qui y venoient monter la garde du fond des provinces ; les marches des ambassadeurs avec leurs suites nombreuses, qui y arrivoient des royaumes étrangers pour y notifier des événemens heureux, ou pour y faire des alliances. Je m'approchois le plus qu'il m'étoit permis de leurs avenues, contemplant avec étonnement les longues colonnes de poussière que tant de voyageurs y faisoient lever, et je tressaillois de desir à ce bruit confus qui sort des grandes villes, et qui dans les campagnes voisines ressemble au murmure des flots qui se brisent sur les rivages de la mer. Je me disois : Une congrégation d'hommes de tant d'états différens, qui mettent en commun leur industrie, leurs richesses et leur joie, doit faire d'une ville un séjour de délices. Mais, s'il ne m'est pas permis d'en approcher pendant le jour, qui m'empêche d'y entrer pendant la nuit? Une foible souris qui a tant d'ennemis, va et vient où elle veut à la faveur des ténèbres; elle passe de la cabane du pauvre dans le palais des rois. Pour jouir de la vie, il lui suffit de la lumière des étoiles; pourquoi me faut-il celle du soleil? C'étoit aux environs de Delhi que je faisois ces réflexions; elles m'enhardirent au point que j'entrai dans la ville avec la nuit : j'y pénétrai par la porte de Lahor. D'abord je parcourus une longue rue solitaire, formée, à droite et à gauche, de maisons bordées de terrasses, portées par des arcades où sont les boutiques des marchands. De distance à autre je rencontrois de grands caravanserails bien fermés, et de vastes bazards ou marchés, où régnoit le plus grand silence. En approchant de l'intérieur de la ville, je traversai le superbe quartier des omrahs, rempli de palais et de jardins situés le long de la Gemna. Tout y retentissoit du bruit des instrumens et des chansons des bayadères, qui dansoient sur les bords du fleuve à la lueur des flambeaux. Je me présentai à la porte d'un jardin pour jouir d'un si doux spectacle; mais j'en fus repoussé par des esclaves, qui en chassoient les misérables à coups de bâton. En m'éloignant du quartier des grands, je passai près de plusieurs pagodes de ma religion, où un grand nombre d'infortunés, prosternés à terre, se livroient aux larmes. Je me hâtai de fuir à la vue de ces monumens de la superstition et de la terreur. Plus loin, les voix perçantes des mollahs, qui annonçoient du haut des airs les heures de la nuit, m'apprirent que j'étois au pied des minarets d'une mosquée. Près de là étoient les factoreries des Européens avec leurs pavillons, et des gardiens qui crioient sans cesse, *kaber-dar!* prenez garde à vous! Je côtoyai ensuite un grand bâtiment, que je reconnus pour une prison, au bruit des chaînes et aux gémissemens qui en sortoient. J'entendis bientôt les cris de la douleur dans un vaste hôpital, d'où l'on sortoit des chariots pleins de cadavres. Chemin faisant, je rencontrai des voleurs qui fuyoient le long des rues, des patrouilles de gardes qui couroient après eux; des groupes de mendians qui, malgré les coups de rotin, sollicitoient aux portes des palais quelques débris de leurs festins; et par-tout, des femmes qui se prostituoient publiquement pour avoir de quoi vivre. Enfin, après une longue marche dans la même rue, je parvins à une place immense, qui entoure la forteresse habitée par le grand Mogol. Elle étoit couverte de tentes des rajahs ou nababs de sa garde, et de leurs escadrons, distingués les uns des autres par des flambeaux, des étendards et de longues cannes terminées par des queues de vaches du Thibet. Un large fossé plein d'eau, et hérissé d'artillerie, faisoit, comme la place, le tour de la forteresse. Je considérois, à la clarté des feux de la garde, les tours du château, qui s'élevoient jusqu'aux nues, et la longueur de ses remparts, qui se perdoient dans l'horizon. J'aurois bien voulu y pénétrer, mais de grands korahs, ou fouets, suspendus à des poteaux, m'ôtèrent même le desir de mettre le pied dans la place. Je me tins donc à une de ses extrémités, auprès de quelques nègres esclaves, qui me permirent de me reposer auprès d'un feu autour duquel ils étoient assis. De là je considérai avec admiration le palais impérial, et je me dis : C'est donc ici où demeure le plus heureux des hommes ! c'est pour son obéissance que tant de religions prêchent ; pour sa gloire, que tant d'ambassadeurs arrivent ; pour ses trésors, que tant de provinces s'épuisent ; pour ses voluptés, que tant de caravanes voyagent ; et pour sa sûreté, que tant d'hommes armés veillent en silence !

Pendant que je faisois ces réflexions, de grands cris de joie se firent entendre dans toute la place, et je vis passer huit chameaux décorés de banderoles. J'appris qu'ils étoient chargés de têtes de rebelles que les généraux du Mogol lui envoyoient de la province du Décan, où un de ses fils, qu'il en avoit nommé gouverneur, lui faisoit la guerre depuis trois ans. Un peu après arriva, à bride abattue, un courrier monté sur un dromadaire; il venoit annoncer la perte d'une ville frontière de l'Inde, par la trahison d'un de ses commandans qui l'avoit livrée au roi de Perse. A peine ce courrier étoit passé, qu'un autre, envoyé par le gouverneur du Bengale, vint apporter la nouvelle que des Européens, auxquels l'empereur avoit accordé, pour le bien du commerce, un comptoir à l'embouchure du Gange, y avoient bâti une forteresse, et s'y étoient emparés de la navigation du fleuve. Quelques momens après l'arrivée de ces deux courriers, on vit sortir du château un officier à la tête d'un détachement des gardes. Le Mogol lui avoit ordonné d'aller dans le quartier des omrahs, et d'en amener trois des principaux, chargés de chaînes, accusés d'être d'intelligence avec les ennemis de l'Etat. Il avoit fait arrêter la veille un mollah, qui faisoit dans ses sermons l'éloge du roi de Perse, et disoit hautement que l'empereur des Indes étoit infidèle, parce que, contre la loi de Mahomet, il buvoit du vin. Enfin on assuroit qu'il venoit de faire étrangler et jeter dans la Gemna une de ses femmes et deux capitaines de sa garde, convaincus d'avoir trempé dans la rebellion de son fils. Pendant que je réfléchissois sur ces tragiques événemens, une longue colonne de feu s'éleva tout-à-coup des cuisines du sérail : ses tourbillons de fumée se confondoient avec les nuages, et sa lueur rouge éclairoit les tours de la forteresse, ses fossés, la place, les minarets des mosquées, et s'étendoit jusqu'à l'horizon. Aussi-tôt les grosses timbales de cuivre et les karnas ou grands haut-bois de la garde sonnèrent l'alarme avec un bruit épouvantable : des escadrons de cavalerie se répandirent dans la ville, enfonçant les portes des maisons voisines du château, et forçant, à grands coups de korahs, leurs habitans d'accourir au feu. J'éprouvai ainsi moi-même combien le voisinage des grands est dangereux aux petits. Les grands sont comme le feu, qui brûle même ceux qui lui jettent de l'encens s'ils s'en approchent de trop près. Je voulus m'échapper ; mais toutes les avenues de la place étoient fermées. Il m'eût été impossible d'en sortir, si, par la providence de Dieu, le côté où je m'étois mis n'eût été celui du sérail. Comme les eunuques en déménageoient les femmes sur des éléphans, ils facilitèrent mon évasion ; car si par-tout les gardes obligeoient, à coups de fouet, les hommes de venir au secours du château, les éléphans, à coups de trompe, les forçoient de s'en éloigner. Ainsi, tantôt poursuivi par les uns, tantôt repoussé par les autres, je sortis de cet affreux chaos; et à la clarté de l'incendie je gagnai l'autre extrémité du faubourg, où, sous des huttes, loin des grands, le peuple reposoit en paix de ses travaux. Ce fut là que je commençai à respirer. Je me dis : J'ai donc vu une ville ! j'ai vu la demeure des maîtres des nations! Oh! de combien de maîtres ne sont-ils pas eux-mêmes les esclaves! Ils obéissent, jusques dans le temps du repos, aux voluptés, à l'ambition, à la superstition, à l'avarice : ils ont à craindre, même dans le sommeil, une foule d'êtres misérables et malfaisans dont ils sont entourés, des voleurs, des mendians, des courtisanes, des incendiaires; et jusqu'à leurs soldats, leurs grands et leurs prêtres. Que doit-ce être d'une ville pendant le jour, si elle est ainsi troublée pendant la nuit? Les maux de l'homme croissent avec ses jouissances. Combien l'empereur, qui les réunit toutes, n'est-il pas à plaindre! Il a à redouter les guerres civiles et étrangères, et les objets même qui font sa consolation et sa défense, ses généraux, ses gardes, ses mollahs, ses femmes et ses enfans. Les fossés de sa forteresse ne sauroient arrêter les fantômes de la superstition, ni ses éléphans si bien dressés, repousser loin de lui les noirs soucis. Pour moi je ne crains rien de tout cela : aucun tyran n'a d'empire ni sur mon corps, ni sur mon ame. Je peux servir Dieu suivant ma conscience, et je n'ai rien à redouter d'aucun homme, si je ne me tourmente moi-même : en vérité, un paria est moins malheureux qu'un empereur. En disant ces mots, les larmes me vinrent aux yeux; et tombant à genoux je remerciai le ciel, qui, pour m'apprendre à supporter mes maux, m'en avoit montré de plus intolérables que les miens.

Depuis ce temps, je n'ai fréquenté dans Delbi que les faubourgs; de là je voyois les étoiles éclairer les habitations des hommes et se confondre avec leurs feux, comme si le ciel et la ville n'eussent fait qu'un même domaine. Quand la lune venoit éclairer ce paysage, j'y apercevois d'autres couleurs que celles du jour. J'admirois les tours, les maisons et les arbres, à-la-fois argentés et couverts de crêpes qui se reflétoient au loin dans les eaux de la Gemna. Je parcourois en liberté de grands quartiers solitaires et silencieux, et il me sembloit alors que toute la ville étoit à moi. Cependant l'humanité m'y auroit refusé une poignée de riz, tant la religion m'y avoit rendu odieux! Ne pouvant donc trouver à vivre parmi les vivans, j'en cherchois parmi les morts; j'allois dans les cimetières manger sur les tombeaux les mets offerts par la piété des parens. C'étoit dans ces lieux où j'aimois à réfléchir. Je me disois : C'est ici la ville de la paix; ici ont disparu la puissance et l'orgueil ; l'innocence et la vertu sont en sûreté : ici sont mortes toutes les craintes de la vie, même celle de mourir : c'est ici l'hôtellerie où pour toujours le charretier a dételé, et où le paria repose. Dans ces pensées, je trouvois la mort desirable, et je venois à mépriser la terre. Je considérois l'orient d'où sortoit à chaque instant une multitude d'étoiles. Quoique leurs destins me fussent inconnus, je sentois qu'ils étoient liés avec ceux des hommes, et que la nature qui a fait ressortir à leurs besoins tant d'objets qu'ils ne voient pas, y avoit au moins attaché ceux qu'elle offroit à leur vue. Mon ame s'élevoit donc dans le firmament avec les astres ; et lorsque l'aurore venoit joindre à leurs douces et éternelles clartés ses teintes de rose, je me croyois aux portes du ciel. Mais dès que ses feux doroient les sommets des pagodes, je disparoissois comme une ombre ; j'allois loin des hommes, me reposer dans les champs au pied d'un arbre, où je m'endormois au chant des oiseaux.

« Homme sensible et infortuné, dit l'Anglais, votre » récit est bien touchant : croyez-moi, la plupart des » villes ne méritent d'être vues que la nuit. Après » tout, la nature a des beautés nocturnes qui ne sont » pas les moins touchantes ; un poète fameux de mon » pays n'en a pas célébré d'autres. Mais, dites-moi : » comment enfin avez-vous fait pour vous rendre » heureux à la lumière du jour » ?

C'étoit déjà beaucoup d'être heureux la nuit, reprit l'Indien ; la nature ressemble à une belle femme, qui pendant le jour ne montre au vulgaire que les beautés de son visage, et qui pendant la nuit en dévoile de secrètes à son amant. Mais si la solitude a ses jouissances, elle a ses privations ; elle paroît à l'infortuné un port tranquille, d'où il voit s'écouler les passions des autres hommes sans en être ébranlé ; mais, pendant qu'il se félicite de son immobilité, le temps l'entraîne lui-même. On ne jette point l'ancre dans le fleuve de la vie ; il emporte également celui qui lutte contre son cours et celui qui s'y abandonne, le sage comme l'insensé ; et tous deux arrivent à la fin de leurs jours, l'un après en avoir abusé, et l'autre sans en avoir joui. Je ne voulois pas être plus sage que la nature, ni trouver mon bonheur hors des loix qu'elle a prescrites à l'homme. Je desirois sur-tout un ami à qui je pusse communiquer mes plaisirs et mes peines. Je le cherchai long-temps parmi mes égaux, mais je n'y vis que des envieux. Cependant j'en trouvai un sensible, reconnoissant, fidèle, et inaccessible aux préjugés : à la vérité ce n'étoit pas dans mon espèce, mais dans celle des animaux ; c'étoit ce chien que vous voyez. On l'avoit exposé, tout petit, au coin d'une rue, où il étoit près de mourir de faim. Il me toucha de compassion ; je l'élevai : il s'attacha à moi, et je m'en fis un compagnon inséparable.

Ce n'étoit pas assez : il me falloit un ami plus malheureux qu'un chien, qui connût tous les maux de la société humaine, et qui m'aidât à les supporter, qui ne desirât que les biens de la nature, et avec qui je pusse en jouir. Ce n'est qu'en s'entrelaçant que deux foibles arbrisseaux résistent à l'orage. La Providence combla mes desirs en me donnant une bonne femme. Ce fut alors à la source de mes malheurs que je trouvai celle de mon bonheur. Une nuit que j'étois au cimetière des brames j'aperçus au clair de la lune, une jeune bramine à demi couverte de son voile jaune. A l'aspect d'une femme du sang de mes tyrans, je reculai d'horreur, mais je m'en rapprochai de compassion, en voyant le soin dont elle étoit occupée. Elle mettoit à manger sur un tertre qui couvroit les cendres de sa mère, brûlée, depuis peu, toute vive, avec le corps de son père, suivant l'usage de sa caste; et elle y brûloit de l'encens pour appeler son ombre. Les larmes me vinrent aux yeux en voyant une personne plus infortunée que moi. Je me dis : Hélas! je suis lié des liens de l'infamie, mais tu l'es de ceux de la gloire. Au moins je vis tranquille au fond de mon précipice, et toi, toujours tremblante sur le bord du tien. Le même destin qui t'a enlevé ta mère, te menace aussi de t'enlever un jour. Tu n'as reçu qu'une vie, et tu dois mourir de deux morts : si ta propre mort ne te fait descendre au tombeau, celle de ton époux t'y entraînera toute vivante. Je pleurois et elle pleuroit : nos yeux baignés de larmes se rencontrèrent, et se parlèrent comme ceux des malheureux : elle détourna les siens, s'enveloppa de son voile, et se retira. La nuit suivante, je revins au même lieu. Cette fois elle avoit mis une plus grande provision de vivres sur le tombeau de sa mère : elle avoit jugé que j'en avois besoin ; et comme les brames empoisonnent souvent leurs mets funéraires pour empêcher les parias de les manger, pour me rassurer sur l'usage des siens, elle n'y avoit apporté que des fruits. Je fus touché de cette marque d'humanité ; et pour lui témoigner le respect que je portois à son offrande filiale, au lieu de prendre ses fruits, j'y joignis des fleurs. C'étoient des pavots, qui exprimoient la part que je prenois à sa douleur. La nuit suivante je vis, avec joie, qu'elle avoit approuvé mon hommage ; les pavots étoient arrosés, et elle avoit mis un nouveau panier de fruits à quelque distance du tombeau. La pitié et la reconnoissance m'enhardirent. N'osant lui parler comme paria, de peur de la compromettre, j'entrepris, comme homme, de lui exprimer toutes les affections qu'elle faisoit naître dans mon ame : suivant l'usage des Indes, j'empruntai, pour me faire entendre, le langage des fleurs ; j'ajoutai aux pavots des soucis. La nuit d'après, je retrouvai mes pavots et mes soucis baignés d'eau. La nuit suivante, je devins plus hardi ; je joignis aux pavots et aux soucis une fleur de foulsapatte, qui sert aux cordonniers à teindre leurs cuirs en noir, comme l'expression d'un amour humble et malheureux. Le lendemain, dès l'aurore, je courus au tombeau ; mais j'y vis la foulsapatte desséchée, parce qu'elle n'avoit pas été arrosée. La nuit suivante, j'y mis, en tremblant, une tulipe dont les feuilles rouges et le cœur noir exprimoient les feux dont j'étois brûlé : le lendemain je retrouvai ma tulipe dans l'état de la foulsapatte. J'étois accablé de chagrin ; cependant le surlendemain j'y apportai un bouton de rose avec ses épines, comme le symbole de mes espérances mêlées de beaucoup de craintes. Mais quel fut mon désespoir, quand je vis, aux premiers rayons du jour, mon bouton de rose loin du tombeau ! je crus que je perdrois la raison. Quoi qu'il pût m'en arriver, je résolus de lui parler. La nuit suivante, dès qu'elle parut, je me jetai à ses pieds, mais j'y restai tout interdit en lui présentant ma rose. Elle prit la parole, et me dit : « Infortuné ! tu me parles d'amour, et bientôt je ne » serai plus. Il faut, à l'exemple de ma mère, que » j'accompagne au bûcher mon époux qui vient de » mourir ; il étoit vieux, je l'épousai enfant : adieu ; » retire-toi, et oublie-moi ; dans trois jours je ne » serai qu'un peu de cendre ». En disant ces mots elle soupira. Pour moi, pénétré de douleurs, je lui dis : « Malheureuse bramine, la nature a rompu les

» liens que la société vous avoit donnés ; achevez » de rompre ceux de la superstition. Vous le pou- » vez, en me prenant pour votre époux. — Quoi ! re- » prit-elle en pleurant, j'échapperois à la mort pour » vivre avec toi dans l'opprobre ! Ah ! si tu m'aimes, » laisse-moi mourir. — A Dieu ne plaise, m'écriai- » je, que je ne vous tire de vos maux, que pour » vous plonger dans les miens ! Chère bramine, » fuyons ensemble au fond des forêts ; il vaut encore » mieux se fier aux tigres qu'aux hommes. Mais le » ciel, dans qui j'espère, ne nous abandonnera pas. » Fuyons : l'amour, la nuit, ton malheur, ton » innocence, tout nous favorise. Hâtons-nous, » veuve infortunée ! déjà ton bûcher se prépare, et » ton époux mort t'y appelle. Pauvre liane ren- » versée, appuie-toi sur moi, je serai ton palmier ». Alors elle jeta, en gémissant, un regard sur le tombeau de sa mère, puis vers le Ciel ; et laissant tomber une de ses mains dans la mienne, de l'autre elle prit ma rose. Aussi-tôt je la saisis par le bras, et nous nous mîmes en route. Je jetai son voile dans le Gange, pour faire croire à ses parens qu'elle s'y étoit noyée. Nous marchâmes pendant plusieurs nuits le long du fleuve, nous cachant le jour dans des rizières. Enfin nous arrivâmes dans cette contrée que la guerre autrefois a dépeuplée d'habitans. Je pénétrai au fond de ce bois, où j'ai bâti cette cabane, et planté un petit jardin ; nous y vivons très-heureux. Je révère ma femme comme le soleil, et je l'aime comme la lune. Dans cette solitude, nous nous tenons lieu de tout, nous étions méprisés du monde ; mais, comme nous nous estimons mutuellement, les louanges que je lui donne, ou celles que j'en reçois, nous paroissent plus douces que les applaudissemens d'un peuple. En disant ces mots, il regardoit son enfant dans son berceau, et sa femme qui versoit des larmes de joie.

Le docteur, en essuyant les siennes, dit à son hôte : « En vérité, ce qui est en honneur chez les » hommes est souvent digne de leur mépris, et ce » qui est méprisé d'eux mérite souvent d'en être » honoré. Mais Dieu est juste ; vous êtes mille fois » plus heureux dans votre obscurité, que le chef des » brames de Jagrenat dans toute sa gloire. Il est » exposé, ainsi que sa caste, à toutes les révolu- » tions de la fortune ; c'est sur les brames que tom- » bent la plupart des fléaux des guerres civiles et » étrangères qui désolent votre beau pays depuis » tant de siècles ; c'est à eux qu'on s'adresse sou- » vent pour avoir des contributions forcées, à cause » de l'empire qu'ils exercent sur l'opinion des peu- » ples. Mais ce qu'il y a de plus cruel pour eux, ils » sont les premières victimes de leur religion inhu- » maine. A force de prêcher l'erreur, ils s'en pé- » nètrent eux-mêmes au point de perdre le senti- » ment de la vérité, de la justice, de l'humanité,

» de la piété ; ils sont liés des chaînes de la supersti-
» tion dont ils veulent captiver leurs compatriotes ;
» ils sont forcés à chaque instant de se laver, de se
» purifier, et de s'abstenir d'une multitude de jouis-
» sances innocentes ; enfin, ce qu'on ne peut dire
» sans horreur, par une suite de leurs dogmes bar-
» bares, ils voient brûler vives leurs parentes, leurs
» mères, leurs sœurs et leurs propres filles : ainsi
» les punit la nature, dont ils ont violé les loix. Pour
» vous, il vous est permis d'être sincère, bon, juste,
» hospitalier, pieux ; et vous échappez aux coups de
» la fortune et aux maux de l'opinion, par votre
» humiliation même ».

Après cette conversation, le paria prit congé de son hôte pour le laisser reposer, et se retira avec sa femme et le berceau de son enfant dans une petite pièce voisine.

Le lendemain, au lever de l'aurore, le docteur fut réveillé par le chant des oiseaux nichés dans les branches du figuier d'Inde, et par les voix du paria et de sa femme, qui faisoient ensemble la prière du matin. Il se leva, et fut bien fâché lorsque le paria et sa femme ouvrant leur porte pour lui souhaiter le bonjour, il vit qu'il n'y avoit pas d'autres lits dans la cabane que le lit conjugal, et qu'ils avoient veillé toute la nuit pour le lui céder. Après qu'ils lui eurent fait le salam, ils se hâtèrent de lui préparer à déjeuner. Pendant ce temps-là, il fut faire un tour dans le jardin : il le trouva, ainsi que la cabane, entouré des arcades du figuier d'Inde, si entrelacées, qu'elles formoient une haie impénétrable même à la vue. Il apercevoit seulement au-dessus de leur feuillage les flancs rouges du rocher qui flanquoit le vallon tout autour de lui : il en sortoit une petite source qui arrosoit ce jardin planté sans ordre. On y voyoit pêle-mêle des mangoustans, des orangers, des cocotiers, des litchis, des durions, des manguiers, des jacquiers, des bananiers, et d'autres végétaux tout chargés de fleurs ou de fruits. Leurs troncs même en étoient couverts ; le bétel serpentoit autour du palmier arecque, et le poivrier le long de la canne à sucre. L'air étoit embaumé de leurs parfums. Quoique la plupart des arbres fussent encore dans l'ombre, les premiers rayons de l'aurore éclairoient déjà leurs sommets ; on y voyoit voltiger des colibris étincelans comme des rubis et des topazes, tandis que des bengalis et des sensa-soulé, ou cinq-cents-voix, cachés sous l'humide feuillée, faisoient entendre sur leurs nids leurs doux concerts. Le docteur se promenoit sous ces charmans ombrages, loin des pensées savantes et ambitieuses, lorsque le paria vint l'inviter à déjeuner. « Votre » jardin est délicieux, dit l'Anglais ; je ne lui trouve » d'autres défauts que d'être trop petit : à votre » place, j'y ajouterois un boulingrin, et je l'éten» drois dans la forêt. — Seigneur, lui répondit le

» paria, moins on tient de place, plus on est à cou-» vert : une feuille suffit au nid de l'oiseau-mouche ». En disant ces mots ils entrèrent dans la cabane, où ils trouvèrent dans un coin la femme du paria qui alaitoit son enfant : elle avoit servi le déjeuner. Après un repas silencieux, le docteur se préparant à partir, l'Indien lui dit : « Mon hôte, les campagnes » sont encore inondées des pluies de la nuit, les » chemins sont impraticables ; passez ce jour avec » nous. — Je ne le peux, dit le docteur, j'ai trop de » monde avec moi. — Je le vois, reprit le paria, » vous avez hâte de quitter le pays des brames pour » retourner dans celui des chrétiens, dont la reli-» gion fait vivre tous les hommes en frères ». Le docteur se leva en soupirant ; alors le paria fit un signe à sa femme, qui, les yeux baissés et sans parler, présenta au docteur une corbeille de fleurs et de fruits. Le paria, prenant la parole pour elle, dit à l'Anglais : « Seigneur, excusez notre pauvreté ; » nous n'avons, pour parfumer nos hôtes suivant » l'usage de l'Inde, ni ambre-gris, ni bois d'aloës ; » nous n'avons que des fleurs et des fruits ; mais » j'espère que vous ne mépriserez pas cette petite » corbeille remplie par les mains de ma femme : il » n'y a ni pavots, ni soucis, mais des jasmins, du » mougris et des bergamottes, symboles, par la » durée de leurs parfums, de notre affection, dont » le souvenir nous restera lors même que nous ne

» vous verrons plus ». Le docteur prit la corbeille, et dit au paria : « Je ne saurois trop reconnoître » votre hospitalité, et vous témoigner toute l'estime » que je vous porte : acceptez cette montre d'or ; » elle est de Gréenham, le plus fameux horloger » de Londres ; on ne la remonte qu'une fois par » an ». Le paria lui répondit : « Seigneur, nous » n'avons pas besoin de montre ; nous en avons une » qui va toujours, et qui ne se dérange jamais ; c'est » le soleil. — Ma montre sonne les heures, ajouta » le docteur. — Nos oiseaux les chantent, repartit » le paria. — Au moins, dit le docteur, recevez ces » cordons de corail, pour faire des colliers rouges » à votre femme et à votre enfant. — Ma femme et » mon enfant, répondit l'Indien, ne manqueront » jamais de colliers rouges, tant que notre jardin » produira des pois d'angole. — Acceptez donc, dit » le docteur, ces pistolets, pour vous défendre des » voleurs dans votre solitude. — La pauvreté, dit le » paria, est un rempart qui éloigne de nous les » voleurs ; l'argent dont vos armes sont garnies, suf- » firoit pour les attirer. Au nom de Dieu qui nous » protége, et de qui nous attendons notre récom- » pense, ne nous enlevez pas le prix de notre hos- » pitalité. — Cependant, reprit l'Anglais, je desire- » rois que vous conservassiez quelque chose de moi. » — Eh bien ! mon hôte, répondit le paria, puis- » que vous le voulez, j'oserai vous proposer un

» échange ; donnez-moi votre pipe, et recevez la » mienne : lorsque je fumerai dans la vôtre, je me » rappellerai qu'un pandect européen n'a pas dé» daigné d'accepter l'hospitalité chez un pauvre » paria ». Aussi-tôt le docteur lui présenta sa pipe de cuir d'Angleterre, dont l'embouchure étoit d'ambre jaune ; et reçut en retour celle du paria, dont le tuyau étoit de bambou, et le fourneau de terre cuite.

Ensuite il appela ses gens, qui étoient tous morfondus de leur mauvaise nuit passée ; et après avoir embrassé le paria, il monta dans son palanquin. La femme du paria, qui pleuroit, resta sur la porte de la cabane, tenant son enfant dans ses bras ; mais son mari accompagna le docteur jusqu'à la sortie du bois, en le comblant de bénédictions. « Que Dieu » soit votre récompense, lui disoit-il, pour votre » bonté envers les malheureux ! que je lui sois en » sacrifice pour vous ! qu'il vous ramène heureuse» ment en Angleterre, ce pays de savans et d'amis, » qui cherchent la vérité par tout le monde pour le » bonheur des hommes » ! Le docteur lui répondit : « J'ai parcouru la moitié du globe, et je n'ai vu par» tout que l'erreur et la discorde : je n'ai trouvé la » vérité et le bonheur que dans votre cabane ». En disant ces mots, ils se séparèrent l'un de l'autre en versant des larmes. Le docteur étoit déjà bien loin dans la campagne, qu'il voyoit encore le bon paria au pied d'un arbre, qui lui faisoit signe des mains pour lui dire adieu.

Le docteur, de retour à Calcuta, s'embarqua pour Chandernagor, d'où il fit voile pour l'Angleterre. Arrivé à Londres, il remit les quatre-vingt-dix ballots de ses manuscrits au président de la société royale, qui les déposa au Muséum britannique, où les savans et les journalistes s'occupent encore aujourd'hui à en faire des traductions, des éloges, des diatribes, des critiques et des pamphlets. Quant au docteur, il garda pour lui les trois réponses du paria sur la vérité. Il fumoit souvent dans sa pipe; et quand on le questionnoit sur ce qu'il avoit appris de plus utile dans ses voyages, il répondoit : « Il faut » chercher la vérité avec un cœur simple; on ne la » trouve que dans la nature; on ne doit la dire qu'aux » gens de bien ». A quoi il ajoutoit : « On n'est heu» reux qu'avec une bonne femme ».

FIN.

TABLE.

VŒUX D'UN SOLITAIRE.

PRÉAMBULE.......................... page 3
Vœu pour le Roi.......................... 59
Vœux pour le Clergé.......................... 66
Vœux pour la Noblesse.......................... 74
Vœux pour le Peuple.......................... 90
Vœux pour la Nation.......................... 100
Vœux pour une Education nationale.......................... 160
Vœux pour les Nations.......................... 179
SUITE DES VŒUX D'UN SOLITAIRE.......................... 203
Des Ministres et de l'Assemblée nationale.......................... 228
Des Capitalistes et des Départemens.......................... 234
De la Noblesse et des Gardes nationales.......................... 264
Du Clergé et des Municipalités.......................... 277
LE CAFÉ DE SURATE.......................... 308

LA CHAUMIERE INDIENNE.

AVANT-PROPOS.......................... 321
Notes.......................... 335
PRÉAMBULE de la Chaumière indienne.......................... 343

FIN DE LA TABLE DU TOME CINQUIÈME.

www.ingramcontent.com/pod-product-compliance
Lightning Source LLC
Chambersburg PA
CBHW052103230326
41599CB00054B/3713